KB039794

나도 잘 하고 싶다

예제가 풍부한

AutoCAD & SketchUp

박남용 · 안혜진 공저

피앤피북

동영상 강좌는 아래의 네이버 카페에 회원가입 후 표지인증을 거쳐 무료로 볼 수 있으며,
예제 파일도 다운 받을 수 있습니다.

http://cafe.naver.com/pnpbook

PREFACE

본 도서는 건축 및 인테리어, 조경, 토목 분야에서 광범위하게 사용되고 있는 디지털 디자인 도구인 AutoCAD와 SketchUp에 대한 주요 기능을 소개하고 관련 예제들을 풍부하게 담고자 하였습니다.

AutoCAD는 2차원과 3차원의 기능을 동시에 담고 있어 예전부터 다양한 디자인 분야에서 사용해 왔습니다. 그러나 점차 디자인 분야에서 신속한 모델링과 보다 쉬운 편집에 대한 요구가 증가하게 되었으며 이를 겨냥한 다양한 3차원 모델링 및 시각화 도구들이 등장하게 되었습니다. 이런 상황에서 AutoCAD의 3차원 기능에 대한 관심을 급격하게 줄어든 상황에 직면하게 되었습니다. 최근 각 대학 및 직업계 고등학교, 직업전문학교(학원 포함)에서도 AutoCAD 3차원에 대한 학습은 지양하고 이를 대체하는 3차원 학습으로 변화되고 있습니다. 단, AutoCAD 2차원에 대한 필요성과 학습은 지속되고 있는 상황입니다.

특히, SketchUp은 지속적으로 기능 개선 및 발전을 거듭하였고, 건축 및 인테리어, 조경 등 3차원 시각화에 가장 편리한 도구로 자리매김하고 있습니다. 더불어 확장 프로그램 관리자(Extension Manager)에서 다양한 루비(Ruby = Plug - In)를 추가할 있어 신속한 3차원 형상 표현을 가능케 하였습니다. 3D Warehouse(공유)와 Trimble Connect(연결)는 전 세계 디자이너들과 각종 정보, 자료 및 디자인 컨셉을 상호 교환할 수 있도록 하였습니다. 이처럼 AutoCAD와 SketchUp은 상호 호환성이 우수하여 디자인 분야에서 가장 기본이 되는 필수적 디지털 도구로 선호되고 있습니다.

본 도서의 특징은 다음과 같습니다.

1. 실무에 필요한 AutoCAD 2D 및 SketchUp 3D와 관련한 명령어(도구)들을 빠짐없이 소개하였습니다.
2. 주요 내용마다 관련 팁(TIP)을 추가하여 보다 세밀하게 명령어와 도구들을 살펴볼 수 있도록 구성하였습니다.

3. 2차원 드로잉과 3차원 모델링 응용력을 향상시키고자 AutoCAD 2D와 SketchUp 3D와 관련한 다양한 예제를 수록하였습니다.

4. 3차원과 관련된 SketchUp 편의 본문은 학습의 편의성을 위해 대표 예제를 제시하고 이를 해결하기 위한 명령어 및 도구들의 수행 절차를 '따라하기' 방식으로 구성하였습니다.

5. AutoCAD 2D와 SketchUp 3D 동영상 강좌를 제공해드림으로써 학습자 스스로 예습과 복습이 가능하도록 하였습니다.

본 도서가 출간되기까지 함께 고생하여 주신 도서출판 피앤피북 대표님과 임직원들에게 깊은 감사의 뜻을 전합니다.

저자 박남용 · 안혜진

CONTENTS

PART 05 정보 조회 및 주석 입력 명령(도구)

CHAPTER 01 객체 정보 조회 및 활용

CHAPTER 02 정보의 입력 방법과 활용

CHAPTER 03 문자 및 지시선 표현

PART 06   도면 배치 및 출력 명령(도구)

CHAPTER **01 도면의 배치 및 출력**

2권

스케치업
살펴보기

CHAPTER 09 돌아다니기[Walkthrough] 도구

PART 03 예제로 배워보는 기본도구 Ⅱ

CHAPTER 01 고체[Solid] 도구

CHAPTER 02 뷰[Views] 및 카메라[Camera]

CHAPTER 03 스타일[Styles] 도구

AutoCAD & SketchUp

01

오토캐드 살펴보기

C O N T E N T S

AutoCAD의 시작

SketchUp Pro

CHAPTER

01 AutoCAD 화면구성과 제어

1 AutoCAD의 소개

1) 개요

CAD란 "Computer Aided Design & Drafting"의 약어로 "컴퓨터를 활용한 설계"를 의미합니다. 설계 시에 컴퓨터가 분석기능, 해석기능, 편집기능 등을 제공하여 설계도면의 작성, 설계도면의 산출, 도면에 관계된 견적서 작성, 도면자료 관리에 다양한 도움을 받을 수 있습니다.

현재는 MS-Office, 3DS-MAX, SketchUP, PHOTOSHOP 등의 다양한 소프트웨어와 상호 호환 및 연동이 자유로워지면서 보다 다양한 업무에 도입되고 있습니다. 특히 건축 및 인테리어 디자인 분야에서는 2차원 도면 작업뿐만 아니라 3차원 및 렌더링 기법을 적용하여 보다 실제적인 설계 이미지 구현을 하고 있습니다.

최근 출시된 AutoCAD 버전은 기존 버전에서의 명령어를 그대로 유지하면서도 한층 UPGRADE된 명령어들을 선보이고 있어 사용자들의 설계 환경을 더욱 편리하게 만들어 주고 있습니다.

◎ TIP
현재, 전자 문서인 PDF 파일 형식의 도면 문서를 열어 CAD 도면으로 변환하거나 저장할 수 있음

◎ TIP
AutoCAD의 명령 입력 방식이 예전 CUI 명령 입력 방식(명령 입력줄에 직접 명령어 또는 단축키 입력)에서 점차 GUI 명령 입력 방식(아이콘화 된 명령의 클릭)으로 변환되고 있음

2) 활용 효과

① 단일 세션에서 복수의 도면 작업 (다수의 도면을 동시에 열어 작업 가능)
② 동적인 3차원 설계 구현 (사용자 중심의 3차원 명령어 제공)
③ 3차원 설계 작업에 대한 실사 이미지 구현 (현실감 있는 재질 및 조명 표현)
④ 웹을 활용한 작업의 다중 공유
⑤ 다양한 외부 소프트웨어와의 상호 데이터 공유
⑥ 사용자 중심의 손쉬운 인터페이스 제공 및 이로 인한 작업물의 품질 향상
⑦ 단축 메뉴 활용으로 인한 신속한 설계 작업

◎ TIP
AutoCAD 프로그램은 www.autodesk.co.kr에서 체험판(30일)과 학생용(3년간 무료)으로 제공되고 있음

② 화면의 구성과 주요 [탭]별 리본

◎ TIP
패널 최소화 버튼으로 패널의 구성을 최소화 할 수 있음

탭으로 최소화
패널 제목으로 최소화
패널 버튼으로 최소화
√ 모두 순환

현재 AutoCAD 인터페이스는 [탭]별 [패널]로 구성된 [리본] 메뉴화 되어 있습니다. [리본]은 2009버전을 중심으로 새롭게 선보이는 메뉴 바의 형식입니다. 리본 메뉴는 단어 위주의 명령어를 쉽게 인식하고 활용하도록 하는 새로운 메뉴라고 볼 수 있습니다. 화면 구성 중 가장 중요한 부분은 COMMANDLINE(명령 입력창)입니다. 명령어의 구체적인 실행 순서를 모르더라도 명령 행을 항상 주지하면 작업의 60% 이상 해결을 해결할 수 있습니다.

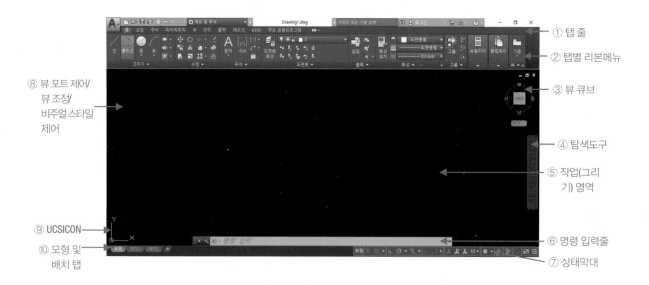

⑧ 뷰 포트 제어/
뷰 조정/
비주얼 스타일
제어

⑨ UCSICON

⑩ 모형 및
배치 탭

① 탭 줄
② 탭별 리본메뉴
③ 뷰 큐브
④ 탐색도구
⑤ 작업(그리기) 영역
⑥ 명령 입력줄
⑦ 상태막대

1) 신속접근 도구막대와 제목 표시줄

① ② ③ ④ ⑤ ⑥ ⑦   ⑧   ⑨

                                                             Drawing1.dwg

◎ TIP
Closeall 명령은 열려진 모든 도면을 한꺼번에 닫아줌

① 새 도면 열기 (Ctrl + N 입력)

② 기존 도면 열기 (Ctrl + O 입력)

③ 저장 (Ctrl + S 입력)

④ 다른 이름으로 저장 (Ctrl + Shift + S 입력)

⑤ 출력 (Ctrl + P)

◎ TIP
Ctrl + Q 를 입력하면 AutoCAD 종료됨

⑥ 실행 명령 취소 (명령 입력창 ▶ 'U' 입력 또는 Ctrl + Z)

⑦ 취소 명령 복구 (명령 입력창 ▶ 'Mredo' 입력 또는 Ctrl + Y)

⑧ 다른 인터페이스로 화면 전환

(2016버전부터 기존 [클래식] 항목이 사라짐)

⑨ 파일 제목

2) [탭] 별 리본

① [홈] 탭 리본

도면 작성에 주로 상용되는 명령들로 구성

② [삽입] 탭 리본

다른 형식의 파일을 가져오거나 내보내는 명령들로 구성. 삽입된 객체를 수정하는 기능 도 포함

③ [주석] 탭 리본

문자 및 치수, 지시선 등의 기입을 위한 명령들로 구성

④ [뷰] 탭 리본

작업화면 전환 및 레이아웃과 각종 팔레트 도구 명령들로 구성

◎ TIP
명령 아이콘 위에 마우스 포인터를 두고 우측 버튼을 누르면 해당 아이콘을 신속접근도구막대에 추가 가능

◎ TIP
신속접근도구 명령 아이콘 위에 마우스 포인터를 두고 우측 버튼을 누르면 해당 아이콘을 신속접근도구막대에서 제거 가능

◎ TIP
AutoCAD 파일의 확장자명은 .DWG 임

◎ TIP
패널 빈 곳에 마우스 포인터를 두고 마우스 우측 버튼을 클릭 ▶ 탭 표시와 패널 표시 ▶ 탭과 패널 표시 개별 제어 가능

◎ TIP
탭 제목을 클릭 후 Ctrl 를 누른 채 이동시켜 탭 제목의 순서 변경 가능함

⑤ [출력] 탭 리본

작업된 도면에 대한 배치 작업 및 출력 도구 명령들로 구성

3) 도면 작성 공간

◎ TIP
Ctrl + 0(숫자) 입력 ▶ 탭
과 패널을 숨기고 작업화
면을 최대로 확장함

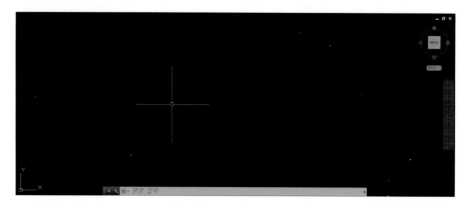

① 실제적인 도면 작업이 이루어짐
② 작업화면 하단의 [모델]과 [배치] 탭은 도면의 작성 공간과 배치 공간을 의미하며, 탭
   을 클릭하면 해당 공간이 전환됨

　모형　배치1　배치2　＋

4) 명령 입력줄

◎ TIP
Ctrl + 9 입력 ▶ 명령 입
력줄 ON/OFF 가능함

　✕ ✎ ☒▾ 명령 입력

패널의 도구별 아이콘을 클릭하지 않고 직접 단축키 등의 문자로 명령어를 입력하는
줄이며, 명령 아이콘을 클릭하더라도 다음 명령 수행에 관련된 지시사항은 반드시 명
령 입력창에서 확인함

5) 상태바

◎ TIP
AutoCAD는 '자동 완성'
기능이 있어 명령어를 전
부 입력하지 않더라도 일
부 알파벳으로도 관련된
명령 단어를 찾아내어 리
스트해 줌

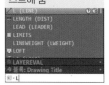

모형 ▦ ▦ ▾ └ ⊙ ▾ ⤬ ▾ ∠ ▱ ▾ ⚲ ⚹ ⚶ 1:1 ▾ ⚙ ▾ ✛ ☒ ⊘ ☒ ☰

좌표 확인, 특정점 찾기, 직교, 그리드 등을 ON/OFF 할 수 있도록 구성

③ 화면 표시 및 제어 기능

도면을 본격적으로 작성하기 전에 작업 화면을 관리하고 또한 보조적으로 도움을 주는 필수 기본 기능들에 대하여 반드시 숙지하여야만 합니다. 오토캐드는 다수의 기능키 (F1, F2…)와 마우스 휠의 활용, 'Ctrl + C' 등과 같은 [핫 키] 등을 활용하여 편리하게 운용할 수 있습니다.

1) 기능키 활용법

(1) F1

오토캐드 도움말 [HELP 명령]

◎ TIP
화면 우측 상단의 '정보센터' 명령 입력란에 명령어를 입력하면 해당 명령어의 사용법을 확인할 수 있음

(2) F2

명령 입력줄 확장

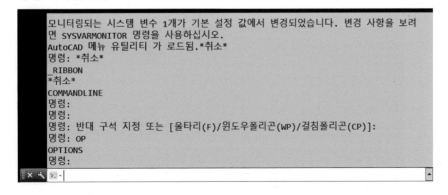

◎ TIP
명령 입력줄을 확장하여 이전 명령 사용 내역을 확인할 수 있음

◎ TIP
키보드의 상/하 방향키를 입력하면 사용된 명령을 확인하거나 실행할 수 있음

(3) F3

Osnap ON/OFF 기능(객체 특정점 탐색에 도움을 줌)

(4) F4

3dosnap ON/OFF 기능(3차원 객체 특정점 탐색에 도움을 줌)

◎ TIP
등각투영의 작성 예

(5) F5

등각 평면의 축 전환(Snap 명령의 옵션 중 Isometric(등각투영) 스타일과 함께 사용됨)

(6) F6

동적 UCS ON/OFF 기능(3차원에서 해당 면에 맞춰 그리기 할 수 있음)

(7) F7

Grid ON/OFF 기능(화면상에 일정 간격에 맞춰 격자 그리드 또는 점을 표현함)

◎ TIP
Grid 명령 입력 후 간격 값을 입력하여 그리드 크기 제어 가능

Grid on

◎ TIP
F9(스냅)을 ON하면 지정된 그리드 간격으로 커서이동이 제한됨. 작업의자유로움을 위해 스냅모드는 OFF 상태로 두는 것이 좋음

Grid off

(8) F8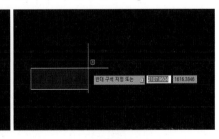

Ortho ON/OFF 기능(직교된 수평과 수직으로 방향을 제어함)

(9) F9

Snap의 ON/OFF 기능(Snap에 의한 마우스 이동을 제어함)

(10) F10

극좌표 ON/OFF 기능(지정한 특정 각도 방향을 축적함)

(11) F11

객체 스냅 추적 ON/OFF 기능(상호 객체와 관계된 특정점을 추적함)

(12) F12

동적 명령 입력창의 ON/OFF [십자선 옆의 수치 입력창 표시]

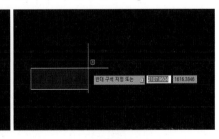

동적입력 off   동적입력 on

2) 마우스를 활용한 화면 제어

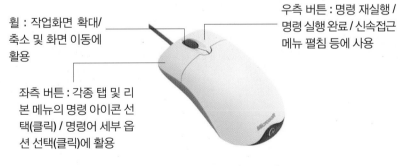

휠 : 작업화면 확대/
축소 및 화면 이동에
활용

우측 버튼 : 명령 재실행 /
명령 실행 완료 / 신속접근
메뉴 펼침 등에 사용

좌측 버튼 : 각종 탭 및 리
본 메뉴의 명령 아이콘 선
택(클릭) / 명령어 세부 옵
션 선택(클릭)에 활용

휠 마우스(Wheel Mouse)

◎ TIP
Grid 기능은 Snap 기능과 연계하여 일정 간격의 표준화된 형상 작성에 도움을 줌

◎ TIP
객체 스탭 추적 기능은 상호 객체와 연관된 특정점을 추적하여 형상 작성에 도움을 줌

◎ TIP
동적입력이 OFF되어 있으면 명령 입력줄에 명령어와 각종 값을 작성하여야 함

◎ TIP
Ctrl + 9 : 명령 입력줄의 ON/OFF [화면 하단의 명령입력 창을 숨김]
Ctrl + 0 : Clenscreen의 ON/OFF [작업 화면을 더 넓게 사용 가능]

◎ **TIP**
Shift + 마우스 우측버튼을 입력하면 객체 스냅 **(Osnap)** 을 선택하여 사용 가능

◎ **TIP**
마우스 왼쪽 버튼을 누른 채 주변을 드래그하면 올가미 선택을 할 수 있음

① 휠(Wheel) 더블 클릭 : Zoom 명령의 옵션 중 Extend, 즉 그려진 도면을 전체 화면에 맞추어 볼 수 있음
② 휠 회전 : 화면 Zoom IN(확대) / OUT(축소)
③ 마우스 커서를 작업창의 임의 곳에 두고 휠을 누르면 손바닥(PAN 기능)이 표시되며, 작업 화면을 자유자재로 움직임
④ 마우스 좌측 버튼 : 객체 / 도구(아이콘) / 풀다운 메뉴 선택
⑤ 마우스 우측 버튼 : 명령어 실행 / 종료 / 바로가기 메뉴 선택

3) 실행 된 명령의 단계별 취소 및 복구 방법

Undo[실행 명령 취소(**단축키** U / Ctrl + Z)]는 최근 실행된 명령부터 차례대로 취소하는 명령이며, Mredo[취소 명령 복원(**단축키** Ctrl + Y)]는 Undo로 취소된 명령을 차례로 복원시키는 명령입니다.

◎ **TIP**
객체 선택 후 키보드의 **'DELETE'** 버튼을 입력하여 삭제 가능

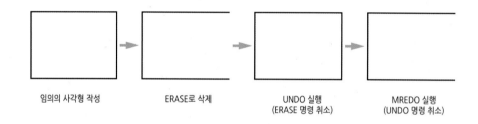

| 임의의 사각형 작성 | ERASE로 삭제 | UNDO 실행
(ERASE 명령 취소) | MREDO 실행
(UNDO 명령 취소) |

Undo와 Mredo

4) 'Options' 명령을 활용한 작업 화면 배경색 변환 방법

① ![A] 버튼 ▶ 옵션 클릭

◎ **TIP**
명령 입력줄에 **'OP'**를 입력하여도 '옵션' 창이 열려짐.

(자동저장시간 설정 및 십자선 및 작업공간의 배경 색상 등의 세부 작업 환경을 제어할 수 있음)

② [화면표시] 메뉴 ▶ [색상] 버튼을 클릭

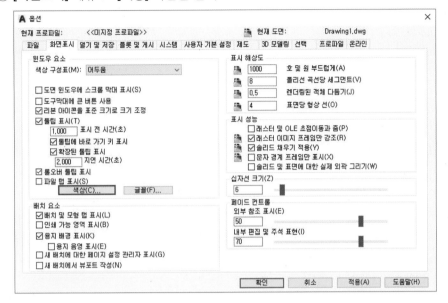

◎ TIP
[화면표시] 탭 ▶ [십자선
크기]값을 조정하면 작업
화면에 마우스 포인터에
따라다니는 십자선의 크
기를 제어할 수 있음

③ 색상 선택(콘텍스트(X) 선택 ▶ 색상 선택)

◎ TIP
작업 화면의 색상은 눈의
피로가 낮은 검정색으로
설정되어 있음. 녹색 등
의 색상으로 변경할 경우
눈의 피로가 증가하여 작
업 효율이 떨어짐으로 가
능한 무채색 계열로 설정
하는 것이 좋음

▶ [윈도우 요소] ▶ [색상 구성표(M)]을 '경량'으로 변경하면 리본 메뉴의 바탕이
흰색으로 변경됨

④ [적용 및 닫기(A)] 버튼 클릭 ▶ [확인] 버튼 클릭

⑤ 'Options' 명령을 활용한 파일 자동 저장 시간 설정 방법

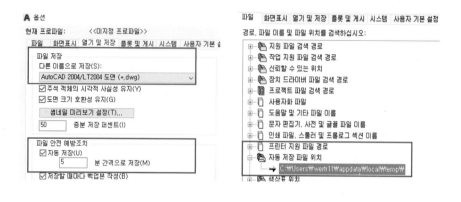

◎ TIP
자동 저장시간을 너무 짧게 설정하면 오히려 작업에 방해가 될 수 있음

◎ TIP
명령 입력줄에 'Savetime' 명령을 입력 후 자동 저장 시간을 별도로 입력할 수 있음

4 파일의 체계와 관리

CAD 파일은 다양한 핫 키를 활용하여 관리할 수 있습니다.

1) 파일 관리 핫 키

◎ TIP
Ctrl + Q(나가기)를 입력하면 프로그램을 종료함

(1) 새로운 도면 열기(New, Ctrl + N)

(2) 기존 파일 열기(Open, Ctrl + O)

(3) 작업 파일 저장(Save, Ctrl + S)

(4) 다른 이름으로 저장(Save As, Shift + Ctrl + S)

◎ TIP
Import(단축키 : IMP)를 입력하면 다양한 형식의 외부 파일을 가져오기 할 수 있음

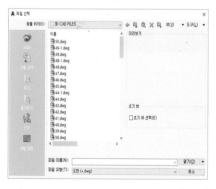 

OPEN(열기) 및 SAVE(저장)

① 파일 이름 : 찾거나 저장할 파일의 이름

② 파일 유형 : 찾거나 저장할 파일의 형식 지정

5 작업 영역의 크기와 작업 단위 설정(Limits & Units)

1) 개요

도면의 영역 즉 한계를 절대좌표로 설정합니다. 도면 작업 시 주로 활용하는 도면 한계
는 A3 사이즈인 420×297mm입니다. 그러나 Limits명령을 통해 영역 설정 후 도면 작업
을 진행할 경우 종종 자유스런 화면 이동을 방해할 수 있습니다. 이를 해결하기 위해
Limits를 무한대로 설정하는 것이 유리합니다.

도면의 작업은 mm 단위에서 시작합니다. 종종 inch 단위로 설정되는 경우가 있기에
Units 명령을 활용하여 mm 단위로 설정 변경합니다.

2) 작업 영역 설정과 작업 단위 설정 방법

(1) 작업 영역 설정

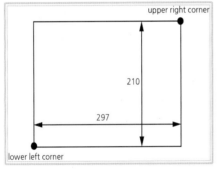

LIMITS(도면한계)

A판	사이즈	B판	사이즈
A0	841×1,189mm	B0	1,030×1,456mm
A1	594×841mm	B1	728×1,030mm
A2	420×594mm	B2	515×728mm
A3	297×420mm	B3	364×515mm
A4	210×297mm	B4	257×364mm
A5	148×210mm	B5	182×257mm
A6	105×148mm	B6	128×182mm
A7	74×105mm	B7	91×128mm
A8	52×74mm	B8	64×91mm
A9	37×52mm	B9	45×64mm
A10	26×37mm	B10	32×45mm

용지 사이즈

◎ TIP

Limits 명령에 의해 작업
영역이 설정되면 그 외
영역에서는 도면을 작성
할 수 없게 됨. 그러나
Limits ▶ OFF 하게 되면 그
외 작업 영역에서 도면 작
성 가능

◎ TIP

본문에 제시된 용지 사이
즈를 참고하여 용도에 맞
게 Limits를 설정 가능

① Limits [Enter↵]

② ×⚹- LIMITS 왼쪽 아래 구석 지정 또는 [켜기(ON) 끄기(OFF)] <0.0000,0.0000>: 에

좌측 하단 구석 점 '0,0' 입력 [Enter↵]

③ ×⚹- LIMITS 오른쪽 위 구석 지정 <420.0000,297.0000>: 에

대각선 방향 우측 구석 점 '297,210' 입력 [Enter↵]

④ z입력 [Enter↵] (영역을 지정한 후 반드시 Zoom 명령 실행)

⑤ ×⚹- ZOOM [전체(A) 중심(C) 동적(D) 범위(E) 이전(P) 축척(S) 윈도우(W) 객체(O)] <실시간>:

: 전체(A) 클릭 (Limits로 설정된 도면 전체 영역 확대)

(2) 도면 작업 단위 설정

① [도면 유틸리티] 항목 ▶ [단위] 클릭

◎ TIP
명령 입력줄에 'UNITS(단축키 : UN)'를 입력하여 '단위' 대화창을 열기할 수 있음

◎ TIP
복구(Recover) 명령을 활용하여 갑작스러운 컴퓨터 시스템 다운이나 프로그램 상의 오류로 인한 오류 파일을 복구할 수 있음

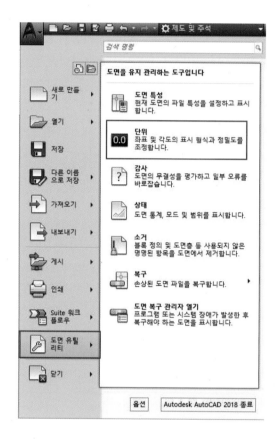

② [유형] 항목 드롭다운 버튼 ▶ Decimal(십진) 지정

◎ TIP
[각도]의 유형과 정밀도 변경도 가능함

③ Precision(정밀도) ▶ 드롭다운 버튼 소수점 자릿수 제어

◎ **TIP** 단축키 설정
① [관리] 탭 ▶ [사용자화] 패널 ▶ [별칭 편집]을 활용하여 단축키 설정 가능
② 메모장에서 해당 명령어의 단축키 수정 후 반드시 [저장] 버튼 클릭
③ 명령입력줄 ▶ Reinit 명령 입력(엔터표시) ▶ [PGP] 체크 후 [확인] 버튼을 클릭하면 변경된 단축키로 사용 가능

◎ **TIP** 단축키 설정 과정

단축키 설정 과정

MEMO

MEMO

PART

02

그리기 명령(도구)

SketchUp Pro

CHAPTER

01 선 그리기와 지우기

1 선 그리기(Line)

1) 개요

마우스를 활용하여 선의 시작점을 지정 후 사용자가 원하는 다양한 형상을 작성할 수 있습니다.

[홈] 탭 ▶  (단축키 L)

2) 선(line) 작성 방법

(1) 시작과 다음 점 지정

① [홈] 탭 ▶ [그리기] 패널 ▶ [선] 클릭

② 시작점 지정

③ 다음점 순차적으로 지정

④ Enter↵

◎ TIP

Line 명령을 실행하고 시작점 지정 ▶ 다음점 방향을 가리킨 후 명령 입력줄에 길이값을 입력하면 해당 방향으로의 선이 작성됨

(2) 기능키 F8(직교모드) 활용

① [홈] 탭 ▶ [그리기] 패널 ▶ [선] 클릭

② 시작점 지정

③ F8키 입력 후 Ortho Mode(직교 모드) 활성화

④ 다음점 순차적으로 지정

⑤ Enter↵

◎ TIP

F8 기능키를 활용하여 수평 및 수직의 단순한 도형을 편리하게 작성할 수 있음

❷ 좌표를 활용한 선 그리기(Line)

1) 개요

상대좌표(@x,y), 상대극좌표(@거리값<각도값), 절대좌표(x,y), 절대극좌표(거리값<각도값)을 입력하여 보다 정확한 도형을 작성할 수 있습니다. 절대좌표와 절대극좌표의 활용빈도는 낮은 편이며, 상대좌표와 상대극좌표의 활용이 큽니다.

작성된 선은 마우스로 포인팅(선택) 후 나타나는 그립(Grip)점을 클릭 후 좌표값 또는 길이값을 입력하여 추가적인 길이 변화를 줄 수 있습니다.

◎ TIP
Grip은 Line 뿐만 아니라 작성된 모든 객체에서도 표시되며, 객체 특성에 의해 다양한 용도로 사용될 수 있음

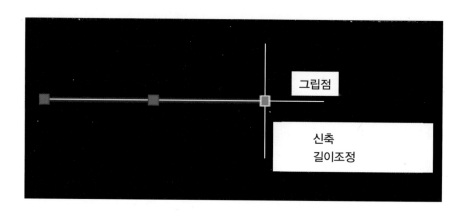

2) 좌표 활용 방법

◎ TIP
절대 좌표는 UCS 아이콘의 X와 Y축 교차점을 0,0(원점)으로 인식함

(1) 절대 좌표(x, y)를 활용한 선

　① [홈] 탭 ▶ [그리기] 패널 ▶ 　선　 클릭

　② 시작점 지정 '0,0' 입력 [Enter↵]

　③ 다음점을 절대 좌표 값으로 순차적 입력 (예 1000,0) [Enter↵]

◎ TIP
상대 좌표는 사용자가 지정한 점을 0,0(원점)으로 인식함

(2) 상대 좌표(@x, y)를 활용한 선

　① [홈] 탭 ▶ [그리기] 패널 ▶ 　선　 클릭

　② 시작점을 지정하기 위하여 화면상 임의 점 지정 [Enter↵]

　③ 다음점을 상대 좌표값으로 순차적 입력(예 @1000,0) [Enter↵]

(3) 상대 극좌표(@거리값〈각도값〉)를 활용한 선

① [홈] 탭 ▶ [그리기] 패널 ▶ 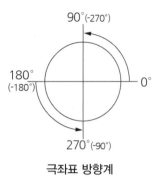 클릭

② 시작점을 지정하기 위하여 화면상의 임의 점
지정

③ 다음점을 상대 극좌표 값으로 순차적 입력
(**예** @1000<0) Enter↵

극좌표 방향계

◎ TIP
상대 극좌표에서 각도
는 방향계를 참고하여
지정함

◎ TIP
'절대극좌표' 방법도 있
으나 많이 사용되지않으
며, 형식은 @없이 거리
값과 각도값(1000<0)으
로 입력함

③ 객체 선택과 지우기(Select & Erase)

1) 개요

명령 입력창에서 'Select Object(객체 선택)' 등의 지시사항이 제시될 때, 작성된 객체
를 다양한 방법으로 선택하고 지울(Erase) 수 있습니다.

객체를 지우는 명령어는 리본 메뉴 중 Modify(수정) 패널에서 ✎ 을 클릭하거나 명
령 입력줄에서 'E'를 입력하여도 실행됩니다.

◎ TIP
객체 선택 ▶ 키보드
Delete 버튼 클릭
▶ 객체 삭제

2) 객체 선택 방법

(1) 단일 객체 선택
① 작성된 객체 선택

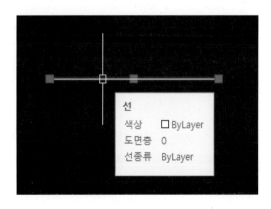

◎ TIP
떨어진 객체들을 클릭하
면 동시 선택되어지나
[Shift] 버튼을 동시에 누
르고 선택된 객체를 다
시 선택하면 선택에서
제거됨

(2) 모든 객체 선택

① 'Ctrl + A' 입력

◎ TIP
Selectsimilar 명령 입력
▶ 객체 선택 후 [ENTER]
키를 입력하면 주변 유사
객체들이 동시 선택됨

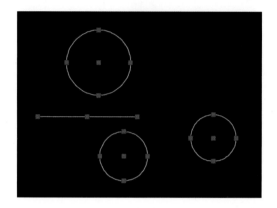

(3) Window 방법을 활용한 객체 선택(범위 내부에 포함된 객체만 선택)

① 선택할 객체를 중심으로 좌측 시작점 지정
② 선택할 객체를 중심으로 시작점 반대편 대각선 방향으로 지정

◎ TIP
Qselect(신속선택) 명령
을 활용하여 특정 조건에
맞는 객체를 신속히 선택
할 수 있음

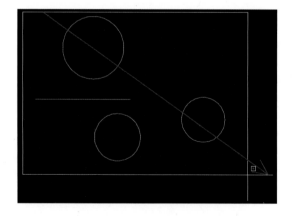

◎ TIP
Crossing 방법을 '걸침'
방법이라고 해석하기도
함. 특히, 신축(Stretch)
명령은 객체 선택 시 걸
침 방법을 사용함

(4) Crossing 방법을 활용한 객체 선택(범위 내부에 포함되거나 걸쳐진 객체 선택)

① 선택할 객체를 중심으로 우측 시작점 지정
② 선택할 객체를 중심으로 시작점 반대편 대각선 방향으로 지정

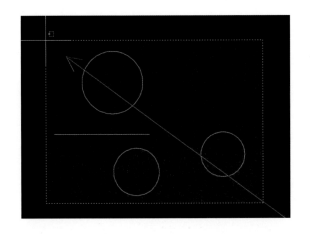

◎ **TIP**
마우스 왼쪽 버튼을 누른
채 드래그하면 [올가미]
선택을 할 수 있음

◎ **TIP**
Ctrl 버튼을 누른 채 객체
추가 선택 / Shift 버튼
을 누른 채 선택 된 객체
제외

3) 객체 지우기(Erase)

① [홈] 탭 ▶ [수정] 패널 ▶ 🖌 클릭

② 객체 선택 Enter↵

* 키보드의 'Delete' 버튼을 활용하여 선택된 객체 삭제 가능

◢ 객체 스냅 찾기(osnap)

1) 개요

객체 등에 존재하는 점을 찾아 선을 이어 그리거나 명확한 기준을 지정하여 객체 이동
또는 복사 등의 작업을 수행하고자 할 때 활용합니다. 객체에 존재하는 특정점을 찾기
위해 상태바 객체스냅( ) 아이콘을 클릭하거나 기능키 'F3'을 입력하여 활성화 한 후
그리기 등의 명령어를 실행합니다. 객체 스냅의 설정은 ( ) 아이콘 위에 마우스 포인
터를 두고 우측 버튼을 클릭하거나 명령 입력창에 'OS'를 입력한 후 찾고자 하는 객체의
특정점 사용 유무를 체크합니다.

◎ **TIP**
다양한 객체의 특정점을
찾는 도구인 객체 스냅
(Object Snap) 중 노드
(Node)점은 Divide나 Mea
-sure 명령을 수행 후 탐
색할 수 있음

■ 객체 스탭(Osnap) 설정 전 후
　의 모습은 우측 이미지와 같음
　(좌 : 설정 전 / 우 : 설정 후)

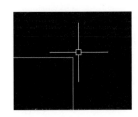

2) 객체 스냅 설정법

(1) 상태바의 [객체 스냅] 아이콘을 활용한 설정

① ![] 위 ▶ 마우스 포인터 위치

② 마우스 우측 버튼 클릭

③ 펼쳐진 객체 스냅 메뉴 확인

④ 펼침 메뉴 중 '객체 스냅 설정' 클릭

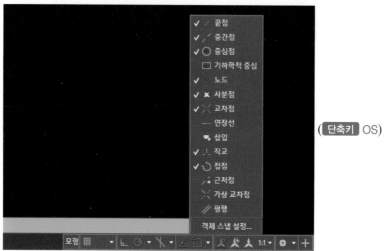

(단축키 OS)

◎ **TIP**
기능키 **F3**을 입력하여
Osnap 기능을 ON/OFF할
수 있음

◎ **TIP**
객체 스냅 모드의 모두를
선택하면 오히려 작업에
방해가 될 수 있음으로
필요한 스냅 모드만 선
택하여 사용하는 것이
편리함

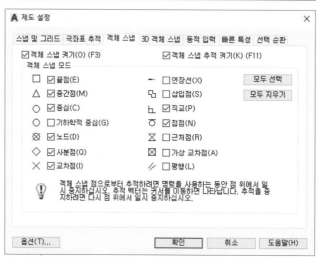

⑤ [객체 스냅 설정] 창에서 사용자가 찾고자 하는 특정점을 체크

• Endpoint(끝점) : 선이나 호의 가장 가까운 끝점 탐색

• Midpoint(중간점) : 선이나 호의 가장 가까운 중간점 탐색

• Center(중심점) : 원이나 호의 중심점 탐색

- Node(노드) : Divide나 Measure로 나누어 지정해둔 Point 탐색
- Quadrant(사분점) : 호, 원 또는 타원의 가장 가까운 사분점(0, 90, 180, 270도) 탐색
- Intersection(교차점) : 객체들이 만나는 교차점 탐색
- Extension(연장선) : 객체의 연장된 교차점 탐색
- Insertion(삽입점) : Text, Block, Shape의 삽입점 탐색
- Perpendicular(수직) : 한 객체에서 다른 객체로의 수직점 탐색
- Tangent(접점) : 객체들이 접하는 접점 탐색
- Nearest(근처점) : 현재 마우스 위치에서 객체위에 있는 가장 가까운 한점 탐색
- Apparent intersection(가상교차점) : UCS과 관계없이 3차원의 교차점 탐색
- Parallel(평행) : 직선과 평행한 안내선 탐색

◎ TIP
객체 스냅은 그리기 뿐만 아니라 **Move, Copy, Rotate** 등 작업에 유용하게 활용됨

⑥ 확인 클릭

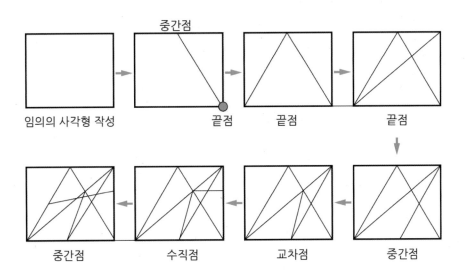

◎ TIP
Shift + 마우스 우측 버튼을 입력하여 객체 스냅 모드를 개별 선택하여 사용할 수 있음

객체 스냅(Osnap) 활용

MEMO

CHAPTER

02 다양한 선의 표현

① 구성선 그리기(Xline)

1) 개요

구성선은 도면 작성에 필요한 중심선, 안내선 또는 다양한 무한대의 경사선을 작성할 때 주로 사용됩니다. 이와 관련된 명령어로는 양방향 무한선 작성의 'Xline'과 한 방향 무한선(광선) 작성의 'Ray' 명령이 있습니다.

[홈] 탭 ▶ [그리기] 패널 ▶ 드롭다운 버튼(▼) 클릭

◎ TIP
도면 작성을 할 경우 계획한 치수에 맞춰 Xline을 활용하여 중심선 작업을 미리 해두고 진행하는 것이 편리함

▶ (단축키 Xline(XL))

✎(구성선) ✎(광선)으로 표현됩니다. 객체 스냅(Osnap) 기능과 함께 활용하면 보다 정확하고 다양한 무한의 구성선 작성이 가능합니다.

2) 구성선(Xline) 작성법

◎ TIP
[각도(A)] 옵션 클릭 ▶ 각도값 입력을 하면 지정 각도에 맞춰 무한대 구성선이 작성됨

(1) 수평 구성선

① [홈] 탭 ▶ [그리기] 패널 ▶ ✎ 클릭

② XLINE 점 지정 또는 [수평(H) 수직(V) 각도(A) 이등분(B) 간격띄우기(O)] :
: 수평(H) 클릭

③ 위치점 지정

④ Enter↵

(2) 수직 구성선

① [홈] 탭 ▶ [그리기] 패널 ▶ ↗️ 클릭

② ✖️ ✎ .·' **XLINE** 점 지정 또는 [수평(H) 수직(V) 각도(A) 이등분(B) 간격띄우기(O)]:

: **수직(V)** 클릭

③ 위치점 지정

④ Enter↵

◎ TIP
구성선(Xline)] 명령 중 [이등분(B)] 옵션 선택 ▶ 교차된 두 선의 교차점 지정 ▶ 첫 번째 객체 스냅점 지정 ▶ 두 번째 선의 끝점 또는 근처점 지정

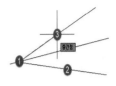

(3) 간격 띄우기

① [홈] 탭 ▶ [그리기] 패널 ▶ ↗️ 클릭

② ✖️ ✎ .·' **XLINE** 점 지정 또는 [수평(H) 수직(V) 각도(A) 이등분(B) 간격띄우기(O)]:

: **간격띄우기(O)** 클릭

③ 간격 값 입력 Enter↵

④ 간격 띄우기 대상 구성선 선택

⑤ 간격 띄우기 방향점 지정

⑥ Enter↵

◎ TIP
구성선(Xline) 명령 중 [간격띄우기(O)] 옵션 [통과점(T)] 옵션을 선택할 경우 간격 값에 상관없이 사용자가 직접 위치를 지정하여 구성선 간격 띄우기를 할 수 있음

(4) 구성선(Xline) 명령 중 [각도]와 [이등분] 옵션의 사용법은 23과 24 페이지의 [TIP] 내용 참고

3) 광선(Ray) 작성법

① [홈] 탭 ▶ [그리기] 패널 ▶ ↗️ 클릭

② 시작점 지정

③ 방향점 지정

④ Enter↵

◎ TIP
기능키 **F10**을 활용하여 지정한 각도에 의한 [광선]을 정확하게 작성할 수 있음

■ 극좌표 추적을 위한 각도 설정(단축키 DS)

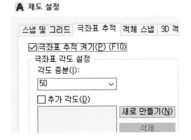

◎ TIP
명령 입력줄 ▶ DS 입력 후 [ENTER] ▶ 극좌표 각도 설정 가능

② 다중선 그리기(Mline)

1) 개요

다중선은 두 줄 또는 세 줄 이상의 선을 동시에 작성할 수 있는 명령입니다. 'Mledit' 명령을 활용하여 상호 교차된 다중선을 교차 유형을 변경할 수 있습니다. (단축키 ML)

2) 다중선 'Mline' 작성법

(1) 축척값(Scale)을 가진 다중선

◎ TIP
Mline의 [축척]은 두 선 [간격]을 의미함

① 'ML' 입력 Enter↵

② ✖ 🔍 ┄ MLINE 시작점 지정 또는 [자리맞추기(J) 축척(S) 스타일(ST)]: : 축척(S) 클릭

③ 축척 값 입력 Enter↵

④ 시작점 지정

⑤ 다음점 지정

◎ TIP
[스타일(ST)]옵션으로 Mlstyle에서 만든 스타일 이름을 입력하여 스타일 변경 가능(이 경우 반드시 축적(S)는 1로 설정하여야 함)

⑥ Enter↵ 팁

(2) 위치를 지정한 다중선

① 'ML' 입력 Enter↵

② ✖ 🔍 ┄ MLINE 시작점 지정 또는 [자리맞추기(J) 축척(S) 스타일(ST)]:

: 자리맞추기(J) 클릭

◎ TIP
[자리맞추기(J)] 옵션에서 맨 위(T)는 기준선을 상단에 두고 다중선이 하단에 작성됨 / 0(Z)는 기준선을 중간에 두고 상단 및 하단에 다중선이 작성됨 / 맨 아래(B)는 기준선을 하단에 두고 다중선이 상단에 작성됨

③ ✖ 🔍 ┄ MLINE 자리맞추기 유형 입력 [맨 위(T) 0(Z) 맨 아래(B)] <맨 위>:

: 0(Z) 클릭

④ 시작점 지정

⑤ 다음점 지정

⑥ Enter↵

MEMO

[TIP] Mlstyle 명령을 활용한 다중선 스타일 생성

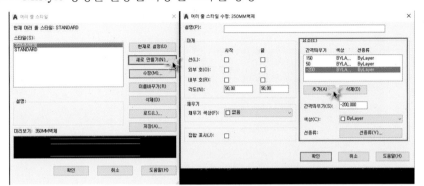

◎ **TIP**
Mlstyle(다중선 스타일)
명령을 활용하여 다양한
간격 값과 선을 가진 다
중선 스타일을 작성할 수
있음

[새로 만들기] 버튼 클릭 ▶ **[스타일 이름]** 입력 ▶ **[여러 줄 스타일 수정]** 대화 상자
▶ **[요소(E)]** ▶ 간격 띄우기와 색상, 선 종류 등을 추가 및 변경하여 다양한 스타일
의 다중선을 생성함

3) 교차된 다중선의 교차 유형 변경

① 'Mledit' 입력 Enter↵

◎ **TIP**
Explode(단축키 : **X**)를 활
용하여 **Mline**을 분해 후
Trim 명령이나 **Fillet** 명령
으로 모서리 정리 가능함

② 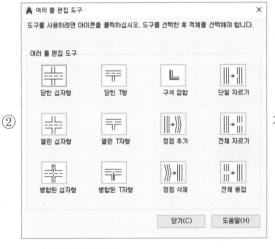 제시된 유형 중 선택

▶ 닫기(C) 클릭

③ 교차된 첫 번째 다중선 클릭
④ 교차된 두 번째 다중선 클릭

◎ TIP
Mledit 명령은 익숙하지 않으면 사용하는 것이 오히려 불편할 수 있음

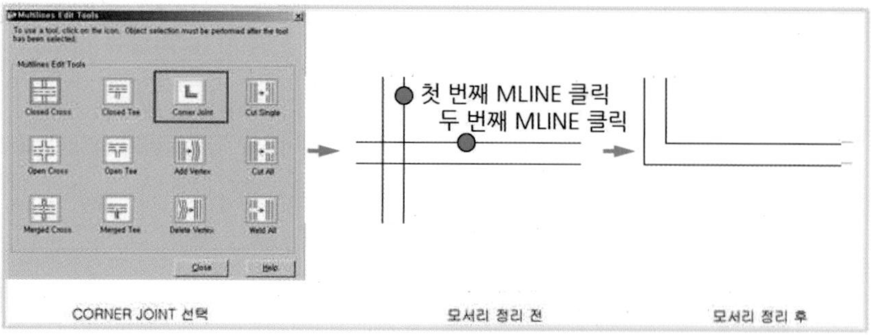

Mledit의 활용

3 폴리선 그리기(Polyline)

1) 개요

연속되어 이어진 하나의 단일 선의 성격으로 도형을 작성합니다. 이 외 기능으로 선의 폭을 부여하고, 직선과 곡선을 번갈아 가며 작성 할 수 있습니다.

[홈] 탭 ▶ **[그리기]** 패널 ▶ 폴리선 클릭(단축키 PL)

2) 폴리선 작성법

◎ TIP
Polyline는 Line 작성법과 동일함

(1) 연속된 단일 폴리선

① **[홈]** 탭 ▶ **[그리기]** 패널 ▶ 폴리선 클릭

② 시작점 지정

◎ TIP
연속된 단일 폴리선은 Explode(단축키 : X) 명령을 활용하여 분해가능 함

③ 다음점 순차적 지정

④ Enter↵

(2) 두께 폭이 있는 연속된 단일 폴리선

① **[홈]** 탭 ▶ **[그리기]** 패널 ▶ 폴리선 클릭

② 시작점 지정

③ × ✎ ⌖ .: · **PLINE** 다음 점 지정 또는 [호(A) 반폭(H) 길이(L) 명령 취소(U) 폭(W)]: : **폭(W)** 클릭

④ × ✎ ⌖ · **PLINE** 시작 폭 지정 <0.0000>: : 시작 폭 값 입력 Enter↵

⑤ × ✎ ⌖ · **PLINE** 끝 폭 지정 <0.0000>: : 끝 폭 값 입력 Enter↵

⑥ 다음점 순차적 지정

⑦ Enter↵

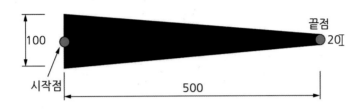

시작점
끝점
100
20
500

Pline의 활용

◎ **TIP**
Explode(단축키 : **X**) 명령을 활용하여 분해하면 폭 값이 제거됨

(3) 직선과 곡선이 연속된 단일 폴리선 작성법

① [**홈**] 탭 ▶ [**그리기**] 패널 ▶  클릭

② 시작점 지정

③ × ✎ ⌖ .: · **PLINE** 다음 점 지정 또는 [호(A) 반폭(H) 길이(L) 명령 취소(U) 폭(W)]:

: **호(A)** 클릭

④ 다음점 지정

⑤ × ✎ ⌖ .: · **PLINE** [각도(A) 중심(CE) 방향(D) 반폭(H) 선(L) 반지름(R) 두 번째 점(S) 명령 취소(U) 폭(W)]:

: **선(L)** 클릭

⑥ 다음 점 지정

⑦ Enter↵

◎ **TIP**
지정점을 통과하는 스플라인(Spline)과 지정점을 비켜가는 스플라인(Spline)을 작성할 수 있음(스플라인이란 자유 곡선을 의미함)

MEMO

- -

- -

- -

- -

- -

4 선 종류 및 축척 변경하기(Linetype & Ltscale)

1) 개요

도면 작업에서 주요하게 사용되는 선의 종류로는 숨은선, 일점쇄선(중심선), 실선 등
이 있습니다.

선 종류(Linetype) 명령을 활용하여 기존의 실선에서 다양한 선의 종류를 선택하여 변
경할 수 있으며, 숨은선(점선) 및 일점쇄선 등 선의 축척(Ltscale)을 조정함으로써 출력
시 명확하게 선의 종류가 구분되도록 표현할 수 있습니다.

◎ TIP
Ctrl +1 입력 ▶ 특성창
▶ 객체 선택을 통해 선
종류와 선축척을 개별 변
경 가능함

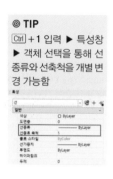

[홈] 탭 ▶ [특성] 패널 ▶  (단축키 Linetype(LT) / Ltscale(LTS))

2) 선 종류(Linetype) 변경

◎ TIP
선종류(Linetype)와 선축
척(Ltscale) 명령을 활용
한 설정 값은 도면층
(Layer) 설정과 연계됨

① [특성] 패널 ▶ 선 종류(Linetype)의 드롭다운 (▼) 버튼 클릭 (명령 입력줄에 'LT'
라고 입력해도 됨)
② [기타] 항목 클릭

(향후 등록된 선 종류는 [Ctrl]+1] 키를 입력하여 선택된 객체의 선 종류를 자유롭게 변
경할 수 있음)

③ 선 종류 관리자(Linetype Manager) 창 ▶ [로드(L)...] 버튼 클릭

◎ TIP
건축 단면도에서 단열재를 표현하고자 할 경우 선 종류 중 'Batting'을 활용함

④ [선 종류 로드 또는 다시 로드] 창 ▶ 스크롤 바 이동 ▶ 선 종류 선택

▶ [확인] 버튼 클릭

◎ TIP
임의 선종류 하나를 선택 후 'H'를 입력하면 H로 시작하는 선종류가 쉽게 탐색됨

⑤ 선 종류 관리자(Linetype Manager) 창 ▶ 신규 [선종류] 등록 확인

◎ TIP
선가중치 화면 표시 시스템 변수(Lwdisplay) 명령 입력 후 'ON/OFF' 옵션을 통해 작업화면에서의 선가중치 표현을 제어할 수 있음

◎ TIP
도면 작성시 주로 사용되
는 선 종류는 Center /
Hidden / Dashdot 등임

⑥ 작업 화면 ▶ 작성된 선 선택

⑦ 특성(properties) 패널 ▶ [선종류](Linetype) ▶ 드롭다운 (▼) 버튼 클릭

⑧ 'CENTER' 클릭

⑨ 작업화면 ▶ 선 종류 변경 확인

⑩ Esc 입력

3) 선의 축적(Ltscale) 변경

◎ TIP
선 축적 변경 옵션은 [선
종류 관리자] 대화상자
우측 상단의 [자세히]버
튼을 클릭하여 펼침

① [홈] 탭 ▶ [특성] 패널 ▶  ▶ [기타] 클릭

◎ TIP
– 전역 축척 : 등록된
  전체 선 종류에 적용
– 현재 객체 축척 : 선
  택된 객체에 대한 적
  용

②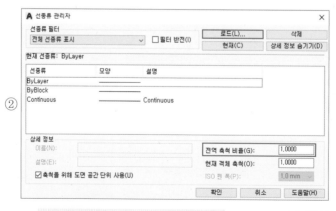

▶ 전역 축척 비율(G): [1.0000] 값 변경 ▶ [확인] 버튼 클릭

CHAPTER

03 도형 그리기

1 사각형 그리기(Rectang)

1) 개요

다양한 크기와 형태(모서리가 둥근, 모서리가 경사진)의 사각형을 즉시 작성할 수 있습니다. 객체 스냅 찾기 기능 즉 'Osnap'명령과 함께 활용하면 보다 편리하게 작성할 수 있습니다.

[홈] 탭 ▶   (단축키 Rec)

◎ TIP
Rectang / Circle / Ellipse / Polygon 등의 명령으로 작성된 도형을 폴리화 도형이라고 함

2) 사각형 그리기 작성법

(1) 상대좌표를 활용한 지정한 사각형 작성

① [홈] 탭 ▶ [그리기] 패널 ▶ □ 클릭

② 시작 구석점 지정

③ 사각형의 x방향 거리값과 y방향 거리값을 상대좌표(@x,y)로 입력 ▶ Enter↵

(2) 모서리가 둥근 사각형 작성

① [홈] 탭 ▶ [그리기] 패널 ▶ □ 클릭

② ✕ ⚲ ⬓ RECTANG 첫 번째 구석점 지정 또는 [모따기(C) 고도(E) 모깎기(F) 두께(T) 폭(W)]:
   : 모깎기(F) 클릭

③ 반지름값 입력 Enter↵

④ 시작점 지정

⑤ 상대좌표(@x,y)값 입력 Enter↵

◎ TIP
특정 부분의 모서리는 Fillet(단축키 : F) 명령으로 둥글게 처리 가능

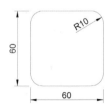

(3) 모서리가 경사진 사각형 작성

    ① [홈] 탭 ▶ [그리기] 패널 ▶ 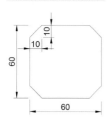 클릭

    ② ▨ × ◈ ▱ RECTANG 첫 번째 구석점 지정 또는 [모따기(C) 고도(E) 모깎기(F) 두께(T) 폭(W)] :

        : 모따기(C) 클릭

    ③ 첫 번째 모따기 값 입력 [Enter ↵]

    ④ 두 번째 모따기 값 입력 [Enter ↵]

    ⑤ 시작점 지정

    ⑥ 상대좌표(@x,y)값 입력 [Enter ↵]

◎ TIP
특정 부분의 모서리는
Chamfer(단축키 : Cha) 명
령으로 경사지게 처리 가
능

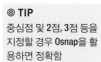

② 원 그리기(Circle)

1) 개요

다양한 원형을 작성할 수 있습니다.

◎ TIP
중심점 및 2점, 3점 등을
지정할 경우 Osnap을 활
용하면 정확함

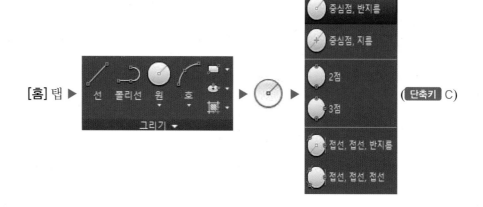

2) 원형 그리기 작성법

(1) 중심점 지정 후 반지름 값을 활용한 원형 작성

    ① [홈] 탭 ▶ [그리기] 패널 ▶ 중심점, 반지름 클릭

    ② 중심점 지정

    ③ 반지름 값 입력 [Enter ↵]

(2) 중심점 지정 후 지름 값을 활용한 원형 작성

① [홈] 탭 ▶ [그리기] 패널 ▶ [중심점, 지름] 클릭

② 중심점 지정

③ 지름 값 입력 Enter↵

(3) 2점을 활용한 원형 작성

① [홈] 탭 ▶ [그리기] 패널 ▶ [2점] 클릭

② 원의 첫 번째 점 지정

③ 원의 두 번째 점 지정

2점

(4) 3점을 활용한 원형 작성

① [홈] 탭 ▶ [그리기] 패널 ▶ [3점] 클릭

② 원의 첫 번째 점 지정

③ 원의 두 번째 점 지정

④ 원의 세 번재 점 지정

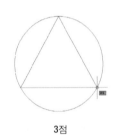

3점

(5) 접점과 반지름을 활용한 원형 작성

① [홈] 탭 ▶ [그리기] 패널 ▶ [접선, 접선, 반지름] 클릭

② 원이 접할 첫 번째 접선 지정

③ 원이 접할 두 번째 접선 지정

④ 반지름 값 입력 Enter↵

> ◎ TIP
> Circle의 [접선, 접선, 반지름] 옵션을 활용하면 각진 모서리를 둥글게 처리할 수 있음

(6) 세 개의 접점을 활용한 원형 작성

① [홈] 탭 ▶ [그리기] 패널 ▶ [접선, 접선, 접선] 클릭

② 원이 접할 첫 번째 접선 지정

③ 원이 접할 두 번째 접선 지정

③ 원이 접할 세 번째 접선 지정

> ◎ TIP
> 명령입력줄에 'C'를 입력후 원 명령을 실행하면 [접선, 접선, 접선] 옵션이 제시되지 않음

❸ 타원 그리기(Ellipse)

1) 개요

◎ **TIP**
Cad와 관련된 자격 시험 중 **ATC 2급**에서 경사지게 잘려진 원 또는 구의 형상을 타원(Ellipse)로 표현하여 자주 출제함

다양한 타원형을 작성할 수 있습니다.

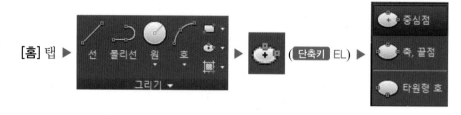

2) 타원 그리기 주요 작성법

(1) 중심점과 2개 축점을 활용한 타원형 작성

◎ **TIP**
축의 중심점 또는 첫 번째 점 지정 후 나머지 점은 좌표(상대좌표, 상대극좌표)값 입력 방법으로 지정 가능함

① [홈] 탭 ▶ [그리기] 패널 ▶ 🔘중심점 클릭

② 중심점 지정
③ 축의 첫 번째 점 지정
④ 축의 두 번째 점 지정

(2) 2개 축점과 1개 끝점을 활용한 타원형 작성

① [홈] 탭 ▶ [그리기] 패널 ▶ 🔘축, 끝점 클릭

② 축의 첫 번째 점 지정
③ 축의 두 번째 점 지정
④ 축의 세 번째 점 지정

(3) 타원형 호 작성

타원형 호는 [축, 끝점] 방법으로 진행 후 연이어 호의 시작점과 끝점을 지정하며, 아래의 그림과 같은 순서로 포인팅하여 작성함

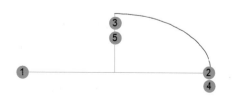

4 호 그리기(Arc)

1) 개요

다양한 호를 작성합니다.

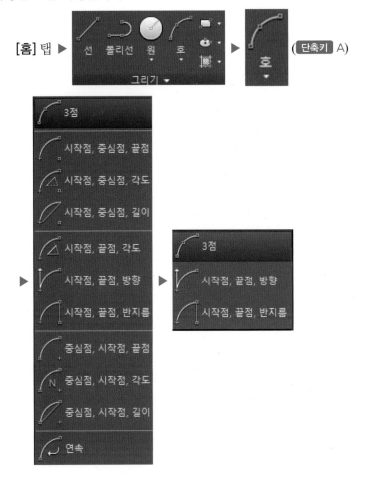

[홈] 탭 ▶ ... 그리기 ▶ 호 (단축키 A)

◎ TIP
다양한 호 작성 방법이
있으나 '3점 / 시작점, 끝
점, 반지름 / 시작점, 끝
점, 방향' 방법을 많이 사
용함

◎ TIP
호는 원과 타원을 작성
후 일부분을 절단하여 표
현할 수 있음

2) 호 그리기 주요 작성법

(1) 세 점을 지정한 호 작성

① [홈] 탭 ▶ [그리기] 패널 ▶ 3점 클릭

② 호 첫 번째 점 지정

③ 호 두 번째 점 지정

④ 호 세 번째 점 지정

◎ TIP
호(Arc)의 [3점] 옵션 사
용 예)

중간점

(2) 시작과 끝점 지정 후 반지름 값을 활용한 호 작성

◎ TIP
[시작점, 끝점, 반지름]
옵션을 활용할 경우 시계
반대 방향으로 호가 돌출
됨으로 이를 염두하고 포
인팅하여야 함

　① [홈] 탭 ▶ [그리기] 패널 ▶ 　시작점, 끝점, 반지름 클릭

　② 호 시작점 지정

　③ 호 끝점 지정

　④ 호 반지름 값 입력 Enter↵

(3) 시작과 끝점 및 방향점을 지정한 호 작성

　① [홈] 탭 ▶ [그리기] 패널 ▶ 　시작점, 끝점, 방향 클릭

　② 호 시작점 지정

　③ 호 끝점 지정

　④ 호 방향점 지정 (F8 기능키를 활용하여 자유로운 방향점 지정 가능)

5 다각형 그리기(Polygon)

1) 개요

3개의 이상의 면 수와 반지름 값 또는 모서리(Edge)의 길이를 지정하여 다양한 형태의
각진 도형을 작성하는 명령입니다.

◎ TIP
Polygon을 활용하면 정
삼각형을 쉽게 작성할 수
있음

[홈] 탭 ▶ 　선　폴리선　원　호　그리기 ▶ 　이동 / 직사각형 / 폴리곤 ▶ 폴리곤 (단축키 POL)

2) 다각형 작성 방법

(1) 반지름 값을 활용한 다각형 작성

　① [홈] 탭 ▶ [그리기] 패널 ▶ 　폴리곤 클릭

　② 면 수 입력 Enter↵

　③ 중심점 지정

◎ TIP
원에 외접(C)으로 설정할
경우 가상의 원의 외곽에
면에 다각형이 작성됨

　④ 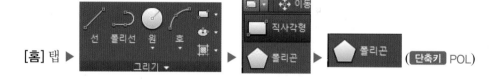 POLYGON 옵션을 입력 [원에 내접(I) 원에 외접(C)] <I>: : **원에 내접(I)** 클릭

　⑤ 반지름 값 입력 Enter↵

(2) 모서리의 길이와 각도 값을 활용한 다각형 작성

① [홈] 탭 ▶ [그리기] 패널 ▶ 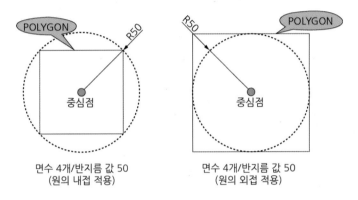 폴리곤 클릭

② 면 수 입력 Enter↵

③ [모서리(E)] 클릭

④ 시작점 지정

⑤ 상대극좌표 활용하여 길이와 각도 값 입력(예 @1000<0) Enter↵

[TIP] 원의 내접과 외접의 이해와 활용

POLYGON   R50
R50   POLYGON

중심점   중심점

면수 4개/반지름 값 50   면수 4개/반지름 값 50
(원의 내접 적용)   (원의 외접 적용)

Polygon의 활용

◎ TIP
모서리의 길이와 각도 값을 활용하는 방법은 밑변(모서리)의 길이와 각도에 관계됨. 예를 들어 면 수를 3으로 지정한 후 [모서리(E)] 옵션으로 @60,<0을 입력하면 세 면의 길이가 60인 정삼각형이 작성됨

MEMO

6 도넛 그리기(Donut)

1) 개요

내부 지름과 외부 지름 값을 입력하여 도넛 형상의 객체를 작성하는 명령입니다.

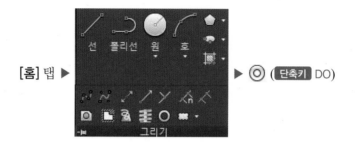

[홈] 탭 ▶   ▶ ◎ (단축키 DO)

2) 도넛 그리기 작성 방법

◎ **TIP**
내부 지름 값을 0으로 입력할 경우 토목제도에서 잘려진 철근 등의 단면을 작성할 수 있음

도넛의 작성 방법은 내부의 지름 값과 외부의 지름 값을 지정하는 방법과 내부의 지름 값을 0으로 두고 외부 지름 값만 지정하는 방법이 있습니다. 도넛의 지름은 음수의 값을 줄 수 없습니다.

내부 지름보다 외부 지름 값을 작게 입력하면 캐드에서는 자동으로 작은 값을 내부 지름으로, 큰 값을 외부 지름으로 인식하여 표현합니다.

(1) 내부 지름 값과 외부 지름 값 지정

① [홈] 탭 ▶ [그리기] 패널 ▶ ◎ 클릭
② 내부 지름 값 입력 [Enter↵]
③ 외부 지름 값 입력 [Enter↵]
④ 도넛 중심점 지정

◎ **TIP**
명령 입력줄 ▶ '채움 (Fill)' 명령 입력 ▶ 'ON' 또는 'OFF' 옵션 클릭 ▶ 'Regen' 명령을 입력하면 Pline의 폭과 Donut의 색 채움의 표시 여부를 제어 할 수 있음

(2) 내부 지름 값을 0으로 두고 외부 지름 값 지정

① [홈] 탭 ▶ [그리기] 패널 ▶ ◎ 클릭
② 내부 지름 값 '0' 입력 [Enter↵]
③ 외부 지름 값 입력 [Enter↵]
④ 도넛 중심점 지정

7 구름형 그리기(Revcloud)

1) 개요

호의 최소값과 최대값을 입력하여 범위 내의 연속된 호를 작성하여 **[구름형상]**을 작성하는 명령입니다.

[홈] 탭 ▶

◎ **TIP**
Revcloud 명령은 도면 수정사항을 표시할 때 자주 사용됨

2) 구름형 그리기 작성 방법

구름형 그리기는 기본적으로 최소 및 최대의 호의 길이 값을 지정 후 먼저 작성하는 방법과 미리 작성되어진 객체를 지정하는 방법이 있습니다. 추가로 작성되어지는 호의 스타일을 재지정하여 작성할 수 있습니다.

(1) 사각형 형태의 구름형 작성

① **[홈]** 탭 ▶ **[그리기]** 패널 ▶ 직사각형 클릭

② [호 길이(A)] 클릭

③ 호 최소 길이 값 입력 [Enter↵]

④ 호 최대 길이 값 입력 [Enter↵] (최소 길이의 3배 초과 금지)

⑤ 시작점과 대각선 반대점 지정

(2) 폴리화 된 도형을 활용한 작성

① **[홈]** 탭 ▶ **[그리기]** 패널 ▶ 폴리곤 클릭

② [호 길이(A)] 옵션 클릭

③ 호 최소 길이 값 입력 [Enter↵]

◎ **TIP**
폴리선(Polyline) 등으로 다양한 형상의 폴리화 도형 작성함

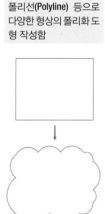

④ 호 최대 길이 값 입력 [Enter↵] (최소 길이의 3배 초과 금지)

⑤ 객체(O) 클릭

⑥ 미리 작성된 객체 선택

⑦ 호 방향 반전 [예(Y) 아니오(N)] 중 옵션 클릭

(3) 스케치를 활용한 작성

◎ TIP
구름형 그리기(Revcloud) 명령은 조경 설계에서 다양한 조경수(나무, 수풀) 등을 표현할 수 있음

① [홈] 탭 ▶ [그리기] 패널 ▶ 프리핸드 클릭

② [호 길이(A) 옵션 클릭

③ 호 최소 길이 값 입력 [Enter↵]

④ 호 최대 길이 값 입력 [Enter↵] (최소 길이의 3배 초과 금지)

⑤ 마우스 좌측 버튼을 누른 채 이동(시작점 근접 시 자동 닫힘)

(4) 작성되어지는 호의 스타일을 재지정하는 방법

① [홈] 탭 ▶ [그리기] 패널 ▶ 직사각형 클릭

② 스타일(S) 클릭

③ [일반(N) 컬리그래피(C)] ▶ 컬리그래피(C) 클릭

④ 시작점과 대각선 반대 방향점 지정

◎ TIP
[컬리그래피(C)] 옵션으로 시작과 끝의 폭을 가진 구름형을 작성할 수 있음

Revcloud의 방향전환

【주의】호의 최소 길이가 객체 선분의 길이보다 크면 구름형 그리기(Revcloud)가 작성되지 않음

8 포인트 그리기와 유형 변경(Point & Ddptype)

1) 개요

점 객체를 작성합니다. 점 작성 전/후 Ddptype 명령으로 점의 스타일과 크기를 지정합니다.(단축키 Point(PO) / Ddptype(PTYPE))

2) 포인트 그리기 작성 방법

포인트 그리기는 사전에 Ddptype 명령을 실행하여 포인트 객체의 스타일과 크기를 지정한 후, 점(Point) 명령을 실행하여 화면상에 위치를 상대적인 크기 또는 절대 단위로서 지정하여 작성하는 방법과 이미 작성되어진 포인트 객체를 재수정하는 방법으로 작성됩니다.

◎ TIP
Point와 Ddptype 명령을 활용하면 전산응용건축제도에서 온수 파이프 형상을 작성할 수 있음

(1) 신규 포인트를 화면상에 상대적인 크기로 설정 후 작성

① Ddptype(단축키 Ptype) 입력 Enter↵
② [점 스타일] 창 확인

◎ TIP
원(Circle) 작성 후 중심표식(Centermark) 명령을 수행하여 원과 십자형 마크를 작성할 수도 있음

```
A 점 스타일                        ×

[■]  [ ]  [+]  [×]  [ˌ]

[⊙]  [○]  [⊕]  [⊗]  [◔]

[▫]  [□]  [⊞]  [⊠]  [◳]

[◉]  [◻]  [⊞]  [⊠]  [◱]


점 크기(S):  5.0000        %

◉ 화면에 상대적인 크기 설정(R)
○ 절대 단위로 크기 설정(A)

[  확인  ]  [  취소  ]  [ 도움말(H) ]
```

■ [상대적인 크기]란 도면 작업 공간의 확대/축소 범위에 따라 상대적으로 크기가 조정되는 것을 의미함

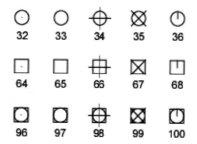

◎ **TIP**
점 스타일 표시 모드
(Pdmode) 명령에서 변수
값은 1은 아무것도 표현
하지 않음

③ 사용자가 원하는 점 스타일 선택

명령 입력줄에 점 스타일 표시 모드(Pdmode) 명령을 입력한 후 변수값을 입력
함으로 점 스타일을 선택할 수 있음

◎ **TIP**
Pont와 Ddptype 명령은
건축 및 토목에서 좌표점
등을 표현할 경우 자주
사용됨

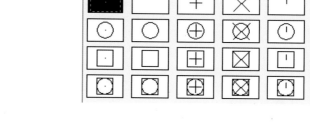

◎ **TIP**
명령 입력줄에 점 크기
(Pdsize) 명령을 입력한
후 크기 값을 입력하여
작성된 점의 크기를 변경
할 수 있음

④ 점 크기(S): 5.0000 % ▶ 점 크기(S) 입력

◉ 화면에 상대적인 크기 설정(R)

▶ [화면에 상대적인 크기설정(R)] 선택 ▶ 확인 클릭

⑤ Point(단축키 PO) 입력 Enter↵

⑥ 포인트 위치점 지정

⑦ 화면 확대 또는 축소

⑧ Regen(단축키 RE) 입력 Enter↵ (작업 공간의 확대/축소에 상대적으로 관계하여
점의 크기가 변화됨)

MEMO

(2) 신규 포인트를 절대 단위 크기로 설정 후 작성하는 방법

① Ddptype(단축키 Ptype) 입력 [Enter↵]

② [점 스타일] 창 확인

◎ TIP
지름 25mm 원과 중심 표식을 작성할 경우 [절대 단위로 크기설정(A)]를 선택하고 크기를 25로 설정함

③ [점 스타일] 창에서 사용자가 원하는 특정 포인트 지정

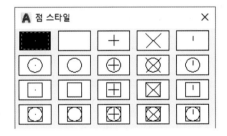

◎ TIP
Regen(단축키 : RE)은 도면 재생성 명령으로 도면 작성 중 원의 테두리가 각져 보일 경우 사용될 수 있음

④ ▶ 점 크기(S) 입력

▶ [절대 단위로 크기 설정(A)] 선택 ▶ 확인 클릭

⑤ Point(단축키 PO) 입력 [Enter↵]

⑥ 포인트 위치점 지정

⑦ 화면 확대 또는 축소

⑧ Regen(단축키 RE) 입력 [Enter↵] (작업 공간의 확대/축소에 관계 없이 점의 크기가 변화되지 않음)

MEMO

03

객체 이동 및
복사 명령(도구)

SketchUp Pro

CHAPTER

01 객체의 다양한 복사

1 이동과 복사(Move & Copy)

1) 개요

Move(이동)과 Copy(복사) 명령은 수행 과정이 동일한 명령입니다. 상대극좌표를 이용하거나 'Osnap' 명령과 F8 기능키를 활용하면 더욱 편리합니다.

◎ TIP
복사(Copy) 명령은 일반적으로 다중 복사 기능이 활성화되어 마우스로 포인팅 할수록 다중 복사됨

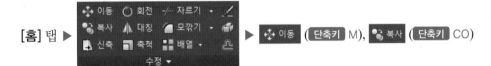

[홈] 탭 ▶ [이동] (단축키 M), [복사] (단축키 CO)

2) 객체 이동 및 복사 방법

(1) 객체 이동

① [홈] 탭 ▶ [수정] 패널 ▶ 이동 클릭

② 이동 대상 객체 선택 [Enter↵]

③ 기준점 지정

④ 상대극좌표를 활용하여 이동할 거리 값과 방향 값 입력 [Enter↵]

(Osnap으로 특정 객체의 점을 지정 또는 F8 기능으로 수평 또는 수직 방향 지시 후 이동 거리값 입력으로 이동 가능)

◎ TIP
반드시 상대극좌표 방법만을 사용하는 것이 아니며 상대 및 절대 좌표 뿐만아니라 객체 스냅 점을 활용함

(2) 객체 복사

① [홈] 탭 ▶ [수정] 패널 ▶ 복사 클릭

② 복사 대상 객체 선택 [Enter↵]

③ 기준점 지정

④ 상대극좌표를 활용하여 이동할 거리 값과 방향 값 입력 [Enter↵]

(Osnap으로 특정 객체의 점을 지정 또는 F8 기능으로 수평 또는 수직 방향 지시 후 이동 거리값 입력으로 이동 가능)

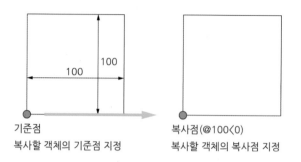

100

100

기준점
복사할 객체의 기준점 지정

복사점(@100⟨0)
복사할 객체의 복사점 지정

Copy의 활용

② 배열 복사(Array)

1) 개요

선택된 객체를 등 간격으로 다중 복사해 주는 명령입니다. 배열 복사는 직사각형, 원형, 경로 방식으로 구분됩니다.

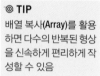

◎ TIP
배열 복사(Array)를 활용하면 다수의 반복된 형상을 신속하게 편리하게 작성할 수 있음

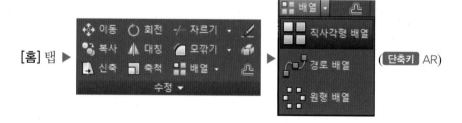

[홈] 탭 ▶

(단축키 AR)

2) 배열 복사 방법

(1) 직사각형의 배열 다중 복사

① [홈] 탭 ▶ [수정] 패널 ▶ 〔직사각형 배열〕 클릭

② 객체 선택 Enter↵

③

[배열 작성] 탭 ▶ 열(X축을 의미) 패널 ▶ 열 : 복사 개수 입력 / 사이 : 개별 거리값 입력

[배열 작성] 탭 ▶ 행(Y축을 의미) 패널 ▶ 행 : 복사 개수 입력 / 사이 : 개별 거리값 입력

[배열 작성] 탭 ▶ 레벨(Z축을 의미) 패널 ▶ 레벨 : 복사 개수 입력 / 사이 : 개별 거리값 입력

◎ TIP

결과물이 하나로 묶인 (연관) 상태로 선택됨(배열 개수 및 거리 등 재수정 가능)

④ [배열 작성] 탭 ▶ [닫기] 패널 ▶ 클릭

(2) 원형 배열 복사

① [홈] 탭 ▶ [수정] 패널 ▶ 원형 배열 클릭

② 객체 선택 Enter↵

③ 중심점 지정

④

[배열 작성] 탭 ▶ [항목] 패널 ▶ 항목 : 복사 개수 입력 / 사이(개별 사이 간격 각도) : 각도값 입력

[배열 작성] 탭 ▶ [항목] 패널 ▶ 행 : 복사 개수 입력 / 사이 : 개별 거리값 입력

[배열 작성] 탭 ▶ [항목] 패널 ▶ 레벨 : 복사 개수 입력 / 사이 : 개별 거리값 입력

◎ TIP

결과물이 중심점을 기준으로 함께 회전됨

⑤ [배열 작성] 탭 ▶ [닫기] 패널 ▶ 클릭

◎ TIP

중심점을 지정할 경우 Osnap을 활용하여 정확하게 포인팅하는 것이 중요함. 가구 테이블 세트 등 원형 배열을 이용하여 중심을 기준으로 한 다양한 객체를 편리하게 작성할 수 있음

(3) 경로 배열 복사

① [홈] 탭 ▶ 수정 패널 ▶ 경로 배열 클릭

② 객체 선택 Enter↵

③ 경로 선택 Enter↵

◎ TIP

결과물이 경로에 따라
회전됨

등분할(항목 값으로 배열) / 길이 분할(사이 값으로 배열)

④

[배열 작성] 탭 ▶ **[항목]** 패널 ▶ 항목 : 복사 개수 입력 / 사이(개별 사이 간격 각도) : 각도값 입력

[배열 작성] 탭 ▶ **[항목]** 패널 ▶ 행 : 복사 개수 입력 / 사이 : 개별 거리값 입력

[배열 작성] 탭 ▶ **[항목]** 패널 ▶ 레벨 : 복사 개수 입력 / 사이 : 개별 거리값 입력

⑤ **[배열 작성]** 탭 ▶ **[닫기]** 패널 ▶  클릭

3 간격 띄우기(Offset)

1) 개요

선택된 객체를 입력된 거리 값에 의하여 등간격 또는 통과점 방법으로 복사하는 명령입니다. 간격 띄우기는 폴리선(Polyline)으로 작성된 객체와 폴리화 된 도형(Rectang, Circle, Ellipse, Polygon 등)에서 더욱 유효합니다.

◎ TIP

간격 띄우기(Offset) 명령은 폴리화된 선이나 도형을 전체적으로 간격 복사함으로 더욱 편리함

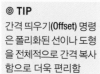

[홈] 탭 ▶  ▶ (**단축키** O)

2) 간격 띄우기 방법

(1) 간격 값을 활용한 등 간격 복사

① **[홈]** 탭 ▶ **[수정]** 패널 ▶ 클릭

② 간격 값 입력 Enter↵

③ 객체 선택

④ 간격 띄우기 방향점 지정 (③④ 과정을 반복 수행하여 다중 복사)

⑤ Enter↵

(2) 통과점을 활용한 간격 복사

    ① [홈] 탭 ▶ [수정] 패널 ▶ 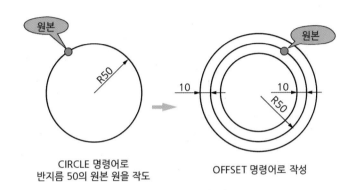클릭

    ② **통과점(T)** 옵션 클릭

    ③ 객체 선택

    ④ 간격 띄우기 방향점 지정 (③④ 과정을 반복 수행하여 다중 복사)

    ⑤ Enter↵

CIRCLE 명령어로
반지름 50의 원본 원을 작도

OFFSET 명령어로 작성

Offset의 활용

◎ TIP
통과점을 활용할 경우 간격 값을 지정할 필요가 없음

4 대칭 복사(Mirror)

1) 개요

선택된 객체를 지정한 축을 중심으로 대칭 복사하는 명령입니다.

(1) 리본 메뉴

◎ TIP
대칭 복사(Mirror)를 활용하면 대칭된 형상을 보다 신속히 작성할 수 있음

2) 대칭 복사 방법

① [홈] 탭 ▶ [수정] 패널 ▶ ◢◣ 대칭 클릭

② 객체 선택 [Enter↵]

④ 대칭 복사 기준축 첫 번째 점 지정

⑤ 대칭 복사 기준축 두 번째 점 지정

⑥ 원본 객체를 지우시겠습니까? [예(Y) 아니오(N)] 옵션 중 선택

⑦ [Enter↵]

◎ TIP
[예(Y)]를 클릭하면 원본 객체가 삭제됨

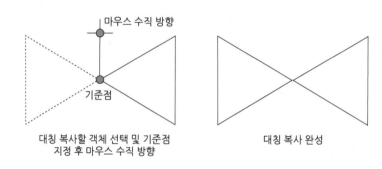

Mirror의 활용

MEMO

04

객체 관리 및
편집 명령(도구)

SketchUp Pro

CHAPTER

01 객체 관리하기

1 색상(Color)

1) 개요

선의 색상을 부여 또는 변경합니다. 도면 작성자는 선의 종류 또는 유사한 성격의 도면 요소 등을 색상으로 구분하게 됩니다. 예를 들어 중심선은 빨간색, 외형선은 노란색, 숨은선은 녹색 등으로 표현합니다.

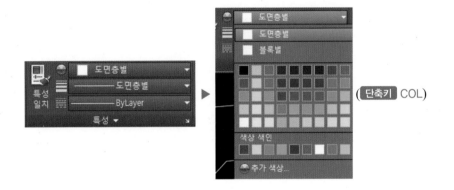

(단축키 COL)

◎ TIP
Ctrl + 1(특성창)을 활용하여 선택된 객체의 색상을 변경할 수 있음

2) 색상으로 객체 관리 방법

(1) 색상 지정 후 객체 작성

① [홈] 탭 ▶ [수정] 패널 ▶ 🔲 도면층별 클릭

② 색상 선택

③ 객체 작성

◎ TIP
AutoCAD 색상 색인(ACI)에서 세 개의 탭에 있는 255개의 색상, 트루컬러, 색상표 중에서 선택할 수 있음

(2) 작성된 객체의 색상 변경

① 작업 화면상에 작성된 객체 선택

② [홈] 탭 ▶ [수정] 패널 ▶ 🔲 도면층별 클릭

③ 색상 선택

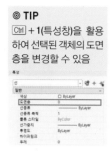

◎ TIP

Ctrl + 1(특성창)을 활용
하여 선택된 객체의 도면
층을 변경할 수 있음

② 도면층(Layer)

1) 개요

도면층을 생성하고 이름, 선 종류, 선 색상, 출력 여부, 선의 가중치 등을 종합적으로 관리하는 명령입니다.

(1) 리본 메뉴

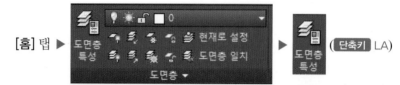

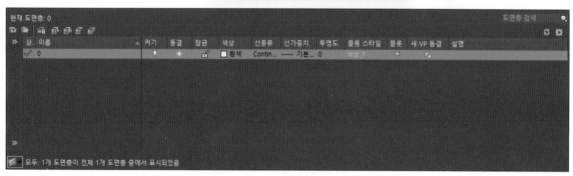

2) 도면층으로 객체 관리 방법

(1) 신규 도면층 작성

① [홈] 탭 ▶ [도면층] 패널 ▶ [도면층 특성] 클릭

②  ▶ (신규 레이어 생성) 버튼 클릭(단축키 Alt + N)

③ 이름 변경 위한 도면층 선택

④ F2 기능키 입력 ▶ 이름 변경

■ 전산응용건축제도기능사 자격 시험에서는 주로 '단면선 / 중심선 / 입면선 / 해칭선 / 마감선 / 치수 및 문자'로 도면층의 이름을 설정함. 이 외 CAD와 관련한 다양한 자격증 시험에서도 해당 시험에 맞는 도면층 설정을 요구함.

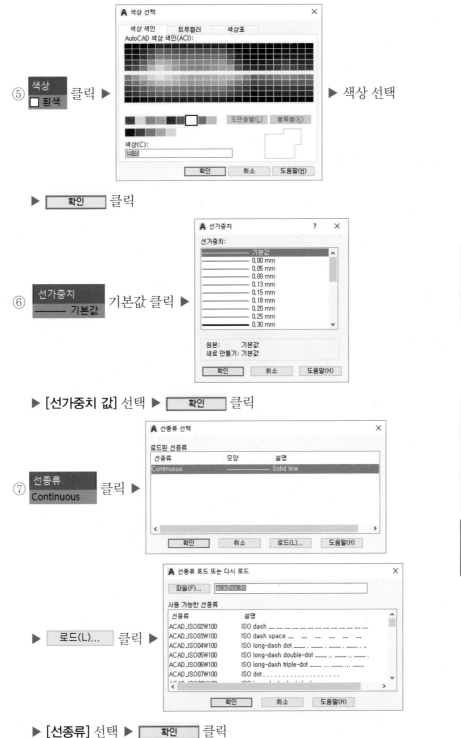

⑤ 색상 □흰색 클릭 ▶ ▶ 색상 선택

▶ 확인 클릭

◎ TIP
레이어에서 [선가중치]를 설정할 경우 [출력] 과정에서 별도의 선가중치를 설정할 필요가 없음

⑥ 선가중치 ── 기본값 기본값 클릭 ▶

▶ [선가중치 값] 선택 ▶ 확인 클릭

◎ TIP
도면층에서 설정한 [선가중치]는 선가중치설정 (Lweight, 단축키 : LW) 명령 입력 후 [선 가중치 표시] 옵션을 체크하면 작업화면상에서 선 가중치 확인 가능

⑦ 선종류 Continuous 클릭 ▶

▶ 로드(L)... 클릭 ▶

▶ [선종류] 선택 ▶ 확인 클릭

⑧ [로드]된 선종류 중 선택

▶ 확인 클릭

(2) 도면층의 출력 금지 및 해제

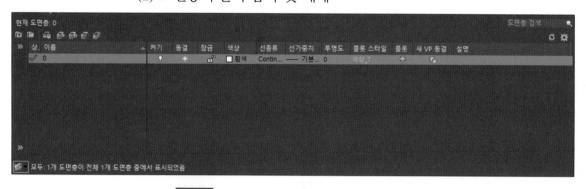

▶ 플롯 ⊖ : (출력가능상태) / (출력금지상태) 중 선택

(3) 기존 객체의 도면층 변경

① 객체 선택 ▶ 펼친 레이어 중 선택

② Esc 입력 후 종료

(4) 도면층의 숨김과 동결, 잠금

① 도면층 특성 ▶ 클릭하여 숨김( ) 전환

◎ TIP
[선종류] 축척은 Ctrl+1 (특성창) 또는 Linetype scale(단축키 : LTS)를 활용하여 변경가능함

◎ TIP
도면층이 [숨김] 또는 [동결]되어 있으면 출력되지 않음

(해당 레이어가 적용된 객체를 숨김)

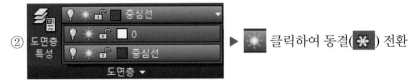

② 도면층 특성 ▶ 클릭하여 동결(✳) 전환

(해당 레이어가 적용된 객체를 동결)

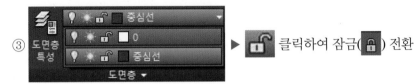

③ 도면층 특성 ▶ 클릭하여 잠금(🔒) 전환

◎ TIP
도면층이 [잠금]되어 있
으면 수정 및 변경, 선택
을 할 수 없음

(해당 레이어가 적용된 객체를 잠금)

3 블록(Block & Wblock)

1) 개요

Block과 Wblock 명령은 반복적으로 사용될 객체를 블록화 하는 명령어입니다. 블록화
한 객체는 'Insert' 명령으로 삽입시킬 수 있습니다.

[홈] 탭 ▶ 삽입 / 작성 / 편집 / 속성 편집 ▶ 작성 (단축키 Block(B), Wblock(W))

◎ TIP
Wblock화 할 경우 Dwg 파
일 형식으로 별도 저장이
가능함. 반복적으로 사
용하기에 편리함

MEMO

2) 블록으로 객체 관리 방법

(1) 블록 생성

① [홈] 탭 ▶ [블록] 패널 ▶ 작성

◎ TIP
[유지(R)]는 기존 객체를
블록화하지 않으며, [삭
제(D)]는 기존 객체를 삭
제하고 새로운 블록을 생
성함

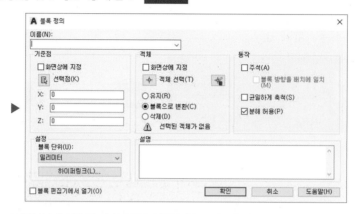

◎ TIP
[유지(R)]는 기존 객체를
블록화하지 않으며, [블
록에서 삭제(D)]는 기존
객체를 삭제하고 새로운
블록을 생성함

② 이름(N): ⬚⬚⬚⬚⬚⬚ 블록명 작성

③ ✛ 객체 선택(T) 클릭 ▶ 블록화 객체 선택 [Enter↵]

④ 🔲 선택점(K) 버튼 클릭 ▶ 블록 기준점 지정

(2) 파일(쓰기) 블록 생성

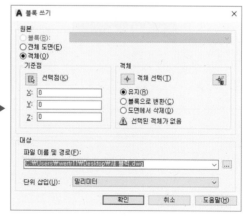

① 명령입력줄 ▶ 'W' 입력 ▶

◎ TIP
Wblock은 별도의 파일을
생성함으로 저장 위치를
정확하게 지정하고 기억
해두는 것이 중요함

② ⬚⬚⬚ 클릭 ▶ 파일 저장 위치 및 파일명 입력

③ ✛ 객체 선택 클릭 ▶ 블록화 할 객체 선택 [Enter↵]

④  선택점 클릭 ▶ 블록 기준점 지정

⑤ [　확인　] 클릭

(3) 블록 삽입

①  ▶ (단축키 Insert(I))

◎ TIP
객체스냅모드의 [삽입
점]을 체크하면 삽입된
블록의 삽입점을 정확하
게 포인팅할 수 있음

② [찾아보기(B)...] 클릭 ▶ 파일 탐색

③ [　확인　] 클릭

④ 기준점 지정 ▶ 블록 삽입

4 그룹(Group)

1) 개요

객체들을 그룹화 하는 명령입니다.
다수의 객체를 그룹한 후에도 그룹에 객체를 추가 및 제거할 수 있는 기능을 제공합니다.

(1) 리본 메뉴

[홈] 탭 ▶  ▶ 그룹

◎ TIP
그룹(Group) 명령은 블록
명령들과 같이 임시나 별
도로 객체를 저장하고 생
성시키는 것이 아님. 작
업화면 내에서 작업의 편
의성을 위해 특정 객체들
을 지정하여 묶거나 해제
하여 사용함

2) 그룹으로 객체 관리 방법

(1) 객체 그룹

① [홈] 탭 ▶ [그룹] 패널 ▶  클릭

② 이름(N) 옵션 클릭

③ 그룹 명칭 입력 Enter↵

③ 그룹화 할 객체 선택 Enter↵

◎ TIP
명령 입력줄에 그룹해제
(Ungroup) 명령을 입력
후 작업화면 내 그룹을
선택하면 해당 그룹이 해
제됨

(2) 그룹 추가 및 제거

① [홈] 탭 ▶ [그룹] 패널 ▶

② 기존 그룹 선택

③ [객체 추가(A) 객체 제거(R) 이름바꾸기(REN)] : [객체 추가] 또는 [객체 제거] 옵션 클릭

④ 추가 또는 제거 객체 선택 Enter↵

MEMO

CHAPTER

02 객체 편집하기

📌 선 분할(Divide & Measure)

1) 개요

Divide 명령은 세그먼트 개수를 지정하여 일정 간격의 점을 배치하는 명령어입니다. Measure 명령은 세그먼트 길이 값을 활용해 일정 간격의 점을 배치하는 명령어입니다. 분할된 위치의 점은 Ddptype 명령을 실행 후 점 유형과 크기를 변경하면 표시됩니다. 분할된 점의 위치를 정확히 포인팅하기 위해 Osnap 중 Node(절점)을 설정합니다.

◎ TIP
여기서 분할은 잘라내어 절단해내는 의미가 아니라 단순히 위치를 분할해주는 의미임

[홈] 탭 ▶

 (Divide : DIV) 또는 ⬆ (Measure : ME) 선택

2) 객체의 등분할 방법

(1) 세그먼트 등분할

① [홈] 탭 ▶ [그리기] 패널 ▶ 클릭

② 등분할 표시 객체 선택 [Enter↵]

③ 세그먼트 분할 수 입력 [Enter↵]

◎ TIP
Divide 명령을 활용하여 계단과 같이 등간격으로 표현될 형상을 편리하게 작성할 수 있음

◎ TIP
Divide와 Measure 명령으로 분할된 위치는 Ddptype 또는 Pdsize 명령을 활용한 점 크기 변경을 통해 확인 가능하며, Osnap 모드 중 Node를 활용하여 해당 위치를 포인팅할 수 있음

(2) 길이 등분할

① [홈] 탭 ▶ [그리기] 패널 ▶ 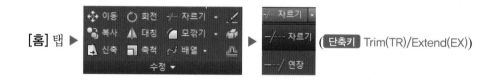 클릭

② 분할 객체 선택 Enter↵
③ 분할 길이 값 입력 Enter↵

2 자르기와 연장(Trim & Extend)

1) 개요

Trim 명령은 객체가 서로 교차되어 있을 경우 기준(경계)선을 이용하여 교차된 선을 잘라주는 명령입니다. Extend 명령은 기준(경계)선을 이용하여 해당 기준선에 객체를 연장하는 명령어입니다.

◎ TIP 옵션 설명
울타리(F)는 울타리를 교차하는 모든 객체를 잘라냄 / 걸치기(C)는 직사각형 범위에 걸쳐진 객체를 잘라냄 / 모서리(E)는 기준선에 대한 인식 범위의 연장 유무를 제어하며, '연장(E)' 옵션을 선택할 경우 기준선에 교차하지 않은 객체도 잘라냄

[홈] 탭 ▶ ... ▶ (단축키 Trim(TR)/Extend(EX))

2) 자르기와 연장 방법

(1) 선 자르기

① [홈] 탭 ▶ [수정] 패널 ▶ ─/─── 자르기 클릭

② 교차된 선 중 기준선 Enter↵ (기준선 선택 없이 Enter↵를 입력하면 전체 선을 기준선으로 인식함)

③ 기준선과 교차된 선 중 자르고자 하는 특정 부분 클릭

① 경계선 선택 ● ② 시작 모서리점 ●

③ 반대편 모서리점 ●

Trim의 [걸침] 방법 활용

(2) 선 연장

① [홈] 탭 ▶ [수정] 패널 ▶  연장 클릭

② 기준선 Enter↵ (기준선 선택 없이 Enter↵를 입력하면 전체 선을 기준선으로 인식함)

③ 연장하고자 하는 선의 끝 클릭

◎ TIP
명령 실행 중 Shift 키를 입력하여 Tim과 Extend 명령을 전환하여 적용할 수 있음

② 시작 모서리점

① 경계선 선택

③ 반대편 모서리점

Extend의 [걸침] 방법 활용

③ 끊기와 결합(Break & Join)

1) 개요

Break 명령은 두 점 또는 한 점을 지정하여 선분을 끊어내는 명령입니다.
Join 명령은 끊어져 있는 선분을 하나로 결합하는 명령입니다.

◎ TIP
원이나 타원의 특정 일부분을 잘라내어 표현해야 할 경우 Break 명령을 자주 사용함

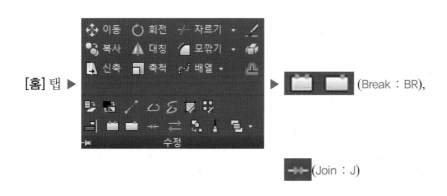

[홈] 탭 ▶ ... ▶ (Break : BR),

(Join : J)

■ 결합(Join) 명령을 활용하여 연결된 선분을 단일로 이어진 선분으로 작성 가능함. 동일 선상에서 떨어진 선분일 경우도 연결하여 붙임)

2) 선 끊기와 결합

(1) 한 점 지정 [선 끊기]

◎ **TIP**
선끊기(1)를 적용할 경우 간격을 두지않고 하나의 선을 분할할 수 있음

① **[홈]** 탭 ▶ **[수정]** 패널 ▶ ⬜ 클릭

② 끊기 명령을 수행할 선 선택

③ 끊기 점 지정

(2) 두 점 지정 [선 끊기]

◎ **TIP**
선끊기(2)를 적용할 경우 첫 번째 선택점과 두 번째 지정점에 의해 간격을 두고 하나의 선을 분할할 수 있음

① **[홈]** 탭 ▶ **[수정]** 패널 ▶ ⬛ 클릭

② 끊기 명령을 수행할 선 선택 (선택점이 끊기 첫 번째 점이 됨)

③ 두 번째 끊기 점 지정

(3) 끊어진 선의 [결합]

① **[홈]** 탭 ▶ **[수정]** 패널 ▶ 🔲 클릭

② 결합할 첫 번째 선 선택 Enter↵

③ 결합할 두 번째 선 선택 Enter↵

④ Enter↵

- Break와 Join의 활용

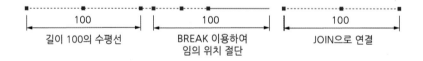

100	100	100
길이 100의 수평선	BREAK 이용하여 임의 위치 절단	JOIN으로 연결

Break와 Join의 활용

MEMO

4 해치 작성과 편집(Hatch & Hatchedit)

1) 개요

Hatch 명령은 반복되는 형태의 무늬(패턴)를 닫힌 공간 안에 채워주는 명령입니다.
Hatchedit 명령(해당 Hatch 더블 클릭)을 활용하여 재수정이 가능합니다.

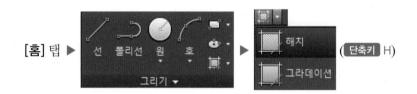

[홈] 탭 ▶ ... ▶ (단축키 H)

◎ TIP
해치(Hatch)는 도면의 평면, 입면, 단면 상의 재표 표현을 위해 사용됨

2) 닫힌 공간 내 해칭 및 수정 방법

(1) 닫힌 공간 내 해칭

① [홈] 탭 ▶ [그리기] 패널 ▶ 해치 클릭

◎ TIP
선으로 구성된 패턴뿐만 아니라 다양한 그라데이션(Gradient)을 표현할 수 있음

②

▶ 선택점 클릭

③ 닫힌 도형의 내부 공간 지정

④

패턴 선택

⑤

패턴 각도 값과 축척( ) 값 입력 Enter↵를 입

력하면 작업 화면에 미리보기 가능

⑥ 닫기 해치 작성 닫기 버튼 클릭

(2) 작성된 해치의 재수정 방법

① 작성된 해치 더블 클릭

◎ TIP
명령입력줄 ▶
hatchedit 입력 ▶ 작성된
해치를 선택해도 수정 가
능함

②

패턴, 각도, 축척 값 재수정

③

버튼 클릭

⑤ 경계와 분해(Boundary & Explode)

1) 개요

Boundary(Bpoly) 명령은 닫힌 공간으로부터 경계화 된 영역 또는 폴리선을 작성합니다.

폴리화 된 도형이나 선, 그리고 블록, 치수선, 해칭 등의 다수의 요소가 하나로 묶인 객체들은 Explode 명령을 활용하여 개별 요소로 분해할 수 있습니다.

① Boundary

◎ TIP
경계(Bpoly) 명령은 기존
객체를 그대로 유지하고
닫혀진 공간의 경계를 기
준으로 새로운 폴리화된
객체를 생성함

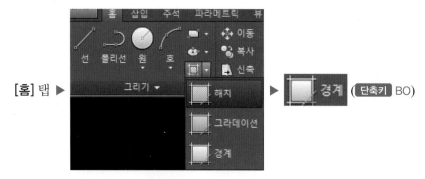

② Explode

◎ TIP
분해(Explode) 명령을 활
용하여 폴리화된 도형,
블록 및 연관된 배열
(Array), 해칭, 치수선 등
의 객체를 분해할 수 있음

2) 닫힌 공간의 폴리화와 분해 방법

(1) 닫힌 공간의 폴리화

① [홈] 탭 ▶ [그리기] 패널 ▶  경계 클릭

② 점 선택(P) 버튼 클릭 ▶ 닫힌 공간 내부 지정 [Enter↵]

(폴리화 영역이 점선으로 표현됨)

◎ **TIP**
Bpoly 명령은 내부 영역에 대한 면적 등을 계산할 경우 유용하게 활용됨

(2) 객체 분해

① [홈] 탭 ▶ [수정] 패널 ▶ 클릭

② 분해 대상 객체 선택 [Enter↵]

■ 폴리화된 도형의 분해 과정

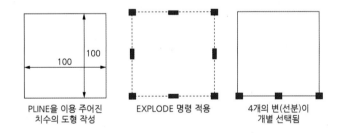

| PLINE을 이용 주어진 치수의 도형 작성 | EXPLODE 명령 적용 | 4개의 변(선분)이 개별 선택됨 |

Explode 명령의 활용

◎ **TIP**
분해(Explode) 명령은 폴리화된 객체 분해 뿐만아니라 해치, 치수선, 그룹, 블록 등 하나로 묶인 객체들을 분해함

MEMO

6 폴리선(Pedit)

1) 개요

폴리선을 편집하는 명령입니다.

기존의 폴리화 된 선을 다시 편집하거나 폴리화 되어 있지 않은 선들을 폴리화하거나 선의 폭 값 및 직선을 곡선으로 변경하는 기능을 가지고 있습니다.

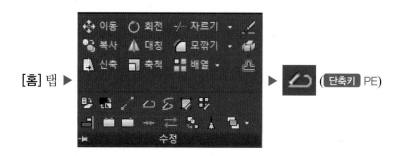

[홈] 탭 ▶ ▶ (단축키 PE)

2) 폴리선의 재수정 방법

(1) 선의 폭 재지정

◎ TIP
재지정된 폭은 Explode 명령을 적용하면 다시초기화 됨

① [홈] 탭 ▶ 수정 메뉴 ▶ 클릭

② 기존 작성된 선 선택

③ 작업 화면에 제시된 옵션

× ⊾ ⁄ · PEDIT 전환하기를 원하십니까? <Y>　　　: Y 입력 Enter↵

(폴리선을 선택할 경우 해당 지시 내용은 제시되지 않음)

④ × ⊾ ⁄ · PEDIT 옵션 입력 [닫기(C) 결합(J) 폭(W) 정점 편집(E) 맞춤(F) 스플라인(S) 비곡선화(D) 선종류생성(L) 반전(R) 명령 취소(U)]:

: **폭(W)** 클릭

⑤ 폭 값 입력 Enter↵

(2) 각진 폴리선의 곡선화

① [홈] 탭 ▶ 수정 메뉴 ▶ 클릭

② 작성된 직선 폴리선 선택

③ × ⊾ ⁄ · PEDIT 옵션 입력 [닫기(C) 결합(J) 폭(W) 정점 편집(E) 맞춤(F) 스플라인(S) 비곡선화(D) 선종류생성(L) 반전(R) 명령 취소(U)]:

: **맞춤(F)** 클릭 (Spline 옵션을 선택할 경우 선분의 점을 통과하지 않는 자유곡

선이 작성됨)

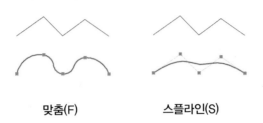

| 맞춤(F) | 스플라인(S) |

◎ TIP
건축 및 토목 분야에서
등고선 등의 지형을 작성
할 경우 우선 직선 유형
으로 작성 후 [맞춤(F)] 옵
션을 활용하여 부드럽게
변경할 수 있음

(3) 곡선화 된 폴리선의 직선화

① [홈] 탭 ▶ 수정 메뉴 ▶ ⟨⟩ 클릭

② 작성된 곡선 폴리선 선택

③ ▫ ✗ ◢ ✎ ・ PEDIT 옵션 입력 [닫기(C) 결합(J) 폭(W) 정점 편집(E) 맞춤(F) 스플라인(S) 비곡선화(D) 선종류생성(L) 반전(R) 명령 취소(U)] :

: **비곡선화(D)** 클릭

⑦ 모서리 정리(Fillet & Chamfer)

1) 개요

Fillet 명령은 두 개의 객체 사이에 반지름 값을 이용하여 호로 연결하는 명령입니다.
Chamfer 명령은 두 개의 객체 사이에 거리 값 등을 활용하여 모서리를 경사지게 연결하
는 명령입니다.

(단축키 Fillet(F) / Chamfer (cha))

◎ TIP
모깎기(Fillet) 명령에서
반지름 값을 '0'으로 설정
한 후 다른 방향의 두 선
을 선택하면 각진 모서리
를 작성할 수 있음

2) 모서리 정리 방법

(1) 모깎기

① [홈] 탭 ▶ [수정] 패널 ▶ 모깎기 클릭

② ☒ ✕ 🔦 FILLET 첫 번째 객체 선택 또는 [명령 취소(U) 폴리선(P) 반지름(R) 자르기(T) 다중(M)]:

: 반지름(R) 클릭

③ 반지름 값 입력 [Enter↵]

④ 둥글게 처리하고자 하는 모서리 선분을 순차적으로 지정

(2) 모따기

① [홈] 탭 ▶ [수정] 패널 ▶ 모따기 클릭

② ☒ ✕ 🔦 CHAMFER 첫 번째 선 선택 또는 [명령 취소(U) 폴리선(P) 거리(D) 각도(A) 자르기(T) 메서드(E) 다중(M)]: :

거리(D) 클릭

③ 첫 번째 거리 값 입력 [Enter↵]

④ 두 번째 거리 값 입력 [Enter↵]

⑤ 경사지게 처리하고자 하는 모서리 선분을 순차적으로 지정

8 회전과 축척(Rotate & Scale)

1) 개요

Rotate 명령은 지정한 기준점을 중심으로 객체를 회전시키는 명령입니다.
Scale 명령은 선택한 객체의 크기를 확대 또는 축소시키는 명령입니다.

① Rotate

[홈] 탭 ▶ 이동 회전 자르기 / 복사 대칭 모깎기 / 신축 축척 배열 / 수정 ▶ 회전 (단축키 RO)

◎ TIP

도면에 대한 주석 표현 중 '4-C5'에서 C5는 모따기 거리값이 5임을 의미하며, 4는 4군데에서 적용된 것을 의미함

◎ TIP

[모따기], [모깎기] 옵션 중 [자르기(T)]에서 [자르지 않기]로 설정하면 명령 실행 후에도 기존 선들이 남게 됨

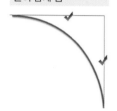

◎ TIP

회전(Rotate)과 축척(Scale) 명령의 수행 방법은 유사함

② Scale

[홈] 탭 ▶  ▶ 축척 (단축키 SC)

2) 객체의 회전 및 축척 변경 방법

(1) 회전

① [홈] 탭 ▶ [수정] 패널 ▶ ○ 회전 클릭

② 회전할 객체 선택 [Enter↵]

③ 기준점 지정 (=회전 고정점)

④ 회전 각도 값 입력 [Enter↵]

◎ TIP
회전과 축척 명령을 실행할 경우 [복사(C)] 옵션을 미리 선택하고 진행하면 기존 객체를 남겨두고 회전되거나 크기 변경된 새로운 객체를 작성할 수 있음

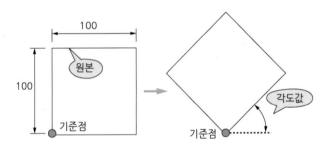

Rotate의 활용

(2) 축척

① [홈] 탭 ▶ [수정] 패널 ▶ 축척 클릭

② 축척 변경 객체 선택 [Enter↵]

③ 기준점 지정 (=축척 고정점)

④ 축척 값 입력 [Enter↵]

◎ TIP
축척값은 배율값을 의미함. 0.5, 2 등으로 입력함

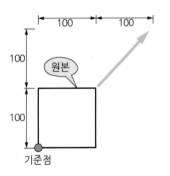

Scale의 활용

⑨ 정렬(Align)

1) 개요

Align 명령은 근원 객체를 대상 객체 선의 각도에 맞춰 정렬시키는 명령입니다.

◎ **TIP**
정렬(Align) 명령은
Rotate와 Sclae 명령의 기능을 모두 담고 있음

[홈] 탭 ▶ ... ▶ ... (단축키 AL)

◎ **TIP**
정렬(Align) 명령은 건축 도면에서 창문이나 문, 가구 등을 배치할 경우 유용하게 사용됨

2) 객체의 정렬 방법

① [홈] 탭 ▶ [수정] 패널 ▶ 🖳 클릭

② 정렬 근원 객체 선택 [Enter ↵]

③ 첫 번째 근원점 지정

④ 첫 번째 대상점 지정 (③ ④번 점을 이음)

⑤ 두 번째 근원점 지정

⑥ 두 번째 대상점 지정 (⑤ ⑥번 점을 이음)

⑦ 추가 연결 근원점과 대상점이 없을 경우 [Enter ↵]

⑧ × ⌨ ▪ **ALIGN** 정렬점을 기준으로 객체에 축척을 적용합니까 ? [예(Y) 아니오(N)] <N>:

: **아니오(N)** 클릭 (예(Y) 클릭 할 경우 객체 축척이 변경됨)

◎ **TIP**
정렬(Align) 명령은 2차원 뿐만아니라 3차원 객체 간의 정렬에서도 자주 사용됨

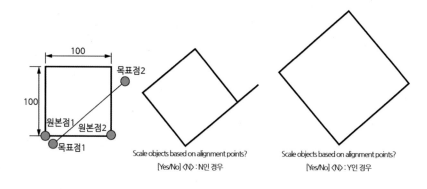

Align 명령의 활용

🔟 신축(Stretch & Lengthen)

1) 개요

Stretch 명령은 대상 객체의 일부분을 영역으로 지정하여 크기를 변경하는 명령입니다.
객체 선택 방법 중 걸침(Crossing)법을 사용합니다. 걸침 영역에 포함된 객체는 이동되지만 걸침 영역에 걸쳐진 객체는 신축됩니다.
Lengthen 명령은 선의 길이를 지정한 값을 기준으로 신축하는 명령입니다.

① Stretch

[홈] 탭 ▶  ▶ 🔲 신축 (단축키 S)

② Lengthen

[홈] 탭 ▶  ▶ ✏ (단축키 LEN)

◎ TIP
Stretch 명령 실행 중 걸침 영역을 지정하였을 경우 영역에 완전히 포함된 객체는 이동, 걸친 객체는 신축이 됨

◎ TIP
작성된 객체를 선택 후 나타나는 Grip 점을 활용하여 신축(Stretch 및 Lengthen)을 적용할 수 있음

2) 객체 신축 방법

① [홈] 탭 ▶ [수정] 패널 ▶ 🔲 신축 클릭
② 걸침 선택 방법으로 대상 선택 [Enter↵]
③ 기준점 지정
④ 신축 위치점 지정(정확한 위치점을 지정하기 위해 좌표값 또는 객체 스냅점 활용 가능)

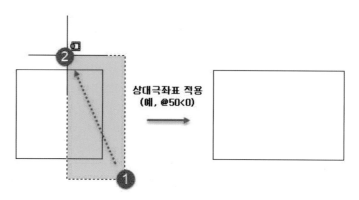

상대극좌표 적용
(예, @50<0)

Stretch 명령의 활용

◎ TIP

[합계(T)] 옵션을 활용하면 지정한 길이 값에 의해 선의 길이가 재조정됨

3) 선 신축 방법

① [홈] 탭 ▶ [수정] 패널 ▶ ✏️ 클릭

②  ⌖ ☩ · LENGTHEN 측정할 객체 또는 [증분(DE) 퍼센트(P) 합계(T) 동적(DY)] 선택 <합계(T)>:

: **증분(DE)** 클릭

④ 신축 값 지정 (양수 값과 음수 값 사용 가능) Enter↵

⑤ 신축하고자 하는 선 끝 부분 클릭

⑥ Enter↵

클릭

| 100 | → | 100 | → | 150 |

Lengthen 명령의 활용

MEMO

정보 조회 및
주석 입력 명령(도구)

SketchUp Pro

CHAPTER

01 객체 정보 조회 및 활용

1 측정(Id & Measuregeom)

1) 개요

ID 명령은 객체 특정 점의 절대 좌표 정보를 조회하는 명령입니다.

Measuregeom 명령은 객체의 거리, 각도, 반지름, 면적, 체적의 대한 정보를 조회하는

명령입니다.

① Id

[홈] 탭 ▶ 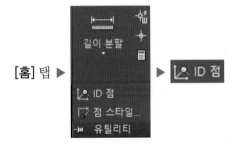 ▶ ID 점

◎ TIP
지정된 점의 X, Y 및 Z 값을
나열하며 지정된 점의 좌
표를 최종점으로 저장함

② Measuregeom

[홈] 탭 ▶  (단축키 MEA)

◎ TIP
List(단축키 : LI) 명령을
활용해도 선택된 객체의
기본적인 정보를 확인할
수 있음

2) 측정 방법

(1) 특정점의 절대좌표 조회

① [홈] 탭 ▶ [유틸리티] 패널 ▶ 🔲 ID 점 클릭

② 해당 점 지정

(2) 거리 측정

◎ TIP
Dist(단축키 : DI) 명령을 활용하여 객체의 시작과 끝점을 지정하면 해당 객체의 길이와 각도 등의 정보를 확인할 수 있음

① [홈] 탭 ▶ [유틸리티] 패널 ▶ 🔲 거리 클릭

② 측정하고자 하는 거리의 두 점을 순차적으로 지정

(3) 반지름 또는 지름 측정

① [홈] 탭 ▶ [유틸리티] 패널 ▶ 🔲 반지름 클릭

② 측정하고자 하는 원이나 호를 클릭

(4) 각도 값 측정

① [홈] 탭 ▶ [유틸리티] 패널 ▶ 🔲 각도 클릭

② 각도 값을 측정하고자 하는 교차되거나 직교된 두 개의 선을 클릭

(5) 면적 측정

◎ TIP
면적(Area, 단축키 : AA) 명령을 활용하여 객체 또는 정의된 영역의 면적과 둘레를 확인할 수 있음

① [홈] 탭 ▶ [유틸리티] 패널 ▶ 🔲 면적 클릭

② 면적 조회를 위해 순차적으로 구석점 지정 [Enter↵]

- [객체(O)] 옵션 : 닫힌 폴리화 도형 선택
- [면적 추가(A)] 옵션 : 영역을 지정할 때 마다 면적 합계 추가
- [면적 빼기(S)] 옵션 : 총 면적의 합에서 지정한 면적 제거

(6) 체적 측정

① [홈] 탭 ▶ [유틸리티] 패널 ▶ 🔲 체적 클릭

② 객체 조회를 위해 순차적으로 구석점 지정

③ 높이값 지정 [Enter↵]

◎ TIP
체적 측정은 3차원 솔리드 객체에 활용됨

- [객체(O)] 옵션 : 닫힌 폴리화 도형 선택
- [체적 추가(A)] 옵션 : 영역을 지정할 때 마다 체적 합계 추가
- [체적 빼기(S)] 옵션 : 총 체적의 합에서 지정한 체적 제거

② 계산기(Quickcalc)

1) 개요

다양한 공학적인 계산 등을 수행할 수 있는 명령입니다.

[홈] 탭 ▶ 길이 분할 ▶ 📇 ▶ (단축키 QC)

◎ TIP
명령 입력줄 ▶ Cal을 입력할 경우 직접 수식을 작성하여 계산 가능
(예) 45 + 30 *20 / 5)

③ 특성 편집과 일치(Chprop & Matchprop)

1) 개요

Chprop 명령은 선택된 객체의 색상, 선의 종류, 선의 축척, hatch의 무늬 및 축척 등의 다양한 정보들을 제공하며, 또한 재수정을 가능토록 합니다. 실무에서 가장 많이 사용되어지는 명령어 중의 하나입니다.

Matchprop 명령은 객체의 특성을 다른 객체에 부여하고자 사용되는 명령입니다.

① Chprop (단축키 CH, Ctrl + 1)
② Matchprop

[홈] 탭 ▶  ▶  (단축키 MA)

◎ TIP
선택된 객체의 대표적인 특성을 편집할 수 있음. '빠른 특성'를 ON/OFF 할 수 있는 아이콘을 상태막대에 등록하기 위해서는 상태막대 우측의 '사용자화' 버튼을 클릭 후 '빠른 특성' 항목을 체크함

2) 객체 특성 변경 및 복사 방법

◎ TIP
객체 선택 후 마우스 우측버튼을 누르면 신속 접근 메뉴가 펼쳐지며 맨 아래에 '빠른 특성' 항목을 선택할 수 있음

(1) 객체의 특성 변경

① Ctrl + 1 입력 ▶

② 특성 변경 객체 선택

③ 색상 / 도면층 / 선 종류 / 선 종류 추척 / 선 가중치 등의 특성값 변경

▶ 우측 상단 ✕ 버튼 클릭 후 완료

(2) 특성 복사

◎ TIP
Matchprop 명령은 레이어 뿐만 아니라 선 종류, 선축척, 해치, 문자 및 치수 스타일, 색상 등 다양한 특성을 복사 및 부여할 수 있음

① [홈] 탭 ▶ [특성] 패널 ▶

② 특성 복사 객체 선택

③ 특성 부여 객체 선택

④ Enter ↵

CHAPTER

02 정보의 입력 방법과 활용

1 표 그리기(Table)

1) 개요

표를 작성할 수 있는 명령입니다.

엑셀처럼 수식을 이용하여 총합 등을 자동 계산할 수 있습니다.

[홈] 탭 ▶ ... ▶ 테이블 (단축키 TB)

> **◎ TIP**
> 외부객체삽입(Interobj) 명령을 활용하여 외부 Excel 파일을 캐드 작업 화면에 삽입하고 링크 (연결)할 수 있음

2) 표 작성 방법

(1) 행과 열의 수를 활용한 표 작성

① [홈] 탭 ▶ [주석] 패널 ▶ 테이블 ▶

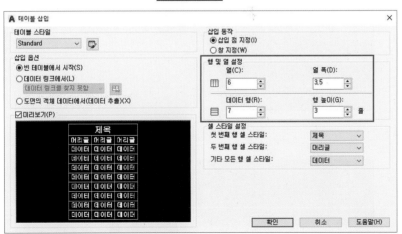

② [열] 개수 및 [열 폭] 입력

③  줄 [데이터 행] 개수 및 [행 높이]

입력

④ **확인** 클릭

⑤ 작업 화면의 표가 위치될 삽입점 지정 ▶ 표 배치

⑥ Esc 2회 입력 후 종료

(2) 표 내부의 문자 삽입

◎ TIP
문자 삽입 후 작업화면의
빈 공간을 클릭히여도 표
편집을 종료할 수 있음

① 문자 입력 셀 더블 클릭

② 문자 입력 Enter↵

③ 다른 셀 더블 클릭

④ 문자 입력

⑤ Esc 를 두 번 입력 후 종료

(3) 표 내부의 문자 스타일 및 크기, 위치 조정

◎ TIP
문자 스타일은 미리 Style
(단축키 : ST) 명령을 활용
하여 정의해 둘 수 있음

① 표 내부의 변경 문자 더블 클릭

② 문자 변경 범위 지정(마우스 드래그)

③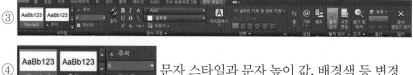

④ 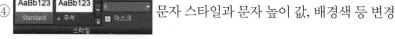 문자 스타일과 문자 높이 값, 배경색 등 변경

⑤  글자체, 색상, 언더라인 등 변경

⑥ 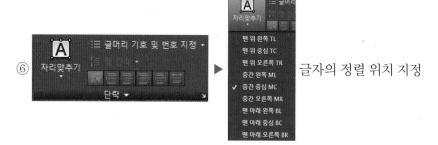 ▶ 글자의 정렬 위치 지정

⑦ ▶ 삽입할 특수기호 지정

⑧ 표 외부 클릭 후 종료

◎ TIP
주요 특수 기호는 다음의 문자열을 입력하면 표현됨
① DEGREES - %%D
: 도 예 45°
② PLUS / MINUS - %%P : 양수 / 음수 예 ±45
③ DIAMETER - %%C
: 지름 예 Ø45

[TIP] 기타 특수 문자 입력 방법

▶ 글꼴 별 특수 기호 선택

기타... 클릭 ▶

▶ 선택(S) 클릭 ▶ 복사(C) 클릭 ▶ Ctrl + V 입력

◎ TIP
'%%u'를 입력하여 밑줄 켜기와 끄기를 전환함

36.63

MEMO

(4) 표 및 셀의 크기 변경

① 작업 화면에 작성된 표를 선택

◎ TIP
그립점은 [옵션] ▶ [선택] 탭에서 크기와 색상을 변경할 수 있음

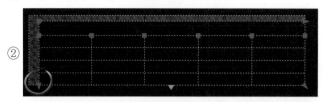

② 표시된 그립점을 클릭 후 드래그 하여 세로 크기 변경

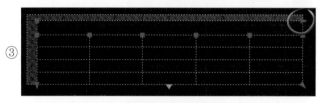

③ 표시된 그립점을 클릭 후 드래그 하여 가로 크기 변경

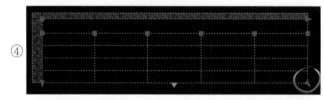

④ 표시된 그립점을 클릭 후 드래그 하여 가로 및 세로의 크기 동시 변경

◎ TIP
그립점을 활용하여 열과 행의 크기를 조절할 수 있음

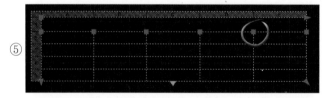

⑤ 표시된 그립점을 클릭 후 드래그 하여 내부 셀의 너비 개별 변경

◎ TIP
작성된 테이블을 선택 후 마우스 우측버튼 입력 ▶ '내보내기' 항목을 클릭하면 Excel에서 읽을 수 있는 파일 형식(*.CSV)으로 변환 가능함

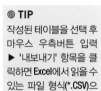

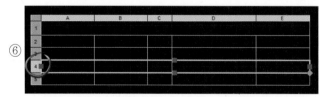

⑥ 좌측면 행 번호 클릭

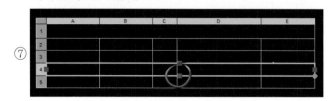

⑦ 표시된 그립점을 클릭 후 드래그 하여 행의 개별 높이 변경

(5) 함수를 활용한 계산

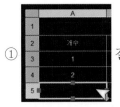
① 결과 값이 위치할 셀 클릭

◎ TIP

캐드에서 사용되는 산술 방법은 엑셀에서 사용되는 산술 방법과 유사함

② 산술 방법 선택(합계 선택)

◎ TIP

제곱 표현 방법의 예)

123\U+00B2 → 123²

③ 합계 값이 표현될 셀을 선택 후 대상 값들이 있는 셀 위를 그림과 같이 시작점 지정 후 대각선 방향으로 드래그하여 다음점 지정

④ Enter↵ 입력 후 종료

[공식 수동 입력 방법]

① 셀 내부 클릭

② 테이블 셀 상황별 리본에서 공식, 방정식을 차례로 선택

ex) 다음 예제를 참고하여 산술식 입력 가능함

   =sum(a1:a25,b1). 열 a의 처음 25행의 값과 열 b의 첫 행의 값을 합산함

   =average(a100:d100). 행 100의 처음 4열의 값 평균을 계산함

   =count(a1:m500). 행 1부터 행 100까지의 열 a부터 열 m까지의 셀의 전체 숫자를 표시함

   =(a6+d6)/e1. a6과 d6의 값을 합한 다음 그 합을 e1의 값으로 나눔

② 외부 데이터의 활용(Insertobj)

1) 개요

엑셀 및 한글에서 작성된 데이터와 표를 캐드 작업 화면에 삽입시켜 줍니다.

캐드 작업 화면에 삽입된 외부 데이터를 더블 클릭하면 해당 데이터를 작성한 프로그램이 실행됩니다. 데이터 수정 후 저장하면 캐드에 삽입된 데이터가 자동 수정됩니다.

2) 엑셀 데이터 삽입 후 수정 방법

(1) 엑셀 데이터 삽입

◎ TIP
엑셀 데이터뿐만 아니라 아래한글 문서도 삽입하여 링크할 수 있음

① [삽입] 탭 ▶ [데이터] 패널 ▶ [OLE 객체] 클릭

② [파일로부터 만들기] 항목 체크

◎ TIP
[연결(L)] 옵션을 체크하지 않으면 캐드와 삽입된 외부 데이터 상호간의 편집 내용이 반영되지 않음

③ [연결] 항목 체크 ▶ [찾아보기] 항목 클릭

④ 엑셀 파일 선택 ▶ [열기] 클릭

◎ TIP
저장되어 있지 않고 작업
중인 [엑셀] 데이터 내용
을 삽입할 수 없음. 반드
시 저장된 외부 데이터
파일을 선택하고 [열기]
하여야 함

⑤ 확인 클릭

◎ TIP
OLE 객체 삽입 대화창은
엑셀과 아래한글 프로그
램의 [삽입] 또는 [입력]
탭에서도 동일하게 존재
하고 수행 방법도 유사
함. 즉, 엑셀과 아래한글
에서도 캐드 도면 파일인
*.Dwg 파일을 삽입하고
링크할 수 있음. 아래의
그림은 엑셀 [삽입] 탭에
서의 [개체] 대화창임

⑥ 엑셀 데이터 삽입 위치점 지정

⑦ 엑셀 데이터 삽입 확인

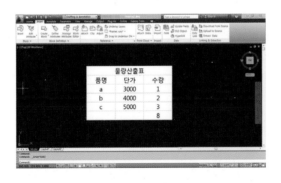

(2) 엑셀 데이터 수정
   ① 삽입된 엑셀 데이터 더블 클릭
   ② 엑셀 화면에 나타난 엑셀 데이터 수정

◎ TIP
데이터 수정 후 저장을
하지 않으면 수정된 정보
가 연계되지 않음

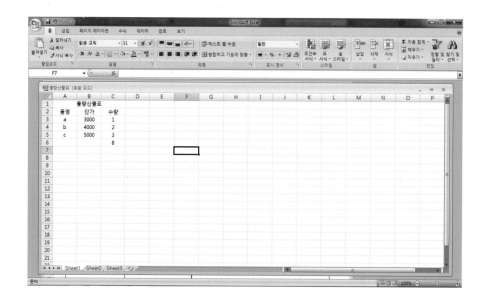

③ 데이터 수정 완료 후 반드시 저장

◎ TIP
엑셀에 익숙한 사용자는
캐드 Table 명령 보다는
엑셀 데이터 객체를 삽입
하고 연결하는 것이 유리
함

④ 캐드 작업 화면에 엑셀 데이터 변화 확인

MEMO

❸ 하이퍼링크의 활용(Hyperlink)

1) 개요

선택된 객체와 관련된 정보(그림, 웹페이지, 기타 파일) 등을 공유하기 위한 명령입니다. 보다 전문적이고 실무적인 캐드 활용에 적합한 명령입니다.

2) 하이퍼링크 부여 및 연결 방법

(1) 하이퍼링크 부여

① 하이퍼링크 부여 객체 선택

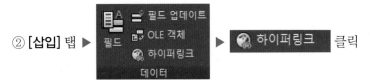

◎ TIP
하이퍼링크 기능을 활용하여 다양한 이미지, 동영상, 웹 주소 등과 연계할 수 있어 도면 해석에 도움을 줌

③ 객체 선택

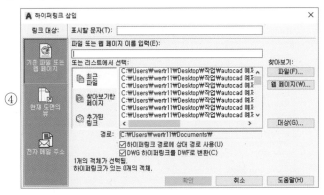

⑤ **파일(F)...** 클릭 ▶ 연결 파일 선택

(Webpage 버튼을 눌러 연결하고자 할 경우 Web 주소 입력 후 '확인' 버튼 누름)

⑥ **확인** 클릭

◎ TIP
하이퍼링크를 제거하려면 Ctrl+K 입력 ▶ 하이퍼링크된 객체 선택 ▶ 하이퍼링크 대화창 좌측 하단의 [링크 제거(R)] 클릭

(2) 하이퍼링크 연결

① 하이퍼링크가 부여된 객체를 Ctrl 버튼을 누른 상태로 클릭

② 하이퍼링크가 연결됨(링크된 웹 주소, 이미지 등이 화면에 나타남)

4 외부 이미지 및 데이터 부착(Attach)

1) 개요

Attach 명령은 외부 이미지와 외부 데이터를 캐드 작업 화면에 부착합니다.
Imageclip 명령을 활용하여 다양하게 이미지를 절단할 수 있으며, Imageadjust 명령을
이용하여 이미지의 밝기 등을 조정할 수 있습니다.

2) 외부 이미지 부착 및 수정 방법

(1) 외부 이미지 부착

◎ TIP
[윈도우 파일 탐색기]에
서 이미지 파일 선택 ▶
Ctrl+C 입력 ▶ 캐드 작업
화면에서 Ctrl+V를 입력
하여 부착 가능함

◎ TIP
Image(단축키 : IM) 명령
을 활용하여 이미지 뿐만
아니라 다양한 파일 형식
을 부탁할 수 있음

▶ 이미지 선택 ▶ 열기(O) 클릭

③

▶ 확인 클릭

④ 그림 위치 기준점 지정

⑤ 축척 값 입력 Enter↵

◎ TIP
삽입된 이미지 외곽선 클릭 후 그립점을 활용하여 크기 조정 가능

(2) 삽입 이미지 잘라내기

① 삽입된 이미지 외곽선 선택

② 자르기 경계 작성 클릭

③ ✕ ◈ ⊞ IMAGECLIP [폴리선 선택(S) 폴리곤(P) 직사각형(R) 반전 자르기(I)] <직사각형(R)>:

: 폴리곤(P) 클릭

④ 이미지 위에 닫힌 자르기 형상 작성

⑤ Enter↵

◎ TIP
[폴리선 선택(S)] 옵션을 활용할 경우 미리 작성된 폴리화된 도형으로 자르기 할 수 있음. 단, Circle과 Ellipse와 같은 객체는 선택되지 않음. Pellipse 명령 입력 후 변수 값을 1로 조정한 다음 작성된 타원(Ellipse)은 자르기 객체로 사용 가능함. 원형의 형상으로 잘라내기 하고자 한다면 24면 이상의 다각형(Polygon) 객체를 활용하면 됨

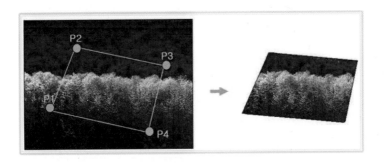

Imageclip의 활용

◎ **TIP**
이미지 조정
(Imageadjust) 명령 입력
후 이미지 외곽선을 클릭
하면 아래의 대화창을 활
용하여 이미지 밝기 등을
제어할 수 있음· [재설정
(R)] 버튼으로 조정값을
초기화 할 수 있음

(3) 삽입 이미지 밝기 및 대조 조정

① 삽입된 이미지 외곽선 선택

③ 밝기(Brightness), 대조(Contrast), 사라짐(Fade) 값 조정 바를 이용하여 이미지
조정

MEMO

CHAPTER

03 문자 및 지시선 표현

1 문자의 작성 및 편집(Style, Mtext, Text)

1) 개요

Style 명령은 다양한 문자 스타일을 생성할 수 있습니다. 문자의 작성은 여러 줄 문자행을 작성할 수 있는 Mtext와 단일 문자행을 작성할 수 있는 Text 명령어로 구분하여 작성 할 수 있습니다. 작성된 문자는 더블 클릭하거나 특성창(Ctrl+1)을 활용하여 오타 및 높이, 색상 등의 특성을 수정할 수 있습니다.

(1) Style

[홈] 탭 ▶ [주석] 패널 ▶  ▶  (단축키 ST)

◎ TIP

문자 명령어들과 관련하여 Qtext 명령 입력 후 [켜기(ON)] 옵션을 클릭하면 작업화면의 모든 문자열이 빈 사각형으로 표시되어 작업 화면의 움직임 효율을 증가시킬 수 있음. Qtext 명령 적용 후 반드시 Regen(단축키 : Re) 명령을 입력하여 화면을 재생성하여야 함

(2) Mtext

[홈] 탭 ▶ [주석] 패널 ▶ 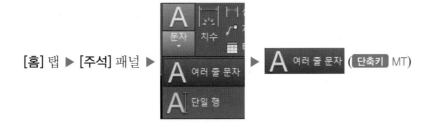 (단축키 MT)

(3) Text

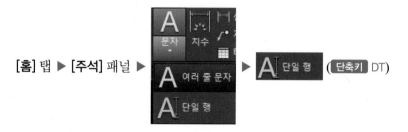

[홈] 탭 ▶ [주석] 패널 ▶   단일 행   (단축키 DT)

2) 문자 스타일 생성 및 문자 작성 방법

(1) 문자 스타일 생성

◎ TIP
지름 표시와 같은 특수 기호는 한글 글꼴로 설정된 경우 ㅁ(사각형) 표시로 나타날 경우가 있음. 이에 전산응용건축제도 및 토목제도에서는 'Lucida sanse unicode'란 글꼴로 설정할 필요가 있음

① [홈] 탭 ▶   Standard / ISO-25 / Standard / Standard   ▶   클릭

◎ TIP
@가 붙은 글꼴을 선택할 경우 문자가 90도 기울어져 작성됨. @가 없는 글꼴 선택을 권장함

②

▶   새로 만들기(N)...   버튼 클릭

③

스타일 이름 입력

▶   확인   클릭

▶ 글꼴 이름 / 글꼴 스타일 / 높이 / 폭 비율 / 기울기 각도 등 입력

▶ 적용(A) 클릭

(2) 문자 스타일 선택 후 [여러 줄 문자] 작성

① [홈] 탭 ▶ [주석] 패널 ▶ A Standard ▼ 문자 스타일 선택

◎ TIP
여러 줄 문자열은 마치
편지지와 같은 영역을 설
정 후 여러 줄의 문장을
작성할 수 있음

② [홈] 탭 ▶ [주석] 패널 ▶ 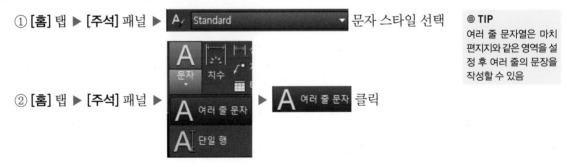 ▶ A 여러 줄 문자 클릭

③ 여러 줄 문자열 범위 시작점과 반대편 범위 끝점 지정

◎ TIP
작성된 '여러줄 문자'를
수정하고자할 경우 해당
문장을 더블 클릭하거나
'Mtedit' 명령을 입력 후
해당 문장을 클릭함

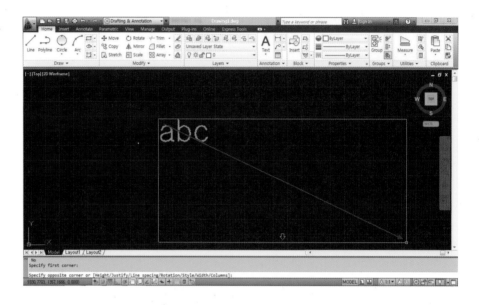

④ 여러 줄 문자 작성

◎ TIP
주요 특수 기호는 다음의
문자열을 입력하여 표현
함
① DEGREES - %%D : 도
예 45°
② PLUS / MINUS -
%%P : 양수 / 음수 예
±45
③ DIAMETER - %%C
: 지름 예 Ø45

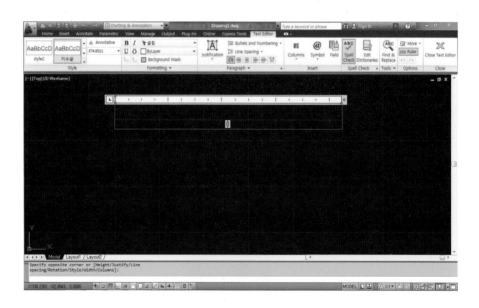

⑤ 작업 화면의 빈 곳 클릭 ▶ 문자열 작성 완료

(3) 문자 스타일 선택 후 단일 문자 작성

① [홈] 탭 ▶ [주석] 패널 ▶ 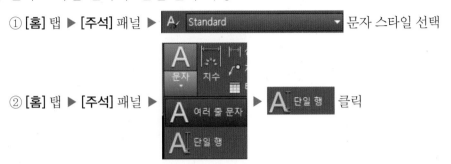 문자 스타일 선택

② [홈] 탭 ▶ [주석] 패널 ▶ ▶ 단일 행 클릭

③ 단일행 문자의 시작점 지정

④ 문자 높이 값 입력 [Enter↵]

⑤ 문자 각도 입력 [Enter↵]

⑥ 문자 입력

⑦ [Enter↵] 1회 입력 후 줄 바꾸기

⑧ 문자 입력

⑨ [Enter↵] 2회 입력 후 종료

◎ TIP
[단일 행 문자]의 수정은 해당 문자열을 더블클릭하거나 Ddedit 명령을 입력 후 문자열을 클릭함

◎ TIP
명령 입력줄 ▶ 'Txt2mtxt' 명령 입력 ▶ 단일행 문자를 클릭하면 다중행 문자로 변경할 수 있음

(4) 문자 특성 수정

① [Ctrl] + 1 ▶

◎ TIP
문자열의 색상 / 도면층 및 [문자] 항목을 통해 문자높이 / 내용 / 스타일 등을 종합적으로 수정 가능함

② 특성 변경 문자 선택

◎ TIP
[문자] 항목 ▶ [기울기]
값을 활용하여 입력된 각
도 만큼의 기울어진 문자
를 표현할 수 있음

③ 특성 창 ▶ 항목 값 변경

▶ [색상, 도면층, 내용, 스타일, 자리맞추기, 높이, 회전, 폭 비율] 변경

④ ▶ 우측 상단 ✖ 버튼 클릭 후 완료

(5) 위 첨자 표현 방법

위 첨자 표현하고자 할 경우 '문자^' 입력 후 해당 문자열을 드래그하면 '스택 (Stack)' 기능이 활성화됨

MEMO

----

2 지시선의 작성 및 편집(Mleaderstyle & Mleader)

1) 개요

Mleaderstyle 명령은 다양한 지시선의 스타일을 작성합니다.

Mleader 명령은 다중 지시선을 작성합니다.

작성된 지시선은 특성창(Chprop(Ctrl+1))에서 재수정할 수 있습니다.

① Mleaderstyle

[홈] 탭 ▶

◎ TIP
지시선(Leader, 단축키 : LEA) 명령을 활용하여 기본 스타일의 지시선과 문자를 작성할 수 있음

② Mleader

[홈] 탭 ▶

◎ TIP
특성창(Ctrl+1)을 활용하여 지시선의 구성 요소와 문자의 특성을 수정할 수 있음

2) 다중 지시선 스타일 생성 및 지시선 작성 방법

(1) 다중 지지선 스타일 생성

① [홈] 탭 ▶  클릭

MEMO

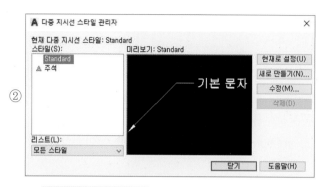

② ▶ 새로 만들기(N)... 클릭

◎ **TIP**
다중 지시선의 구성

③ ▶ [새 스타일 이름] 입력

▶ 계속(O) 클릭

◎ **TIP**
다중 지시선은 직선 또는
유연한 스플라인 고선으
로 작성할 수 있음

④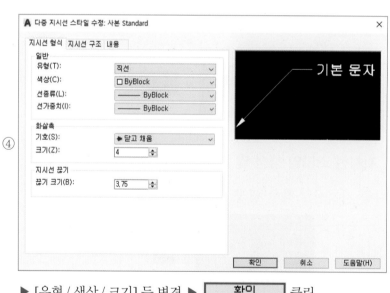

▶ [유형 / 색상 / 크기] 등 변경 ▶ 확인 클릭

MEMO

_____

_____

◎ TIP
[지시선 구조] 탭에서는 세그먼트 각도, 연결선 설정, 다중 지시선의 축척 등을 설정할 수 있음

▶ [문자 스타일 / 문자 색상 / 문자 각도 / 문자 색상 / 문자 높이] 등 변경

▶ │ 확인 │ 클릭

(2) 다중 지시선 스타일 선택 후 다중 지시선 작성

◎ TIP
다중 지시선의 연결선은 여러 줄 문자와 연결되어 있어 연결선의 위치가 변경되면 문자 및 지시선도 따라 이동됨

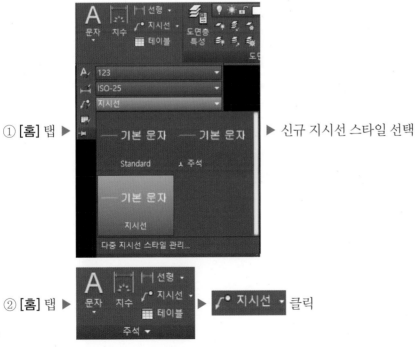

① [홈] 탭 ▶   ▶ 신규 지시선 스타일 선택

② [홈] 탭 ▶   지시선 클릭

③ 다중 지시선 시작점 지정 (화살촉 위치)

④ 문자 작성 위치점 지정

⑤ 문자 입력

⑥ 작업 화면의 빈 곳 클릭 후 [종료]

(3) 다중 지시선의 특성 변경

① Ctrl+1 입력

② 작성된 다중 지시선 선택

◎ TIP
[지시선] 항목에서 [지시선 유형]을 스플라인으로 변경하면 지시선이 곡선으로 변경됨

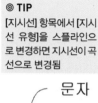

문자

지시선	
지시선 유형	직선
지시선 색상	■ ByBlock
지시선 선종류	—————— ByBlock
지시선 선가중치	—————— ByBlock
화살촉	▶ 닫고 채움
화살촉 크기	4
수평 연결선	예
연결선 거리	8
지시선 연장	아니오
문자	
내용	{\fGulim|b0|i0|c129|p50;…
문자 스타일	Standard
자리맞추기	왼쪽
방향	스타일별
폭	0
높이	4
회전	0
행 간격 비율	1
행 간격 거리	6.6667
행 간격 스타일	최소한
배경 마스크	아니오
부착 유형	수평
왼쪽 부착	맨 위 행의 중간
오른쪽 부착	맨 위 행의 중간
연결선 간격	2
문자 프레임	아니오

③

▶ (지시선 유형 / 지시선 색상 / 화살촉 / 화살촉 크기 / 문자 내용 / 문자 높이) 등 특성 변경

◎ TIP
[지시선] 항목에서 [연결선 거리] 값을 증가시키면 연결선이 길어짐. [문자] 항목에서 [연결선 간격] 값을 증가시키면 연결선과 문자 사이 간격이 넓어짐

④  ▶ 우측 상단 ✕ 클릭

MEMO

- -
- -
- -
- -
- -

CHAPTER

04 치수선의 표현

1 치수 스타일(Dimstyle)

1) 개요

다양한 치수 스타일을 생성 및 변경하는 명령입니다.
개별 치수선의 변경은 특성창(Ctrl+1)을 이용합니다.

[홈] 탭 ▶ [주석] 패널 ▶ (단축키 D)

◎ TIP
치수선 용어를 이해하면
[치수선 스타일] 설정과
치수선 매개변수 학습에
도움이 됨

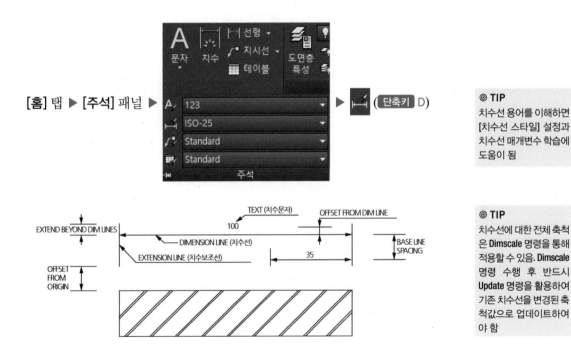

치수선 용어의 이해

◎ TIP
치수선에 대한 전체 축척
은 Dimscale 명령을 통해
적용할 수 있음. Dimscale
명령 수행 후 반드시
Update 명령을 활용하여
기존 치수선을 변경된 축
척값으로 업데이트하여
야 함

기본적인 치수기입 유형으로는 선형(수평, 수직, 정렬, 회전, 기준선 및 연속(체인) 치
수), 지름(반지름, 지름 및 꺾기), 각도, 세로좌표, 호 길이가 있습니다.

2) 치수 스타일 생성 방법

(1) 치수 스타일 생성

◎ TIP
명령 입력줄에 'D'를 입력하여도 '치수 스타일 관리자'가 실행됨

① [홈] 탭 ▶

◎ TIP
치수스타일 관리자의 항목은 Dimhor, Dimscale 등 다양한 개별 치수 관련 명령들로 제어할 수 있음

②

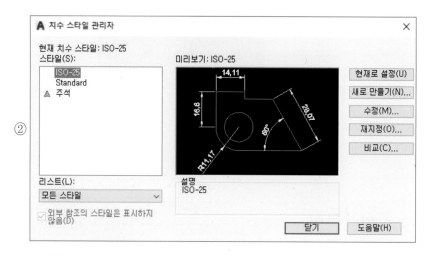

▶ 새로 만들기(N)... 클릭

③

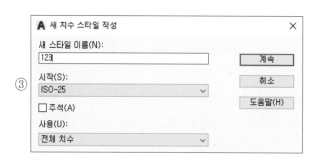

▶ [새 스타일 이름] 입력 ▶ 계속 클릭

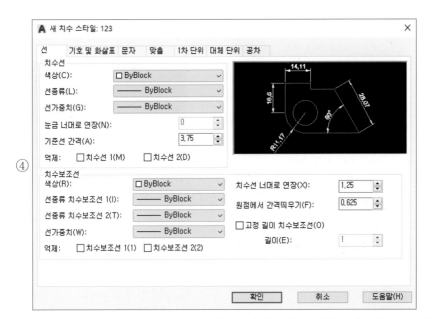

④

◎ TIP
치수보조선의 억제 기능
은 치수보조선의 화면 숨
김 여부를 제어함

▶ [치수선 : 색상 / 치수보조선 : 색상 / 원점에서 간격띄우기 : 값] 등 변경

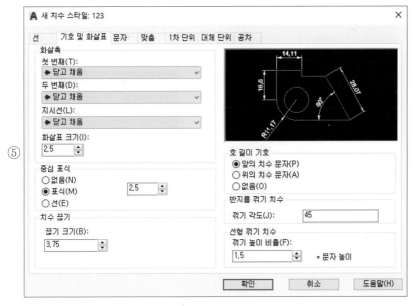

⑤

◎ TIP
중심표식(Centermark)
명령 입력 후 원이나 호
를 클릭하면 원과 호의
크기에 맞춰 자동으로 중
심표식을 표현함

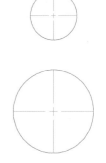

▶ [화살촉 : 유형, 크기 / 중심 표식] 등 변경

◎ TIP
[문자 정렬(A)] 항목에서
[수평]으로 지정하면 치
수 문자가 모두 수평으로
정렬되어 작성됨

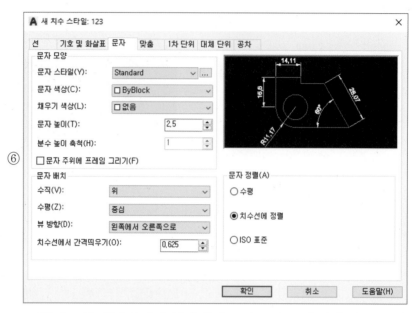

⑥

▶ [문자 모양 : 문자 스타일, 문자 색상, 문자 높이 / 문자 배치 : 수평, 수직, 치수
선에서 간격띄우기 / 문자 정렬] 등 변경

◎ TIP
전체 축척 사용(S) : 치수
문자 및 화살촉의 전체적
인 축적을 변경함

◎ TIP
전체축척사용(S)은
Dimscale 명령으로도
실행할 수 있음

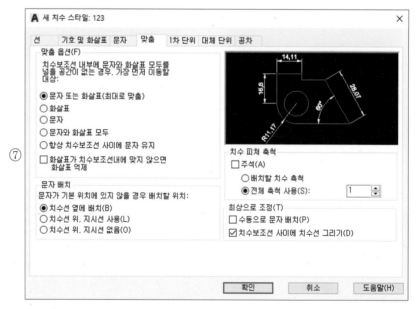

⑦

▶ [치수 피처 축척 : 전체 축척 사용] 등 변경

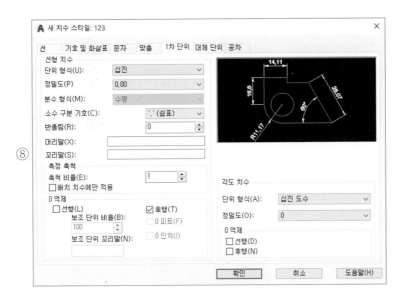

◎ **TIP**
[선형 치수] 및 [각도 치수] 항목에서 [정밀도]를 활용하여 소수점 자리수를 제어할 수 있음

▶ [선형 치수 : 단위 형식, 정밀도 / 각도 치수 : 단위 형식, 정밀도] 등 변경

⑨ **확인** 클릭

(2) 특성창을 활용한 치수 편집

① Ctrl + 1 입력

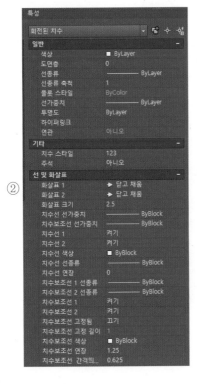

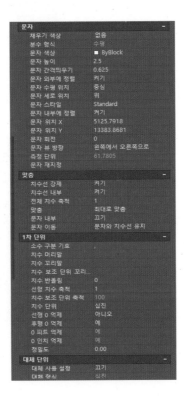

◎ **TIP**
특성창을 활용하여 치수선을 편집할 경우 작업 화면 내 해당 치수선만 편집됨. 이럴 경우 하나의 치수선을 편집하고 Matchprop(단축키 : MA) 명령을 활용하여 특성을 일치시킴

▶ [일반 / 기타 / 선 및 화살표 / 문자 / 맞춤 / 1차 단위 /대체 단위] 등 변경

③  ▶ 우측 상단 ✕ 클릭

2 주요 치수선(Dimlinear 등)

1) 개요

치수 표현은 선형치수, 정렬치수, 각도치수, 반지름·지름·호의 길이 치수로 구분됩니다.

◎ TIP
스마트 치수(Dim) 명령을 입력 후 치수를 표현하고자하는 선에 마우스 포인터를 위치시키면 자동으로 적합한 치수 유형을 탐색하여 표현함

[홈] 탭 ▶ [주석] 패널 ▶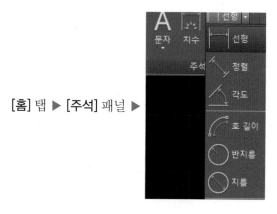

2) 주요 치수선의 작성 방법

(1) 선형 및 정렬 치수선

◎ TIP
선형치수에 대한 개별 명령은 Dimlin(단축키 : DLI)이며, 정렬치수에 대한 개별 명령은 Dimali(단축키 : DAL) 임

① [홈] 탭 ▶ [주석] 패널 ▶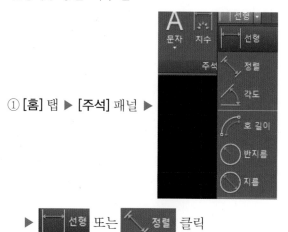

▶ [선형] 또는 [정렬] 클릭

② 치수 보조선의 첫 번째 점 지정

③ 치수 보조선의 두 번째 점 지정

④ 치수선(치수문자)의 위치점 지정

(2) 각도 치수선

① [홈] 탭 ▶ [주석] 패널 ▶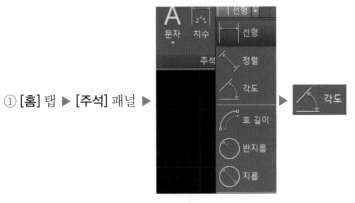

◎ TIP
각도치수에 대한 개별 명령은 Dimang(단축키 : DAN)임

② 첫 번째 모서리(선분) 선택

③ 두 번째 모서리(선분) 선택

④ 치수선(치수문자) 위치점 지정

(3) 호 길이 치수선

① [홈] 탭 ▶ [주석] 패널 ▶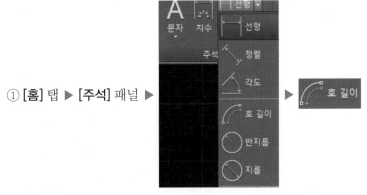

◎ TIP
호 길이 치수에 대한 개별 명령은 Dimarc(단축키 : DAR)임

② 작성된 호 선택

③ 치수선(치수문자) 위치점 지정

◎ TIP
반지름 치수에 대한 개별
명령은 Dimrad(단축키 :
DRA)임

(4) 반지름과 지름 치수선

① [홈] 탭 ▶ [주석] 패널 ▶

◎ TIP
지름 치수에 대한 개별
명령은 Dimdia(단축키 :
DDI)임

◎ TIP
4-R8에서 R은 반지름을
의미하며, 4는 원의 개수
가 4개임을 의미함

▶  반지름 또는 지름 클릭

② 작성된 원 또는 호 선택
③ 치수선(치수문자) 위치점 지정

◎ TIP
기준 치수선
(Dimbaseline, 단축키 :
DImbas) 명령을 입력 후
다음 점을 연속적으로 포
인팅하면 치수선 위로 하
나씩 쌓이듯 기준 치수선
이 표현됨

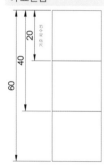

❸ 연속 및 빠른 작업 치수선 작성(Dimcontinue & Qdim)

1) 개요

Dimcontinue 명령은 작성된 선형치수(수평·수직치수)를 기준으로 연속된 치수선을
작성합니다. Qdim 명령은 객체를 기준으로 보다 신속한 치수선을 작성합니다.

(1) 리본 메뉴

① Dimcontinue(연속 치수)

[주석] 탭 ▶  ▶ 연속

(단축키 DCO)

② Qdim(빠른 작업)

[주석] 탭 ▶  ▶ 빠른 작업

(단축키 QD)

2) 연속 및 빠른 작업 치수선 작성 방법

(1) 연속 치수선

① [주석] 탭 ▶  ▶ 연속

②  · DIMCONTINUE 두 번째 치수보조선 원점 지정 또는 [선택(S) 명령 취소(U)] <선택>:

: 선택(S) 클릭

③ 선행 작성 되어진 수평 또는 수직 치수선에서 연속하고자 하는 방향의 치수보
조선 선택

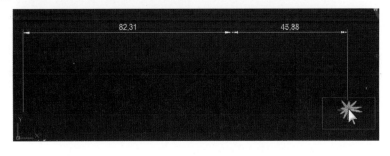

④ 연속되는 치수보조선의 다음 위치점 지정

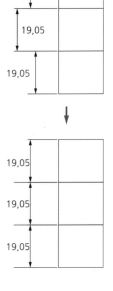

◎ TIP

공간조정(Dimspace) 명령 입력 ▶ 기준이 될 치수선 선택 ▶ 연이어 간격을 둘 치수선 모두 선택(엔터 표시) ▶ 간격값 '0' 입력(엔터표시)

(2) 빠른 작업 치수선

① [주석] 탭 ▶  ▶ 빠른 작업

MEMO

◎ TIP
신속문자(Qtext) 명령을
입력 후 [켜기(ON)] 옵션
을 클릭하면 문자뿐만 아
니라 치수문자도 사각형
으로 처리됨

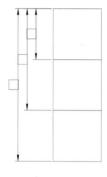

② 치수를 표현할 객체 선택 Enter↵

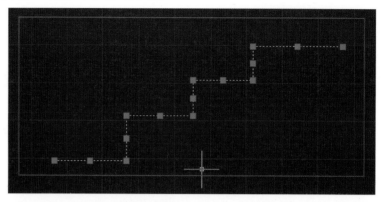

③ 치수선(치수 문자)의 위치점 지정

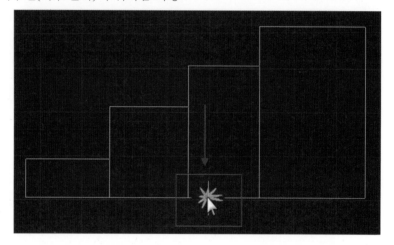

◎ TIP
주요 치수 변수 명령어들
을 기억하면 [치수 스타
일 관리자]를 사용하지
않고도 신속하게 치수 세
부 유형을 변경할 수 있
음

4 주요 치수 변수와 변경(Dimscale 및 Update 등)

1) 개요

치수 변수란 치수에 대한 설정 변경이 필요할 경우 사용되는 명령입니다. 주요 치수 변수
로서 Dimscale 명령은 전체적인 치수선의 크기를 변경합니다. Dimtoh·Dimtih 명령은 수
직 치수선으로 작성된 치수문자의 방향을 변경합니다. Dimexo 명령은 치수보조선과 객
체와의 간격을 변경합니다. Dimtofl 명령은 지름과 반지름 치수 표현에서의 내부 치수선
표현 유무를 변경합니다. 치수 변수의 변경은 기존에 작성된 치수선에는 적용되지 않으
며 변경 이후의 치수선에 적용됩니다. 기존 치수선에 변경 사항을 적용시키려면 반드시
'Update' 명령을 활용하여 기존 치수선을 갱신해주어야 합니다.

① Update

[주석] 탭 ▶

◎ TIP
치수 변수를 조정 후 치수를 새롭게 기입하면 **Update**를 할 필요 없음

② 치수 변수 도구(아이콘) 없음

2) 치수 변수 및 치수 문자 수정 방법

(1) 치수 변수 활용

① Dimscale (치수선의 전반적인 축척 변경)

ㄱ Dimscale `Enter↵`

ㄴ 치수선의 전반적인 축척 값 입력 `Enter↵`

ㄷ [주석] 탭 ▶  ▶ 클릭

ㄹ 업데이트 할 치수선 선택 `Enter↵`

※ 업데이트 결과

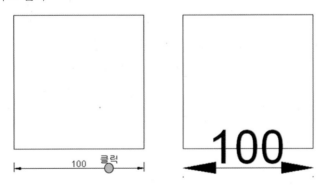

◎ TIP
화살촉의 크기는 **Dimasz** 명령을 활용하여 조정할 수 있음

② Dimtih (수직 치수선 내부의 문자 방향을 수평으로 회전)

ㄱ Dimtih 입력 `Enter↵`

ㄴ ✕ 🔍 ⚙ **DIMTIH** DIMTIH에 대한 새 값 입력 <끄기(OFF)>:

: ON 입력 `Enter↵`

© [주석] 탭 ▶  ▶ 클릭

② 업데이트 할 치수선 선택 Enter↵

※ 업데이트 결과

◎ TIP
치수 문자의 크기는
Dimtxt 명령을 활용하여
조정할 수 있음

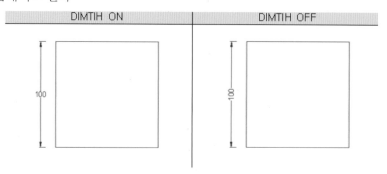

③ Dimtoh (수직 치수선 외부의 문자 방향을 수평으로 회전)

㉠ Dimtoh 입력 Enter↵

◎ TIP
Dimtad 명령 입력 후 변수
값 '0(숫자)'을 입력하면
치수선에서의 치수문자
위치를 중간에 걸치게 표
현할 수 있음

㉡ × 🔧 ⚙ DIMTOH DIMTOH에 대한 새 값 입력 <끄기(OFF)>:

: ON 입력 Enter↵

© [주석] 탭 ▶ 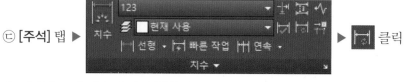 ▶ 클릭

② 업데이트 할 치수선 선택 Enter↵

■ 업데이트 결과

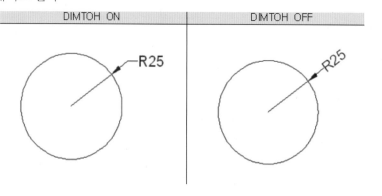

④ Dimexo (치수보조선과 객체와의 간격 조정)

　ㄱ Dimexo 입력 후 Enter↵

　ㄴ 간격 값 변경 Enter↵

Enter↵

⑤ Dimtofl (반지름·지름 치수 표현 시 내부의 치수선 표현 유무 설정)

　ㄱ Dimtofl 입력 후 Enter↵

　ㄴ

　　: OFF 입력 Enter↵

　ㄷ [주석] 탭 ▶ 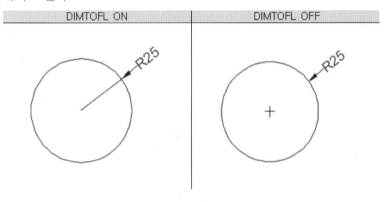 ▶ 클릭

　ㄹ 업데이트 할 치수선 선택 Enter↵

■ 업데이트 결과

◎ TIP
Dimexo 명령을 활용하여 간격값을 증가시키면 아래의 그림과 같이 표현할 수 있음

◎ TIP
Dimtofl 명령을 실행하면 원이나 호 내부에 치수선을 표현하지 않을 수 있지만 중심표식이 나타남. 이럴 경우 Dimcen 명령 ▶ '0(숫자)' 입력(엔터표시) 후 Update를 하면 중심표식이 점으로 표현됨

(2) 치수문자의 수정

① 치수 문자 더블 클릭

　작성된 치수 문자 더블 클릭 ▶ [61.78] ▶ 치수 수정

　▶ 작업 화면 빈 공간 클릭

② 특성창 활용

◎ **TIP**
Ddedit 명령 입력 후 해당
치수 문자를 클릭하여도
수정 가능함

Ctrl + 1 ▶

▶ 문자 재지정   dfdf

▶ 문자수정 ▶

▶ 우측 상단 ☒ 클릭

MEMO

06

도면 배치 및
출력 명령(도구)

SketchUp Pro

CHAPTER

01 도면의 배치 및 출력

1 레이아웃(Layout)

1) 개요

도면 작업은 Model(모형) 공간에서 진행되며 출력을 배치는 Layout(배치) 공간에서 진
행합니다.
Layout 공간에 Model 공간에서 작성된 객체를 삽입하려면 Mview 명령을 사용합니다.

(1) 모형과 배치 탭

도면 작업 공간 좌측 하단 ▶ | 모형 배치1 배치2 +

2) 신규 배치 공간 생성 및 모형 뷰 삽입 방법

◎ TIP
Layout 명령 실행 후 [새
로 만들기(N) 옵션을 클
릭하여도 신규 배치 탭을
생성시킬 수 있음

(1) 신규 배치 공간 생성

① 도면 작업 공간 좌측 하단 ▶ [배치 1] 탭 위 ▶ 마우스 우측 버튼 클릭

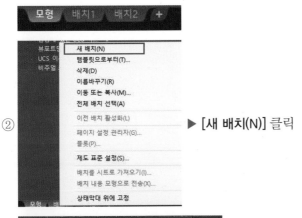

② ▶ [새 배치(N)] 클릭

③ 신규 생성된 배치 공간 확인

◎ **TIP**

[배치] 탭 위에 마우스 포인터를 놓고 마우스 우측 버튼을 클릭하면 '배치 내용 모형으로 전송' 옵션으로 배치(Layout) 도면을 별도의 Dwg 파일로 내보내기 가능함. 명령입력줄에 'Exportlayout'을 입력하여도 됨

(2) 사각형 모형 뷰 삽입

① 기존 배치 탭 또는 신규 배치 탭 클릭

② 레이아웃 화면 확인

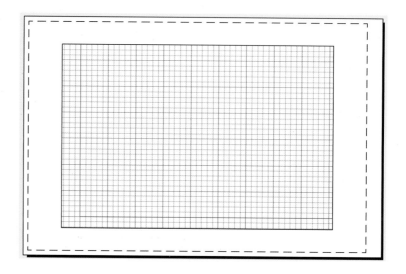

③ Mview 창 외곽선 선택 ▶ 삭제

◎ **TIP**

뷰포트를 무제한으로 생성시킬 수 없음. Maxactvp 명령을 활용하여 최소 2개에서 최대 64개의 뷰포트를 생성시킬 수 있음

④ 배치 공간 외곽 점선(인쇄가능영역)을 삭제하기 위해 'Options(단축키 OP)' 명령 실행

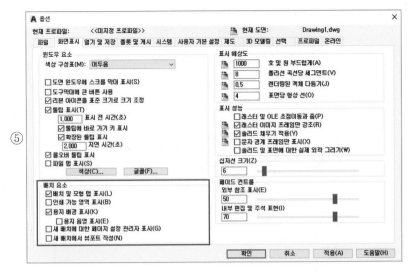

◎ TIP
[배치 요소]에서 [배치 및
모형 탭 표시]의 체크를
해제하지 않도록 주의함

▶ [화면표시] 탭 ▶ [배치 요소] 중

배치 요소
☑ 배치 및 모형 탭 표시(L)
☐ 인쇄 가능 영역 표시(B)
☑ 용지 배경 표시(K)
    ☐ 용지 음영 표시(E)
☐ 새 배치에 대한 페이지 설정 관리자 표시(G)
☐ 새 배치에서 뷰포트 작성(N)

▶ [인쇄 가능 영역 표시] 체크 해제 ▶ [**확인**] 클릭

⑥ 배치 공간 확인

◎ TIP
[배치 요소]에서 [용지 음
영 표시]를 체크하면 용
지 크기에 맞춰 아래에
그림자가 표시됨

⑦ [배치] 탭 ▶  ▶ 클릭

⑧ 배치 공간 내부에 시작점과 대각선 반대편 점 지정

◎ TIP
삽입된 뷰포트는 Rotate
명령이나 Grip을 활용하
여 회전과 크기 조정을
할 수 있음

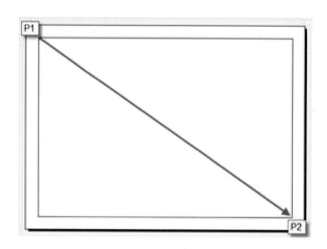

⑨ 작성된 모형 뷰(Mview) 창 확인 ▶ 내부 공간 더블 클릭
⑩ 마우스 휠을 이용하여 화면 확대 축소 및 화면 이동을 수행(객체가 이동되는 것
   이 아님)

◎ TIP
'Mspace' 명령의 단축키
는 MS이며 모형공간을
의미함

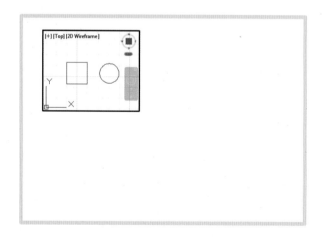

◎ TIP
'Pspace' 명령의 단축키
는 PS이며 종이공간을
의미함

⑪ Pspace 입력 Enter↵

(3) 다각형 모형 뷰 삽입

① 기존 배치 탭 또는 신규 배치 탭 클릭
② 배치 공간 확인

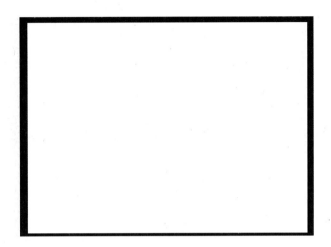

◎ TIP
모형 공간의 선 축적은 배치 공간에서 제대로 표현되지 않는 경우가 많음. 이럴 경우 배치 공간에서 Psltscale 명령 실행하고 변수값을 '0(숫자)'을 입력 한후 Regen(단축키 : RE) 명령을 실행함

③ [배치] 탭 ▶ 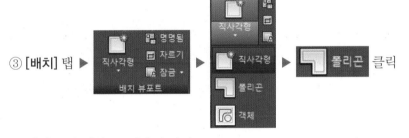 폴리곤 클릭

◎ TIP
MView(단축키 : MV) 명령을 실행 후 [폴리곤(P)] 옵션을 클릭하여 동일하게 사용할 수 있음

④ 배치 공간 내부 ▶ 시작점 지정
⑤ 순차적으로 다음점 지정

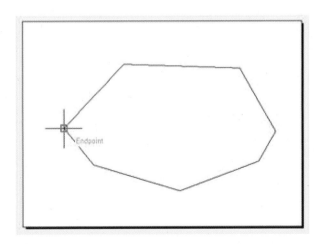

⑥ 작성된 모형 뷰(Mview)창 확인 ▶ 내부 공간 더블 클릭

⑦ 마우스의 휠을 이용하여 화면 확대 축소 및 화면 이동 수행

⑧ Pspace 입력 Enter↵

(4) 기존 폴리 도형을 이용한 모형 뷰 삽입

① 기존 배치 탭 또는 신규 배치 탭 클릭

② 배치 공간 확인

③ Pline 또는 Rectangle·Circle·Polygon 등의 명령을 활용하여 폴리화 도형 작성

◎ TIP
미리 폴리화 도형을 작성한 후 이를 뷰포트로 활용하면 보다 다양한 도면 배치를 만들 수 있음

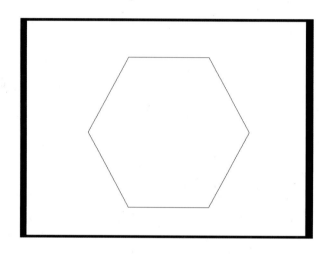

◎ TIP
MView(단축키 : MV) 명령을 실행 후 [객체(O)] 옵션을 클릭하여 동일하게 사용할 수 있음

④ [배치] 탭 ▶  클릭

⑤ 배치 공간에 작성된 폴리화 도형 선택

⑥ 작성된 모형 뷰(Mview) 창 확인 ▶ 내부 공간 더블 클릭

⑦ 마우스 휠을 이용하여 화면 확대 축소 및 화면 이동 수행

⑧ Pspace 입력 Enter↵

② 도면의 출력(Plot)

1) 개요

작업된 내용을 실제 용지나 이미지 파일 형식 등으로 출력하는 명령입니다. 출력 결과
물에 대한 선가중치(폭)는 Plot 창에서 설정할 수 있으나 미리 도면층(레이어)에서 지
정 가능합니다.

(1) 신속 접근 메뉴

2) Plot 창의 구성 및 출력 순서

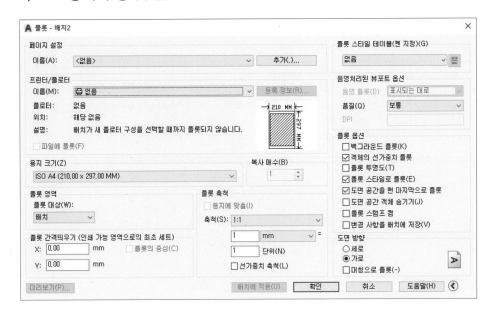

① 프린터/플로터 : [이름(M)]에서 사용자 컴퓨터와 연결된 프린터 선택
② 용지 크기 : 다양한 크기의 용지 선택

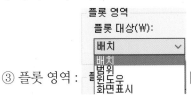

③ 플롯 영역 : [윈도우(사용자 범위 직접 지정 가능)]

◎ TIP
[플롯 스타일 테이블] 및
[도면 방향] 등의 옵션이
보이지 않을 경우 [플롯]
대화창 우측 하단의 [더
많은 옵션] 버튼을 클릭
함

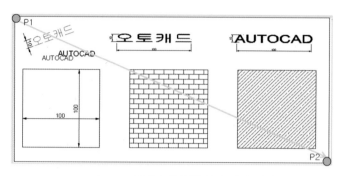

Window 옵션을 활용한 출력 영역 지정

④ 플롯 간격띄우기 : [플롯의 중심] 체크 (지정한 출력 영역을 용지 중앙에 자동 배치)

⑤ 플롯 축척 : 출력 축척 지정(1 : 2는 1/2 도면을 의미) / 용지에 맞춤(축척에 상관없이 지정한 용지 Size에 맞춤)

⑥ 도면 방향 : 가로 또는 세로 용지 방향 지정

⑦ 플롯 스타일 테이블 : 출력 시 선의 색상 및 가중치 지정

⑧ 미리보기 : 실제 용지에 출력 전 미리보기

◎ TIP
반드시 [미리보기] 버튼을 클릭하여 출력 전 상태를 확인하는 것이 필요함

◎ TIP
[플롯 스타일 테이블]에서 [monochrome.ctb]를 선택할 경우 객체 색상 항목 모두를 검정색으로 출력되도록 함

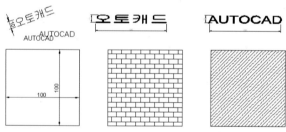

플롯 미리보기

⑨ [확인] 클릭 ▶ 출력

MEMO

- -

- -

- -

- -

❸ 다른 형식으로 내보내기와 가져오기(Export & Import)

1) 개요

Export 명령은 현재의 작업 도면을 다른 형식(Eps, Bmp, Dwf 등의 형식)로 변환하여 내보내는 명령입니다. 명령 입력줄에 직접 Bmpout, jpgout의 명령을 입력하여 이미지 파일로 변환하여 저장할 수 있습니다.

Import 명령은 캐드 파일이 아닌 다른 형식의 파일을 캐드에 가져오는 명령입니다.

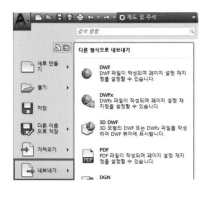

내보내기

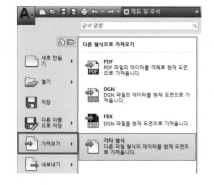

가져오기

◎ TIP
Psout 명령을 입력하면 EPS 파일 형식의 이미지 파일로 내보내기 할 수 있음

2) 다른 형식 내보내기와 다른 형식 가져오기 방법

(1) 다른 형식 내보내기

◎ TIP
Epdf 명령을 입력하면 PDF 파일 형식으로 내보내기 할 수 있음.
Pdfimport 명령을 입력하면 PDF 파일을 가져오기 할 수 있음

▶ 기타 형식
　　기타 형식
　　도면을 다른 파일 형식으로 내보냅니다. 클릭

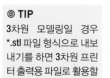
◎ TIP
3차원 모델링일 경우
*.stl 파일 형식으로 내보
내기를 하면 3차원 프린
터 출력용 파일로 활용할
수 있음

◎ TIP
가져오기의 단축키는
IMP이며, 내보내기의 단
축키는 EXP임

A 데이터 내보내기			×
저장 위치(I):	문서	← 📁 🔍 ✕ 📁 뷰(V) ▾ 도구(L) ▾	

이름	수정한 날짜	유형
3dsMax	2018-03-02 오후 7:…	파일 폴더
Adobe	2017-12-19 오전 9:…	파일 폴더
ARCHlineXP Draw	2018-01-12 오전 9:…	파일 폴더
AutoCAD Sheet Sets	2017-05-23 오전 10:…	파일 폴더
Autodesk Live	2017-11-24 오전 10:…	파일 폴더
Autodesk Revit Live	2017-12-05 오전 8:…	파일 폴더
Bandicam	2018-01-19 오후 12:…	파일 폴더
Bentley	2017-11-23 오후 4:…	파일 폴더
BIMobject	2018-03-19 오후 7:…	파일 폴더
Camtasia Studio	2018-01-21 오후 1:…	파일 폴더
Cubicreator3	2017-05-31 오후 4:…	파일 폴더
Daum	2017-04-02 오후 2:…	파일 폴더
Downloaded Installations	2018-01-12 오전 9:…	파일 폴더
Empty_project	2017-11-16 오후 5:…	파일 폴더
e-on software	2017-05-06 오전 11:…	파일 폴더
ezPDF Editor3.0	2017-07-02 오후 7:…	파일 폴더

파일 이름(N): Drawing1.bmp　　　　　　저장(S)
파일 유형(T): 비트맵 (*.bmp)　　　　　　취소

3D DWF (*.dwf)
3D DWFx (*.dwfx)
FBX (*.fbx)
메타파일 (*.wmf)
ACIS (*.sat)
리쏘그라피 (*.stl)
캡슐화된 PS (*.eps)
DXX 추출 (*.dxx)
비트맵 (*.bmp)
블록 (*.dwg)

▶[파일 유형] 선택 ▶ [파일 이름] 입력

③ [파일 저장 위치] 지정 ▶ 　저장(S)　 클릭

(2) 다른 형식 가져오기

◎ TIP
'Pdfimport' 명령을 활용
하여 직접 PDF 파일 형식
의 문서를 가져올 수 있음

①
A	🖨 🔄 ▾	✿ 제도 및 주석	▾

검색 명령

다른 형식으로 가져오기

새로 만들기 ▶

PDF
PDF 파일의 데이터를 객체로 현재 도면
으로 가져옵니다.

열기 ▶

DGN
DGN 파일의 데이터를 현재 도면으로 가
져옵니다.

저장

FBX
DGN 파일을 현재 도면으로 가져옵니다.

다른 이름
으로 저장 ▶

가져오기 ▶

기타 형식
다른 파일 형식의 데이터를 현재 도면
으로 가져옵니다.

내보내기 ▶

▶ 기타 형식
　　다른 파일 형식의 데이터를 현재 도면으 클릭
　　로 가져옵니다.

▶[파일 유형] 선택 ▶ [파일 이름] 입력 또는 파일 찾기

③ 열기(O) 클릭

MEMO

• Line 명령을 활용하여 작성합니다.
• 절대좌표를 방식으로 작성합니다.

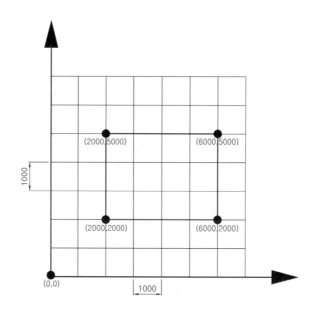

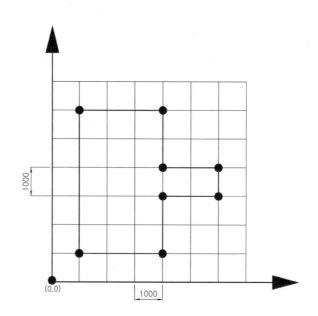

■ AutoCAD 예제 2

Hint
- Line 명령을 활용하여 작성합니다.
- 절대좌표방식으로 작성합니다.(시작점을 30,30으로 시작)

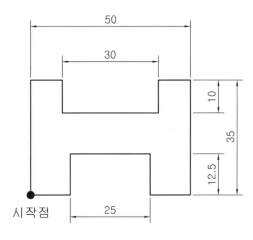

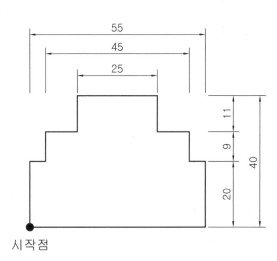

Hint
• Line 명령을 활용하여 작성합니다.
• 상대좌표방식으로 작성합니다.

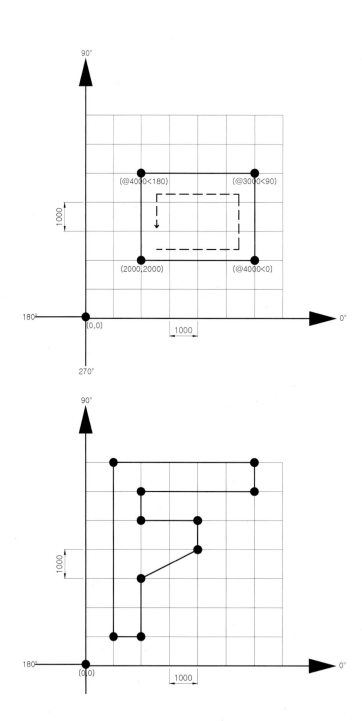

■ AutoCAD 예제 4

Hint

• Line 명령을 활용하여 작성합니다.

• 수평, 수직선은 마우스로 방향을 지정한 후 거리값을 입력합니다.(F8 기능키 활용)

• 사선의 경우 상대좌표 방식을 이용하여 작성합니다.

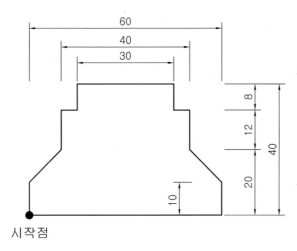

시작점

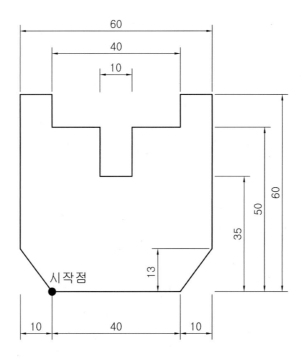

시작점

■ AutoCAD 예제 5

Hint
• Line 명령을 활용하여 작성합니다.
• 상대극좌표방식으로 작성합니다.

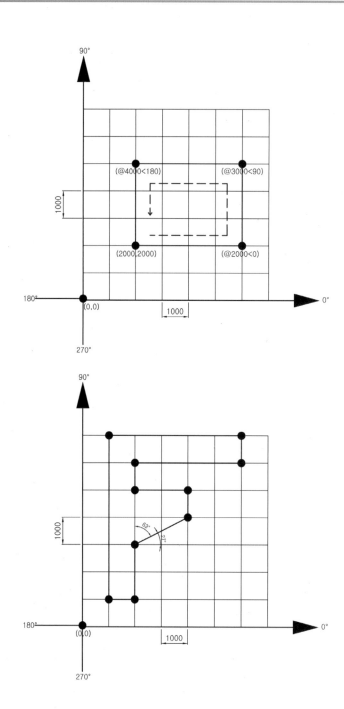

■ AutoCAD 예제 6

Hint

• Line 명령을 활용하여 작성합니다.

• 수평, 수직선은 마우스로 방향을 지정한 후 거리값을 입력합니다.

• 사선의 경우 상대극좌표 방식을 이용하여 작성합니다.

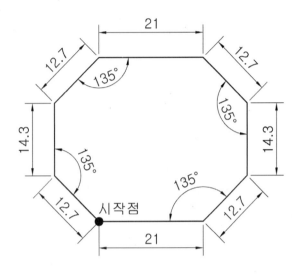

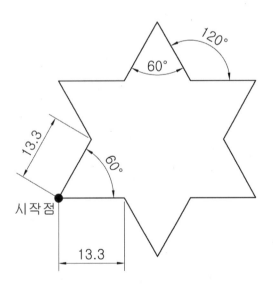

> **Hint**
> • Line 명령을 활용하여 작성합니다.
> • 객체스냅(OSNAP)을 이용하여 작성합니다.

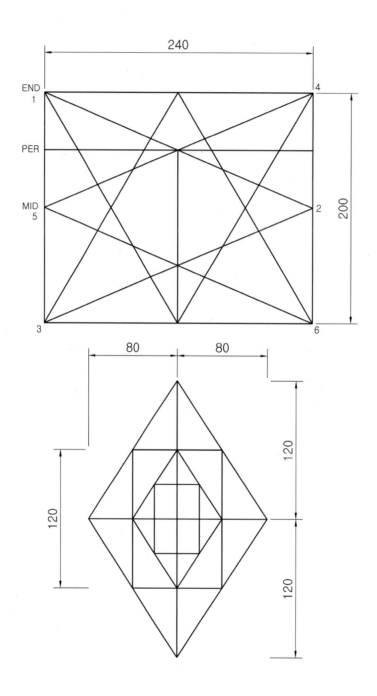

- Line 명령을 활용하여 작성합니다.
- 객체스냅(OSNAP)을 이용하여 작성합니다.

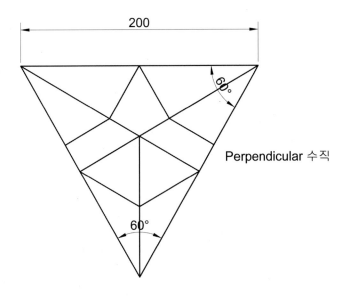

Perpendicular 수직

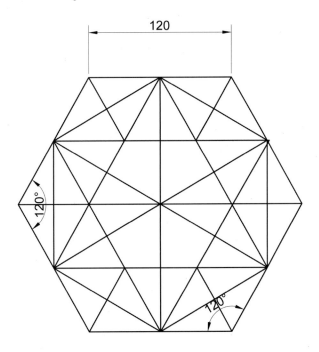

Hint
• 제시된 치수를 참고하여 도면을 작성합니다.
• Mlstyle, Mline, Mledit 명령을 활용하여 작성합니다.

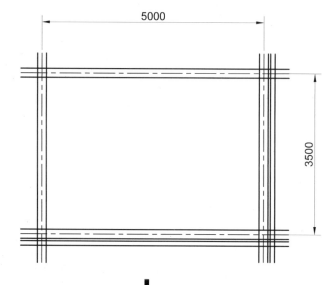

Mlstyle 1 : 100, -100
Mlstyle 2 : 100, -100, -150, -250

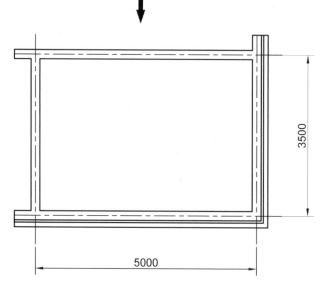

Mledit : Open Tee, Corner Joint

■ AutoCAD 예제 10

Hint
• 제시된 치수를 고하여 도면 작성합니다.
• Pline 명령의 W(폭) 옵션을 활용하여 작성합니다.

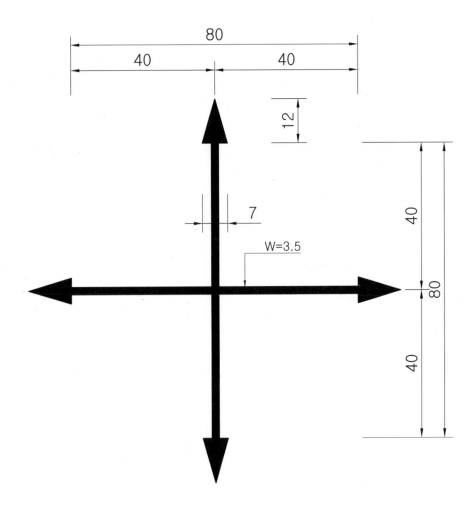

■ AutoCAD 예제 11

Hint

• Pline 명령을 활용하여 작성합니다.

• PL 옵션 W(폭)을 활용하여 Line/Arc를 작성합니다.

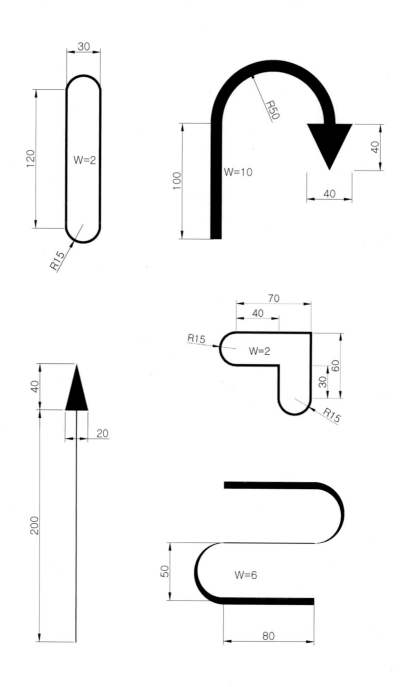

■ AutoCAD 예제 12

Hint

• 제시된 치수를 참고하여 도면을 작성합니다.

• 중심선을 기준으로 line을 활용하여 벽체의 단열재를 작성합니다.

• Mlstyle, Mline, Mledit 명령을 활용하여 작성합니다.

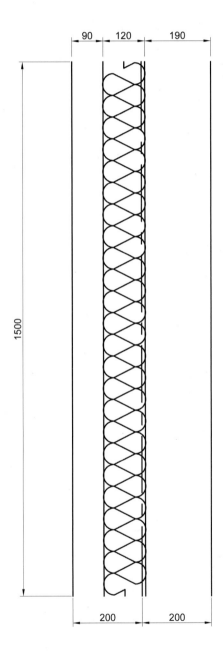

LTS 지정(Ctrl+1)
Center : 5 , Batting : 6

■ AutoCAD 예제 13

Hint
• 제시된 치수를 참고하여 도면을 작성합니다.
• Rectang 명령을 활용하여 작성합니다.

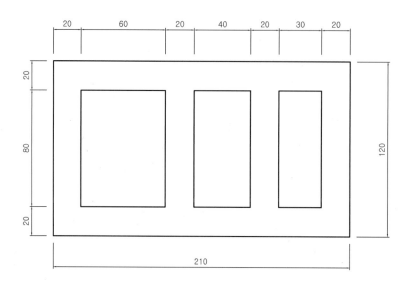

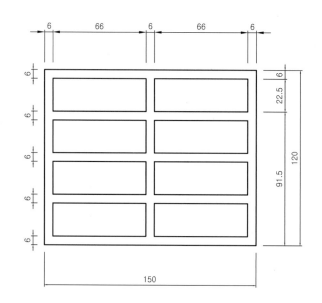

■ AutoCAD 예제 14

Hint
• 제시된 치수를 참고하여 도면을 작성합니다.
• Rectang 명령을 활용하여 작성합니다.(Rectangle의 옵션인 Chamfer, Fillet, Width 활용)

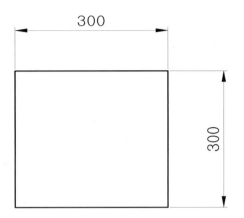

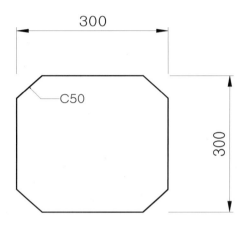

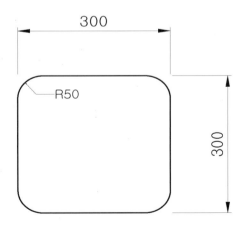

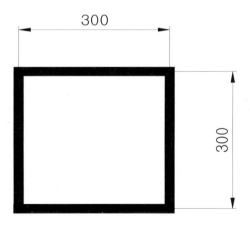

■ AutoCAD 예제 15

> **Hint**
> • 제시된 치수를 참고하여 도면을 작성합니다.
> • Line / Circle / Copy 명령을 활용하여 작성합니다.
> • 2- 치수표현은 도면요소의 갯수를 의미합니다.

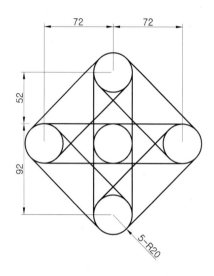

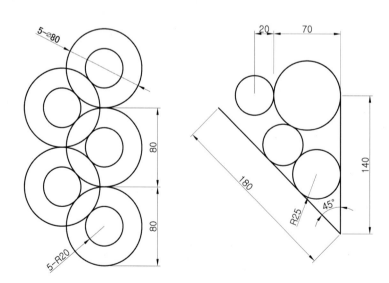

Hint
• 제시된 치수를 참고하여 도면을 작성합니다.
• Circle / Line 명령을 활용하여 작성합니다.

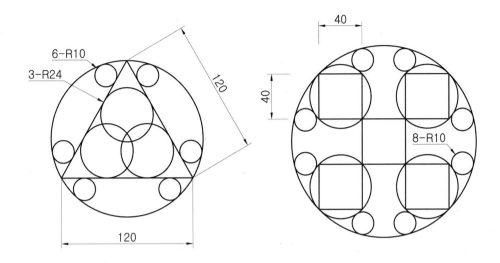

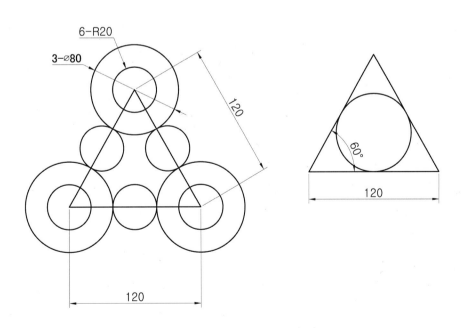

■ AutoCAD 예제 17

Hint

• 제시된 치수를 참고하여 도면을 작성합니다.

• 중심선을 작성합니다.

• Rectang / Ellipse / Polygon / Circle / Copy / Move 명령을 활용하여 작성합니다.

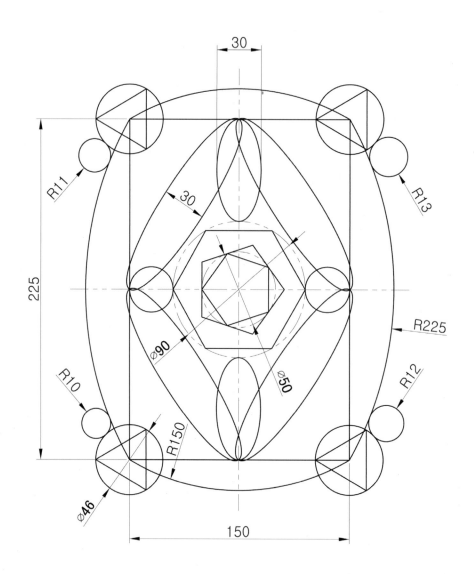

■ AutoCAD 예제 18

Hint
• 제시된 치수를 참고하여 도면을 작성합니다.
• Line / Arc 명령을 활용하여 작성합니다.

S.C.E

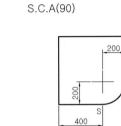

S.C.A(90)

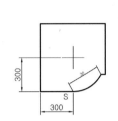

S.C.L

S.E.A(270)

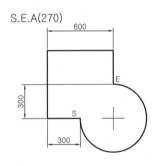

S.E.D(90)

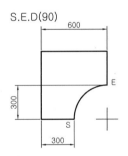

S.E.R

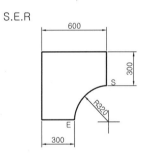

C.S.E

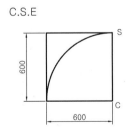

C.S.A(90)

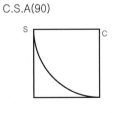

C.S.L

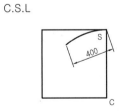

■ AutoCAD 예제 19

Hint

• Line / Offset / Trim 명령을 활용하여 작성합니다.

• Arc 명령의 S,E,R의 옵션을 활용하여 작성합니다.

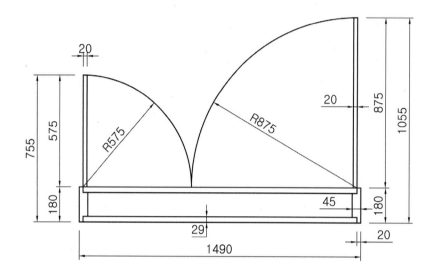

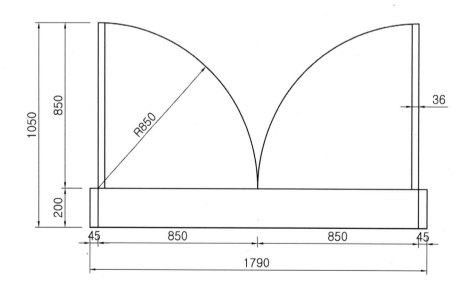

Hint
- 제시된 치수를 참고하여 도면을 작성합니다.
- Line / Rectangle / Offset / Circle / Polygon 명령을 활용하여 작성합니다.

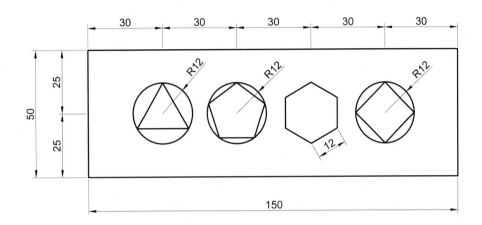

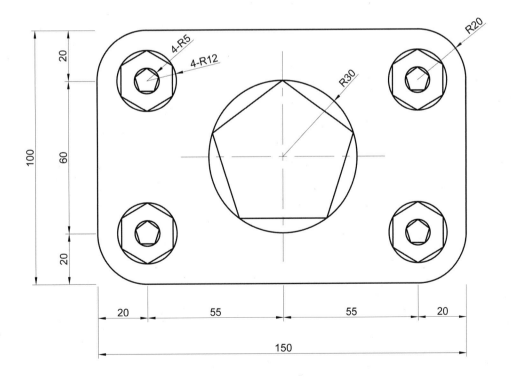

Hint
• 제시된 치수를 참고하여 도면을 작성합니다.
• Donut 명령을 활용하여 내부지름/외부지름을 입력하여 작성합니다.
• Line / Circle / Copy / Move 명령을 활용하여 작성합니다.

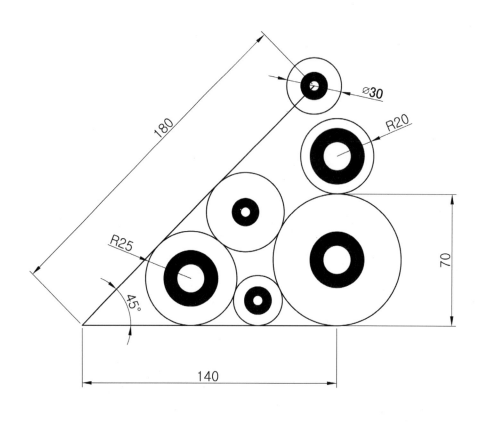

IN Φ5 ,OUT Φ15

IN Φ15 ,OUT Φ30

Hint
• 제시된 치수를 참고하여 도면을 작성합니다.
• Ptype 명령을 활용하여 점 유형을 선택합니다.
• Point 명령을 활용하여 위치에 맞게 작성합니다.

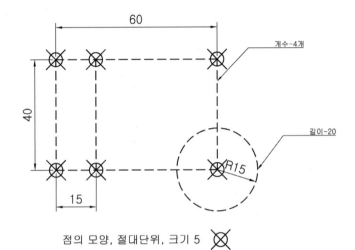

점의 모양, 절대단위, 크기 5

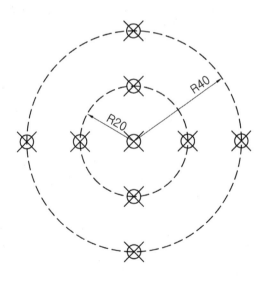

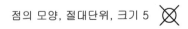

점의 모양, 절대단위, 크기 5

Hint
• 제시된 치수를 참고하여 도면을 작성합니다.
• Circle / Rectang / Copy 명령을 활용하여 작성합니다.

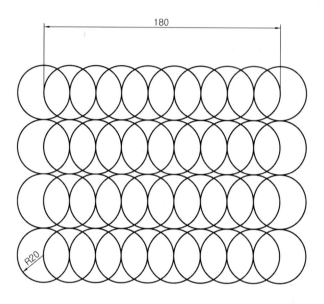

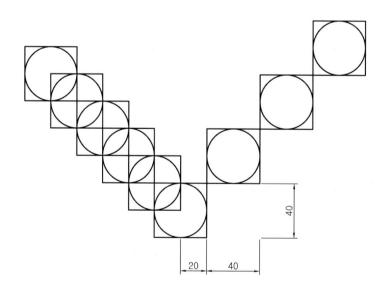

Hint
• 제시된 치수를 참고하여 도면을 작성합니다.
• Circle / Rectang / Polygon 명령을 활용하여 1개의 도면요소를 작성합니다.
• Array 명령의 R(사각배열) 옵션을 활용하여 작성합니다.

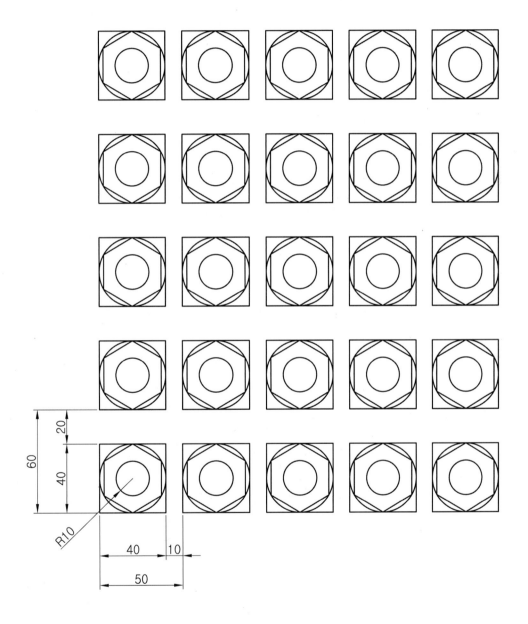

■ AutoCAD 예제 25

Hint

• 제시된 치수를 참고하여 도면을 작성합니다.

• 중심선을 작성합니다.

• 12시 방향의 도면요소를 작성합니다.

• Array 명령의 PO(원형배열) 옵션을 활용하여 작성합니다.

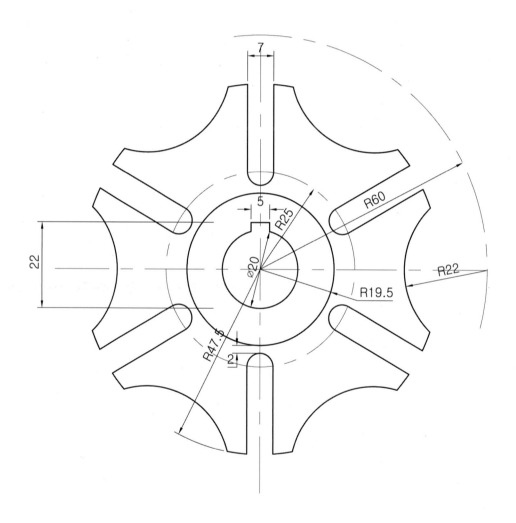

■ AutoCAD 예제 26

Hint

• 제시된 치수를 참고하여 도면을 작성합니다.

• Rectang / Offset / Trim / Circle / Move 명령을 활용하여 작성합니다.

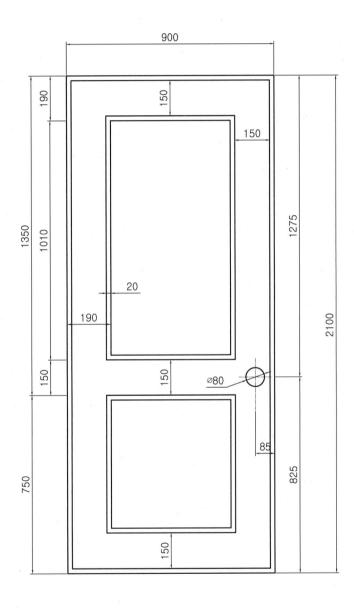

Hint
• 제시된 치수를 참고하여 도면을 작성합니다.
• Line / Offset / Trim / Circle / Copy 명령을 활용하여 작성합니다.

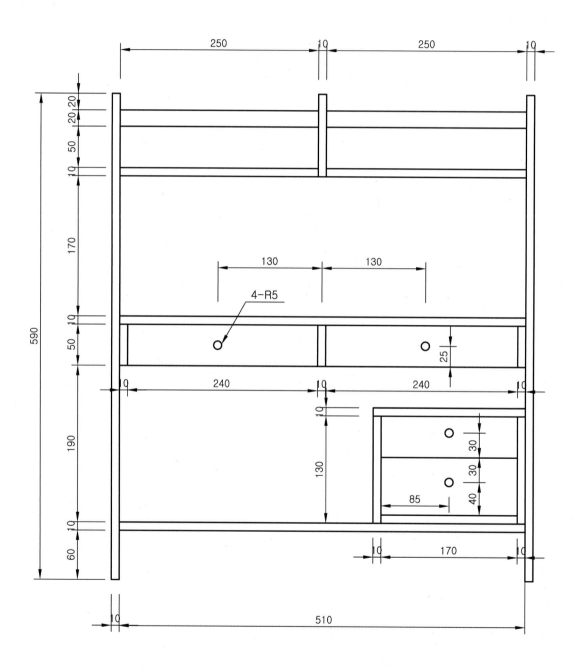

Hint
• 제시된 치수를 참고하여 도면을 작성합니다.
• Line / Fillet / Offset / Mirror 명령을 활용하여 작성합니다.

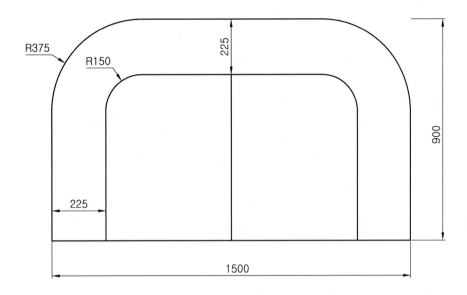

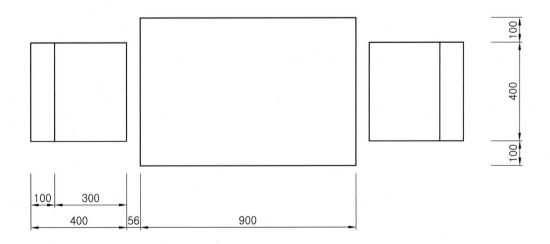

■ AutoCAD 예제 29

• 제시된 치수를 참고하여 도면을 작성합니다.
• Line / Fillet / Offset / Mirror 명령을 활용하여 작성합니다.

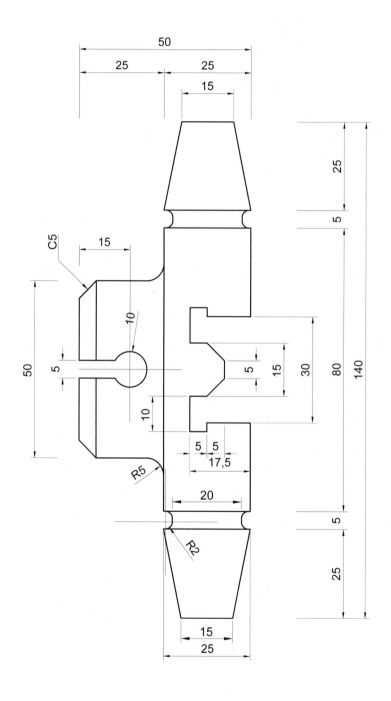

■ AutoCAD 예제 30

Hint
• 제시된 치수를 참고하여 도면을 작성합니다.
• Line / Rectangle / Circle / Polygon / Layer 명령을 활용하여 작성합니다.

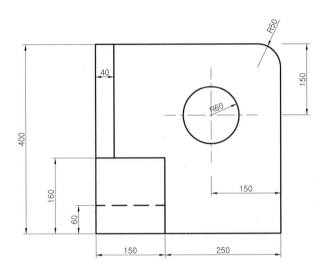

도면층 명칭	색상	Linetype
중심선	Red	Center
외곽선	Black	Continuous
숨은선	White	Hidden

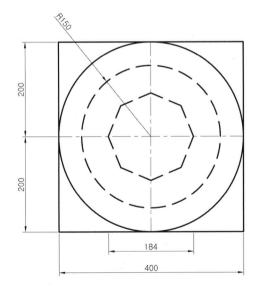

도면층 명칭	색상	Linetype
중심선	Red	Center
외곽선	Black	Continuous
숨은선	White	Hidden

■ AutoCAD 예제 31

Hint
• 제시된 치수를 참고하여 도면을 작성합니다.
• Block을 저장합니다.
• Line / Rectangle / Offset / Polygon / Block / Insert를 활용하여 작성합니다.

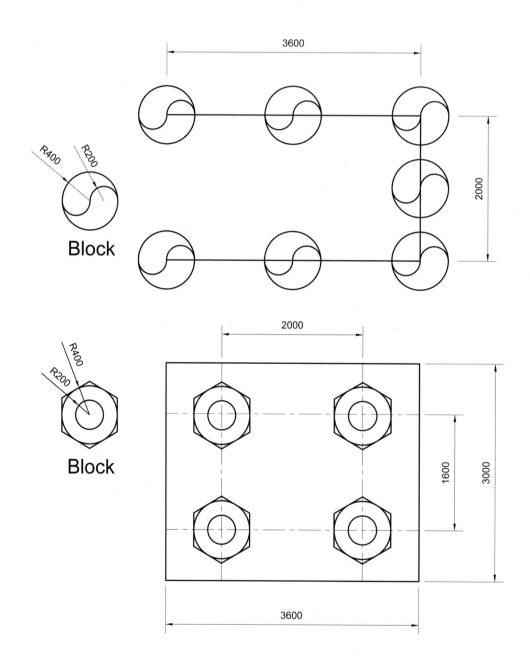

Block

Block

> **Hint**
> • 제시된 치수를 참고하여 도면을 작성합니다.
> • 중심선을 작성합니다.
> • Circle / Trim 명령을 활용하여 작성합니다.

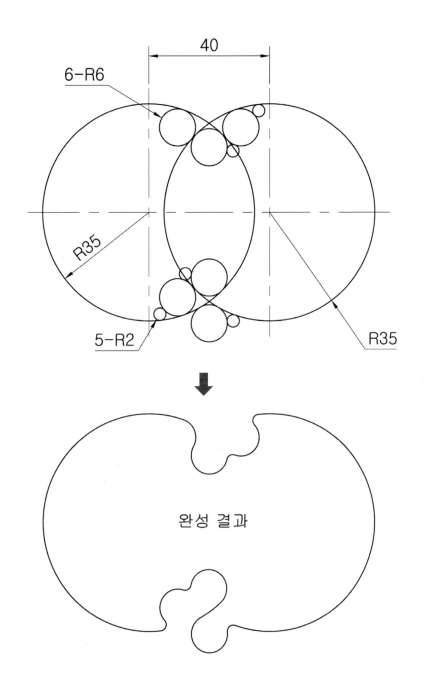

완 성 결 과

Hint
• 제시된 치수를 참고하여 도면을 작성합니다.
• Line / Circle/ Offset / Trim 명령을 활용하여 작성합니다.

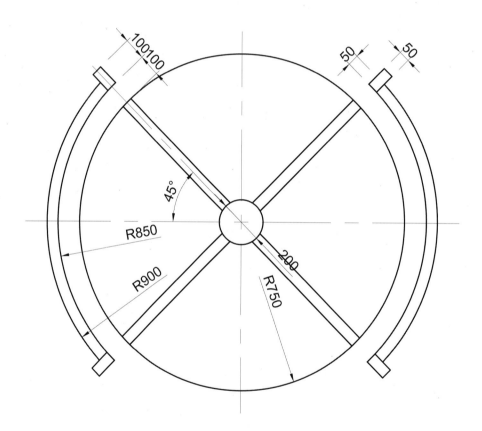

■ AutoCAD 예제 34

Hint

• ML 명령을 활용하여 중심선을 중심으로 벽체 작성을 합니다.
• Hatch 명령의 ANSI31을 이용하여 재료표현을 합니다.

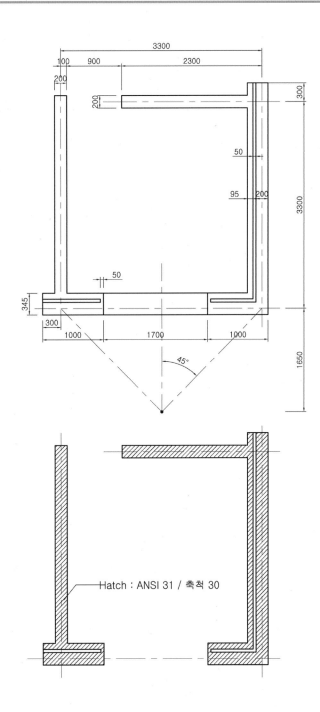

Hatch : ANSI 31 / 축척 30

Hint

• 제시된 치수를 참고하여 도면을 작성합니다.

• Line / Circle / Offset / Trim 명령을 활용하여 작성합니다.

• Hatch 명령을 활용하여 재료표현을 작성합니다.

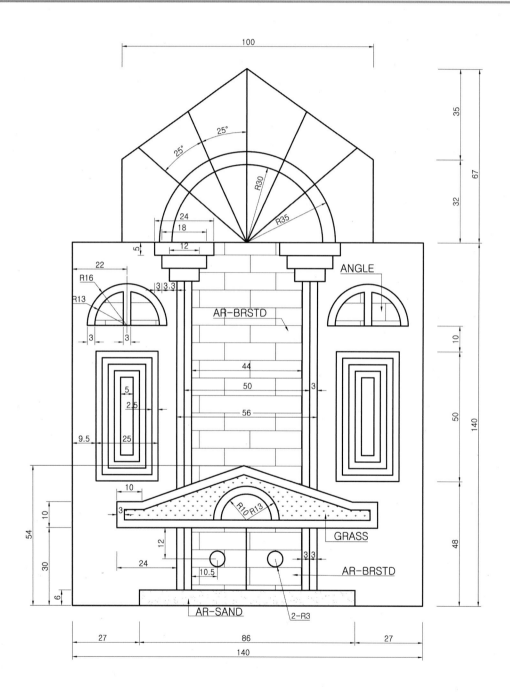

■ AutoCAD 예제 36

Hint
• 제시된 치수를 참고하여 도면을 작성합니다.
• 중심선을 작성합니다.
• Offset / Trim / Circle / Polygon / Line / Fillet 명령을 활용하여 작성합니다.

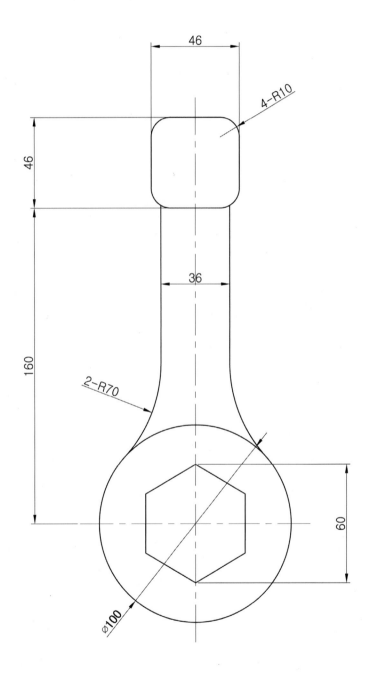

Hint
• 제시된 치수를 참고하여 도면을 작성합니다.
• Linn / Circle / Offset / Trim / Fillet 명령을 활용하여 작성합니다.

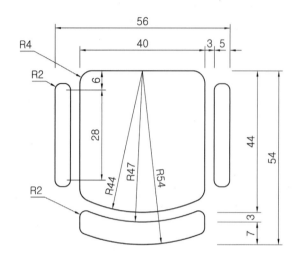

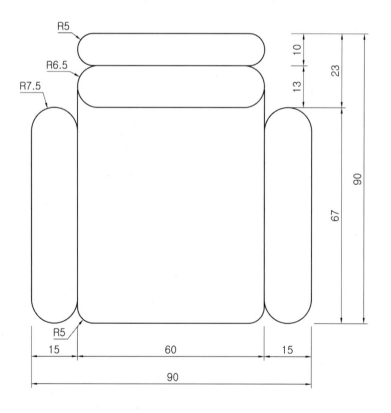

Hint

• 제시된 치수를 참고하여 도면을 작성합니다.
• Rectang / Chamfer / Offset / Circle / Trim 명령을 활용하여 작성합니다.

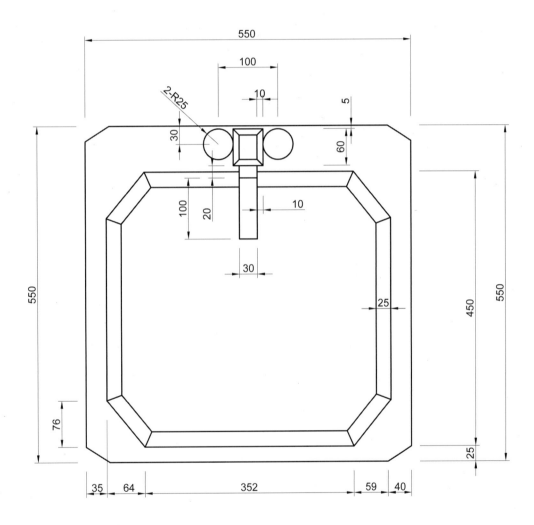

Hint
• 제시된 치수를 참고하여 도면을 작성합니다.
• Rectang / Offset / Trim / Circle / Line / Copy / Move / Chamfer 명령을 활용하여 작성합니다.

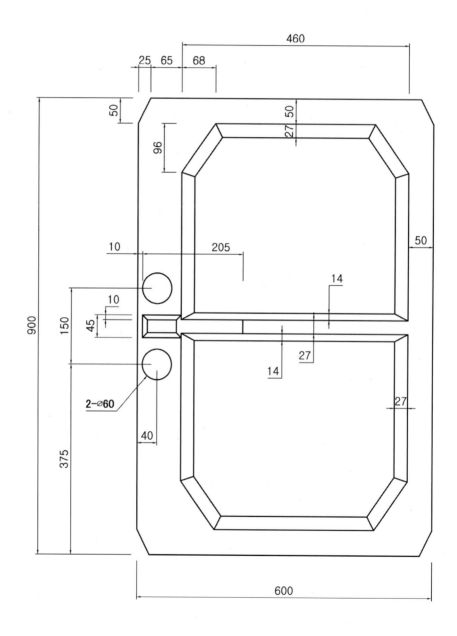

■ AutoCAD 예제 40

Hint
• Rotate 명령을 활용하여 작성합니다.
• Scale 명령을 활용하여 작성합니다.

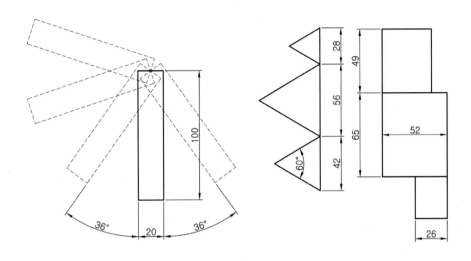

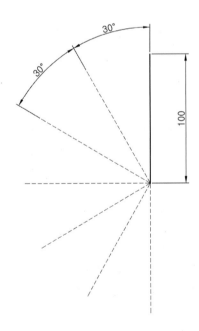

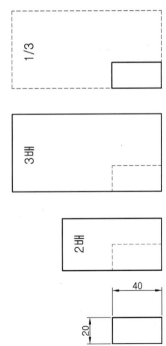

Hint

• 제시된 치수를 참고하여 도면을 작성합니다.

• 중심선을 작성합니다.

• Polygon / Line / Circle /Trim / Offset / Copy / Rotate 명령을 활용하여 작성합니다.

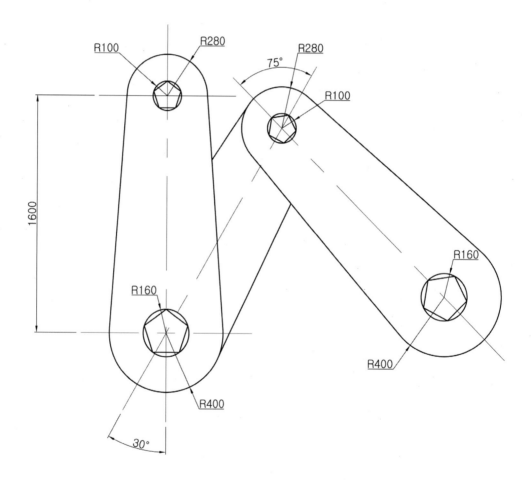

■ AutoCAD 예제 42

Hint

• 제시된 치수를 참고하여 도면을 작성합니다.
• Line / Rectangle /Trim / Offset / Stretch 명령을 활용하여 작성합니다.

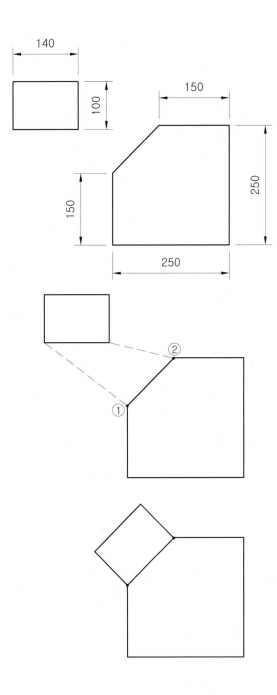

Hint
• 제시된 치수를 참고하여 도면을 작성합니다.
• Line / Rectangle /Trim / Explode / Stretch 명령을 활용하여 작성합니다.

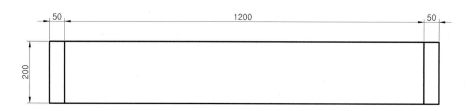

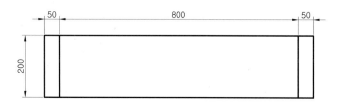

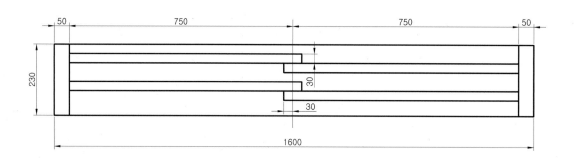

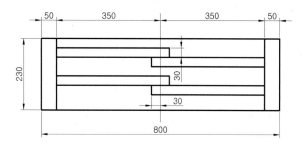

■ AutoCAD 예제 44

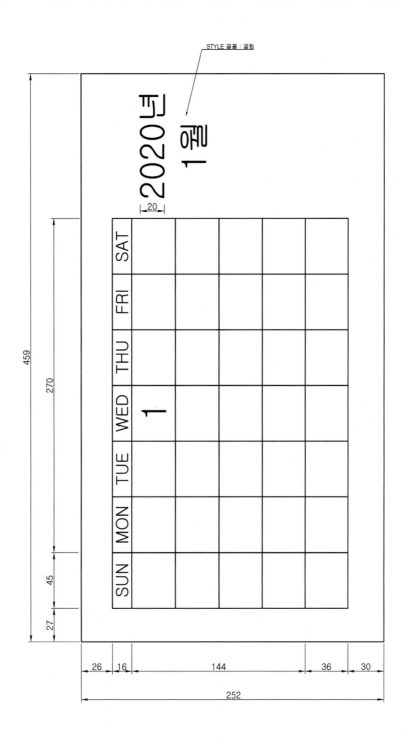

Hint

• 제시된 치수를 참고하여 도면을 작성합니다.

• Text 명령을 활용하여 문자를 작성합니다.

Hint
• 제시된 치수를 참고하여 도면을 작성합니다.
• 중심선을 작성합니다.
• Line / Circle / Rectang / Move / Array 명령을 활용하여 작성합니다.
• Dtext 명령을 활용하여 문자를 작성합니다.(style 글꼴 : 굴림)

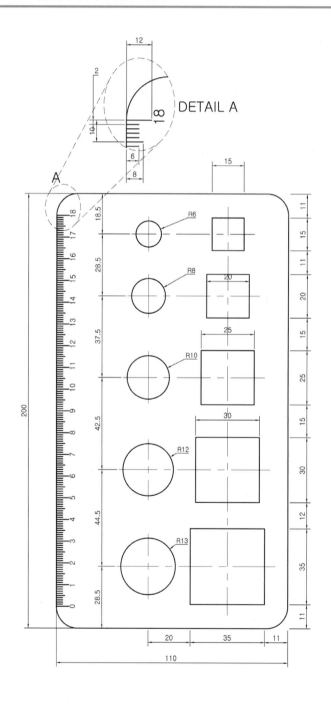

■ AutoCAD 예제 46

Hint

• 제시된 치수를 참고하여 도면을 작성합니다.
• Line / Rectang / Rectangle / Offset / Circle / Trim / Move / Qleader, 치수선 명령을 활용하여 작성합니다.

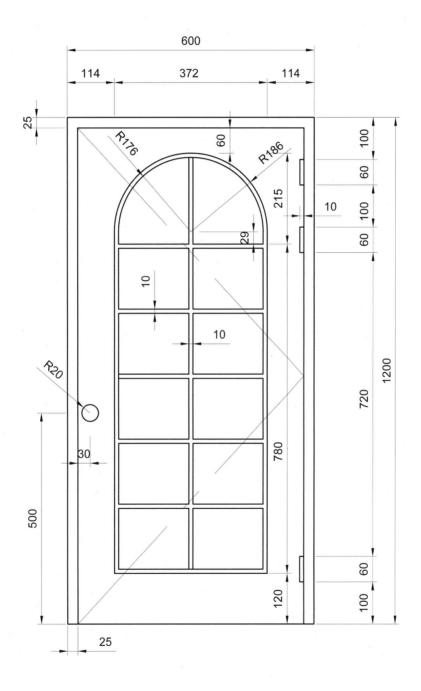

Hint
• 제시된 치수를 참고하여 도면을 작성합니다.
• 중심선을 작성합니다.
• Line / Circle / Trim / Offset / Fillet / Hatch, 치수선 명령을 활용하여 작성합니다.

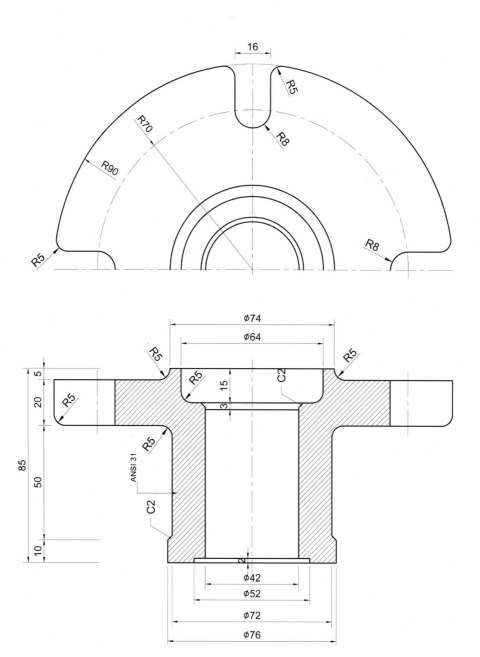

■ AutoCAD 예제 48

Hint
- 제시된 치수를 참고하여 배치도면을 작성합니다.
- Line / Rectangle / Trim / Linetype / ltscale / 치수선 / 배치를 활용하여 작성합니다.

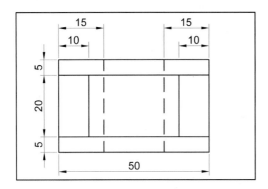

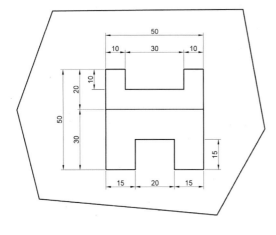

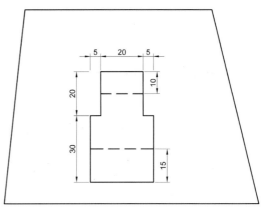

Hint
• 제시된 치수를 참고하여 도면을 작성합니다.
• Line / Trim / Offset / Circle / Copy 명령을 활용하여 작성합니다.

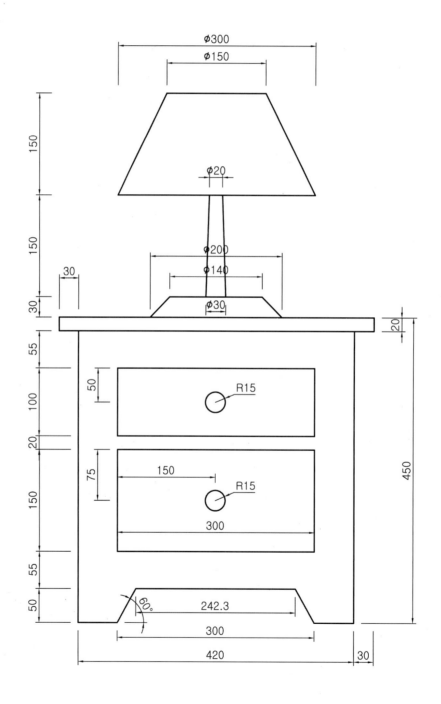

■ AutoCAD 예제 50

Hint
• 제시된 치수를 참고하여 도면을 작성합니다.
• 중심선을 작성합니다.
• Circle / Line / Arc / Copy 명령을 활용하여 작성합니다.

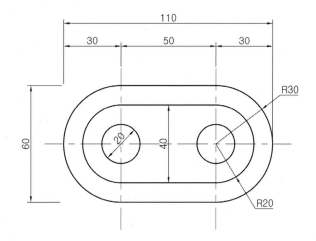

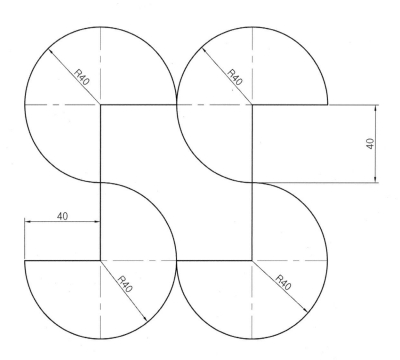

Hint
• 제시된 치수를 참고하여 도면을 작성합니다.
• Line / Circle / Copy / Trim 명령을 활용하여 작성합니다.

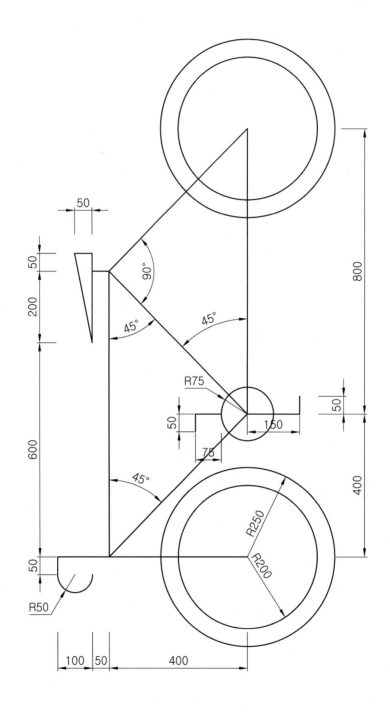

■ AutoCAD 예제 52

Hint
- 제시된 치수를 참고하여 도면을 작성합니다.
- 중심선을 작성합니다.
- Offset / Trim / Fillet / Arc / Line 명령을 활용하여 작성합니다.

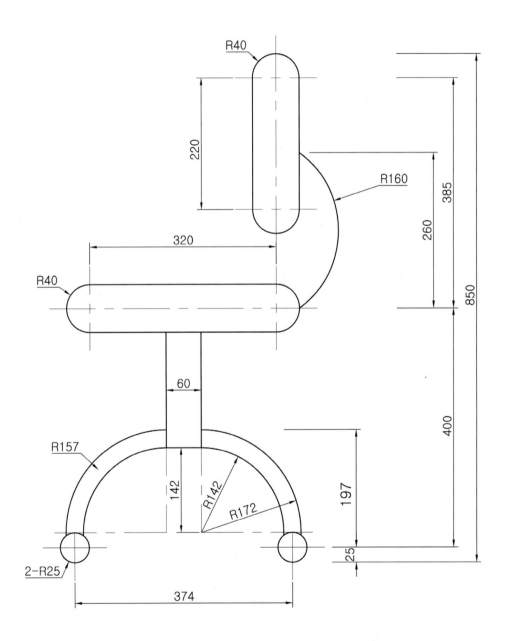

> **Hint**
> • 제시된 치수를 참고하여 도면을 작성합니다.
> • Line / Offset / Trim / Circle / Copy / Move / Arc 명령을 활용하여 작성합니다.

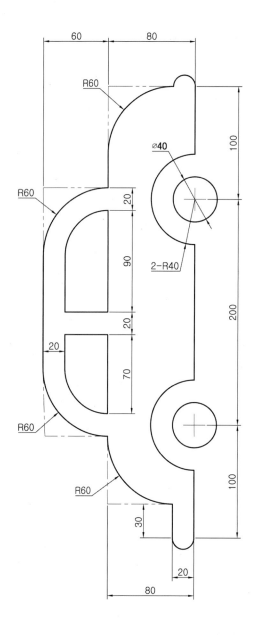

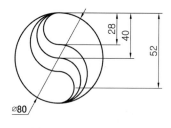

Hint

• Line / Offset / Trim 명령을 활용하여 작성합니다.

• Donut 명령의 내부지름을 0으로 맞추어 작성합니다.

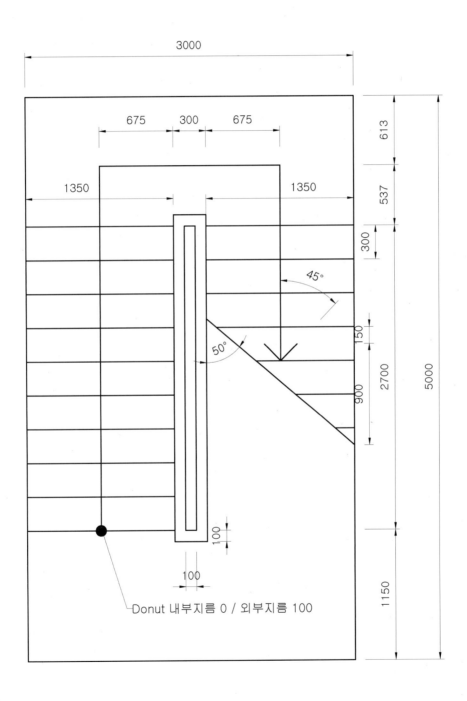

Donut 내부지름 0 / 외부지름 100

Hint
• 제시된 치수를 참고하여 도면을 작성합니다.
• Rectang / Offset / Trim / Circle / Line / Copy / Move / Fillet 명령을 활용하여 작성합니다.

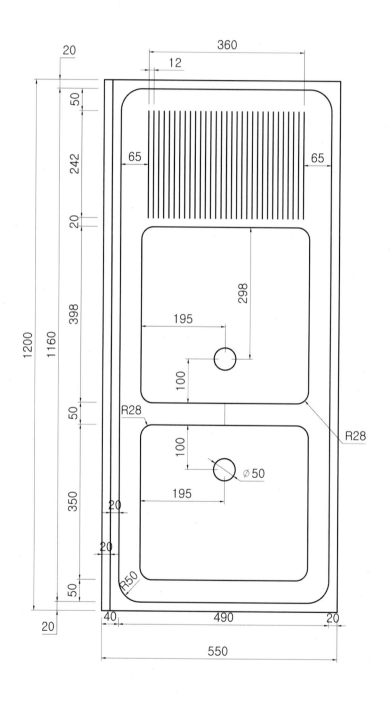

Hint
• 제시된 치수를 참고하여 도면을 작성합니다.
• 중심선을 작성합니다.
• Offset / Trim / Circle / Copy / Move / Rectang 명령을 활용하여 작성합니다.

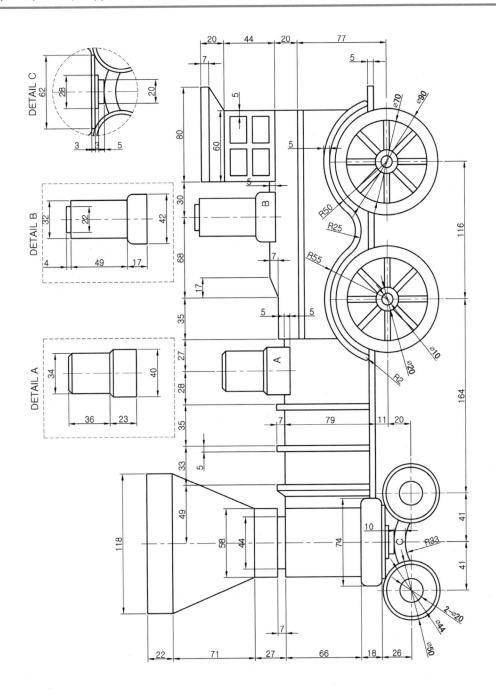

Hint
• 제시된 치수를 참고하여 도면을 작성합니다.
• Line / Offset / Trim / Fillet / Ellipse / Circle 명령을 활용하여 작성합니다.

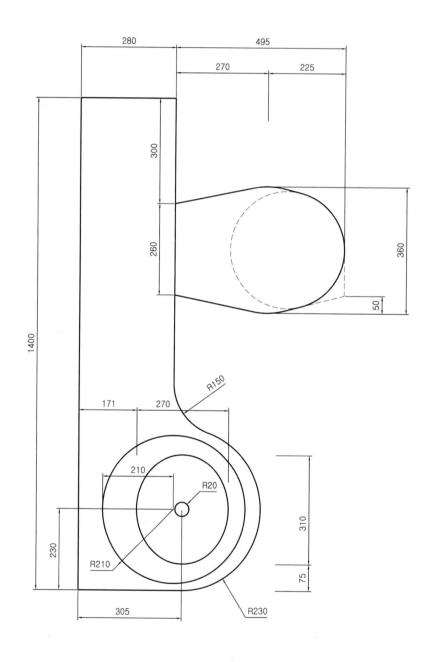

■ AutoCAD 예제 58

Hint

• 제시된 치수를 참고하여 도면을 작성합니다.

• Rectang / Offset / Trim / Line / Copy / Move / Fillet /Chamfer / Arc / Ellipse 명령을 활용하여 작성합니다.

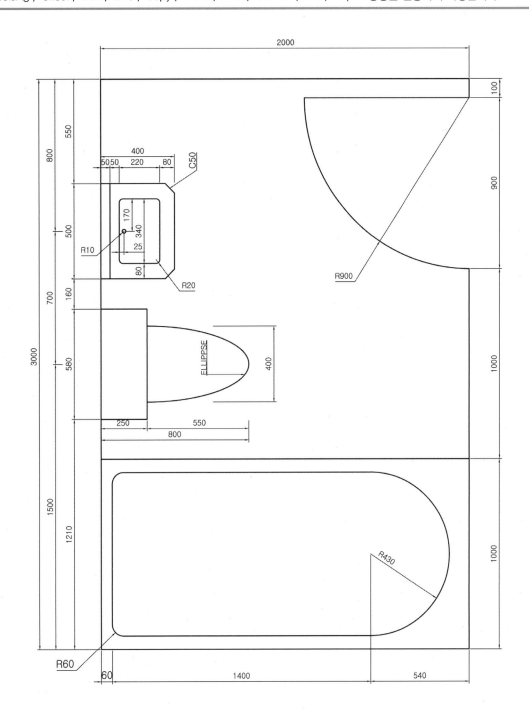

Hint
• 제시된 치수를 참고하여 도면을 작성합니다.
• 중심선을 작성합니다.
• Circle / Line / Offset / Trim / Fillet 명령을 활용하여 작성합니다.

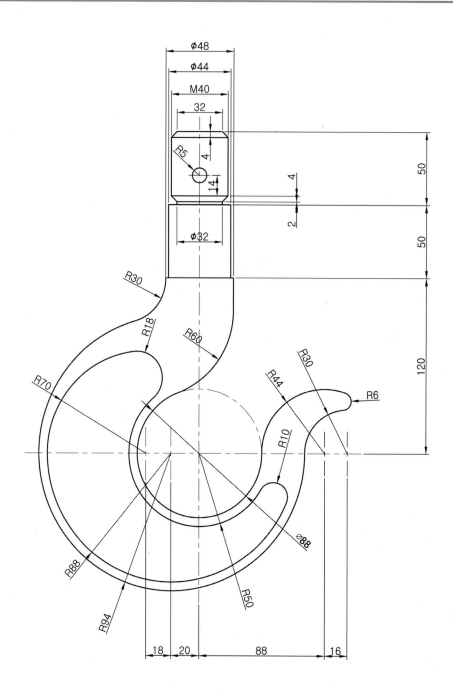

Hint
• 제시된 치수를 참고하여 도면을 작성합니다.
• Line / Offset / Trim / Circle / Mirror / Copy / Move 명령을 활용하여 작성합니다.

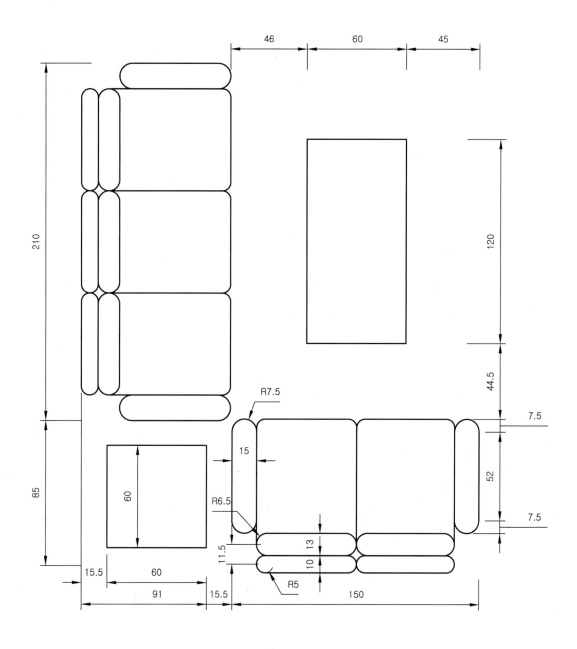

Hint

• 제시된 치수를 참고하여 도면을 작성합니다.

• Rectang / Array / Circle / Trim / Offset 명령을 활용하여 작성합니다.

• 제시된 치수를 참고하여 도면을 작성합니다.

• 12시 방향의 객체 한개를 작성합니다.

• Array 명령의 PO(원형배열)옵션을 활용하여 작성합니다.

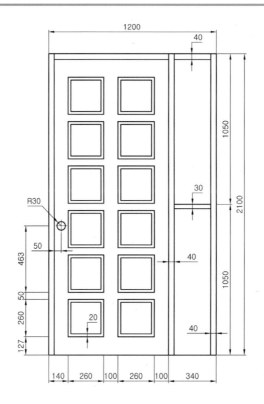

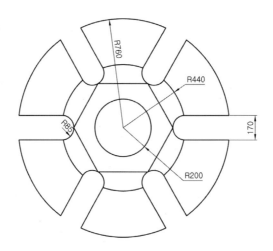

■ AutoCAD 예제 62

Hint
• 제시된 치수를 참고하여 도면을 작성합니다.
• 중심선을 작성합니다.
• Line / Fillet / Circle / Trim 명령을 활용하여 한면을 작성합니다.
• Mirror 명령을 활용하여 작성합니다.

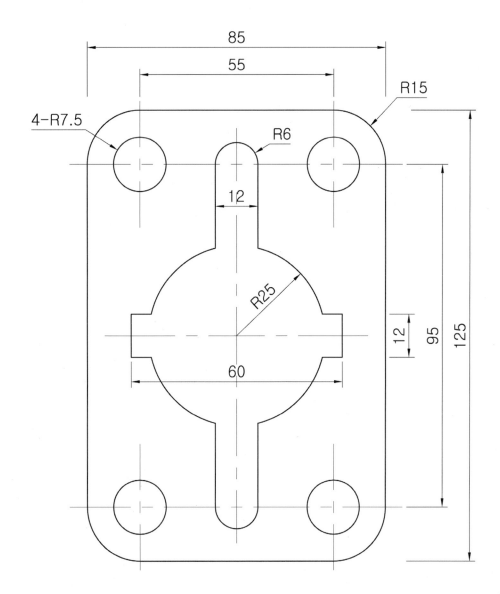

Hint
- 제시된 치수를 참고하여 도면을 작성합니다.
- Line / Circle / Trim / Offset / Fillet / Array 명령을 활용하여 작성합니다.

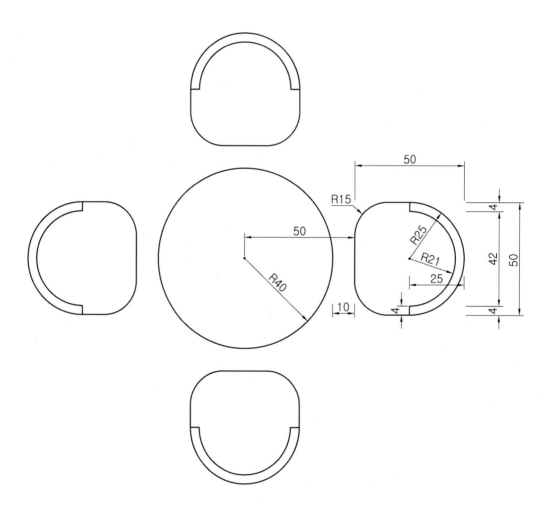

Hint
• 제시된 치수를 참고하여 도면을 작성합니다.
• 중심선을 작성합니다.
• Circle / Offset / Trim / Array 명령을 활용하여 작성합니다.

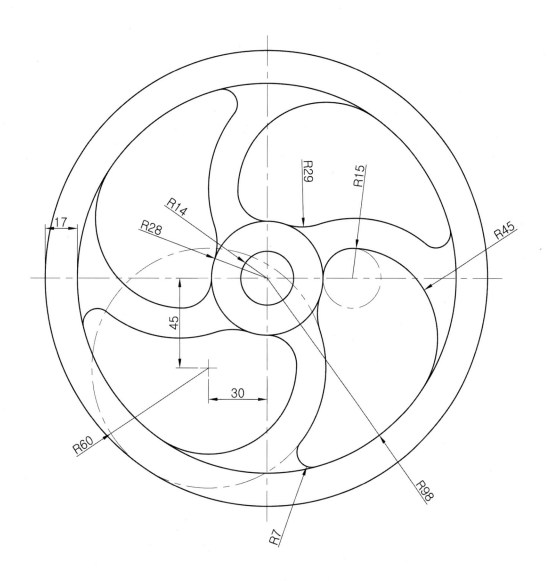

• 제시된 치수를 참고하여 도면을 작성합니다.

• 중심선을 작성합니다.

• Line / Circle / Offset / Trim / Arc / Array 명령을 활용하여 작성합니다.

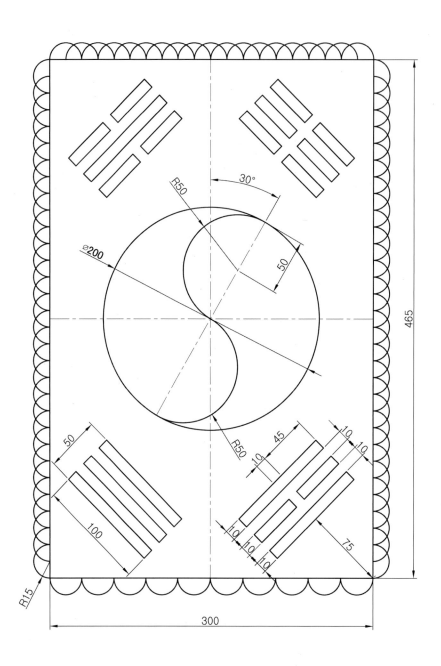

■ AutoCAD 예제 66

> **Hint**
> • 제시된 치수를 참고하여 도면을 작성합니다.
> • Line / Circle / Offset / Trim / Copy / Array 명령을 활용하여 작성합니다.

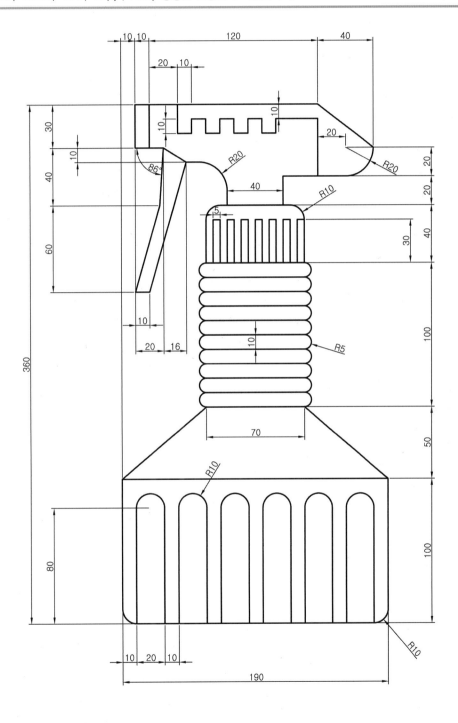

Hint
• 제시된 치수를 참고하여 도면을 작성합니다.
• 중심선을 작성합니다.
• Circle / Offset / Trim / Fillet / Array 명령을 활용하여 작성합니다.
• Hatch 명령을 활용하여 재료표현을 작성합니다.

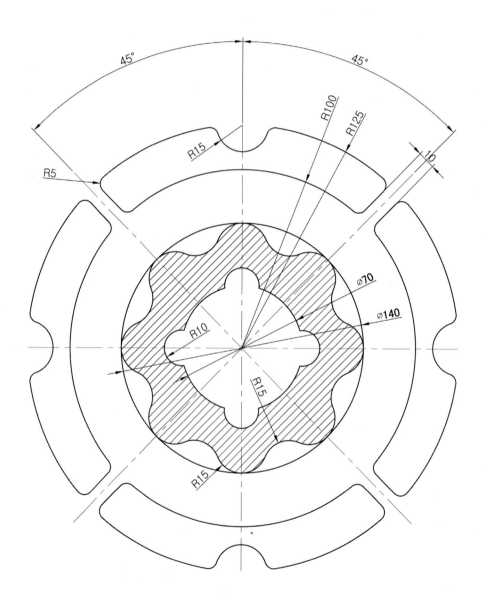

■ AutoCAD 예제 68

Hint
• 제시된 치수를 참고하여 도면을 작성합니다.
• 중심선을 작성합니다.
• Circle / Line / Trim / Fillet / Array 명령을 활용하여 작성합니다.
• Hatch 명령을 활용하여 재료표현을 작성합니다.

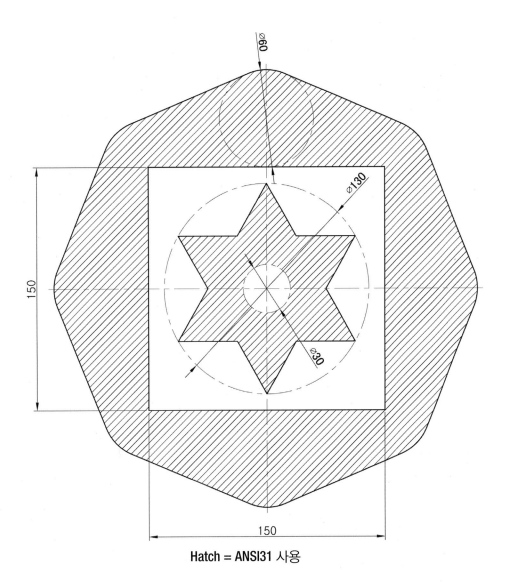

Hatch = ANSI31 사용

■ AutoCAD 예제 69

Hint

• 제시된 치수를 참고하여 표제란을 작성합니다.
• Rectang / Offset / Trim / Text / Move / Copy 명령을 활용하여 작성합니다.

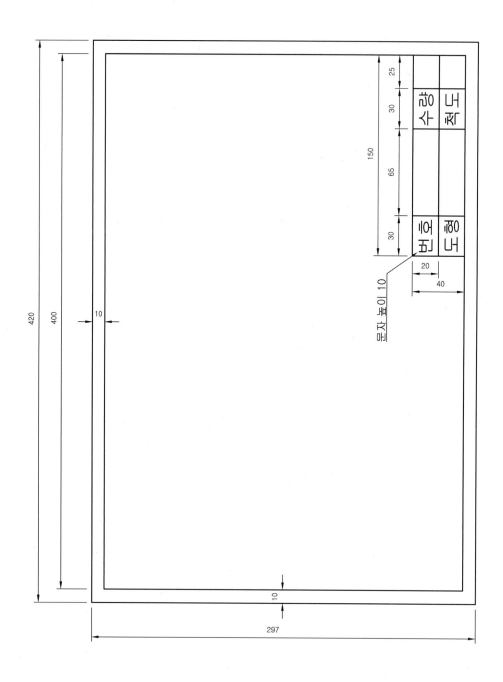

02

스케치업
살펴보기

CONTENTS

01

스케치업의 시작

SketchUp Pro

CHAPTER

01 소개[Intro] 및 설치[Install]

01 SketchUp Pro의 소개

스케치업 프로는 면(face) 단위 기반의 3D 모델링 툴로 사용자가 사용하기에 매우 편리[직관적인 도구의 활용]하게 구성이 되어있고, 무료 버전(Web 버전)도 공개하고 있어 그 이용자가 폭발적으로 증가하고 있습니다.

타사의 3D모델링 프로그램에 비해 SketchUp Pro는 이용하는 툴의 갯수 및 그 사용방법 또한 매우 편리하기 때문에 향후 3D 모델링 분야의 대중적인 선두주자로 자리매김할 것이 분명합니다.

또한 SketchUp Pro는 전 세계의 이용자들이 서로의 모델 작품들을 공유하고 평가해주는 3D 모델의 온라인 데이터베이스 '3D Warehouse' 기능을 제공하고 있어 그 가치는 더욱 더 높아지고 있으며, 건축 및 인테리어, 조경, 토목 분야의 3차원 그래픽 구현에 최적화된 SketchUp Pro 소프트웨어는 관련 업종의 디자이너들에게 절대적인 지지를 얻고 있습니다.

◎ TIP
[공유, 3D Warehouse] 기능은 유사 3D 모델링 프로그램과 차별화된 기능

02 SketchUp Pro의 활용 효과

- 타 3차원 소프트웨어와의 호환성이 좋아 초보자들도 쉽게 접하고 접근할 수 있는 프로그램입니다.
- 3D Warehouse와 Trimble Connect 등의 편리한 네트워킹을 활용하여 디자이너의 아이디어를 전 세계에 공유하고 협력할 수 있도록 합니다.
- Extension Warehouse의 활용은 스케치업의 기본 기능의 한계를 벗어나도록 도와주어 복잡 다양한 모델링을 표현하도록 합니다.
- Photoshop, AutoCAD 및 Revit 등 다양한 3차원 소프트웨어와의 호환성 극대화는 컴퓨터 그래픽 디자인의 한계를 넘어서게 합니다.

- SketchUp Pro를 위한 렌더링 플러그인[Ruby]의 지속적인 개발로 3차원 건축 및 인테리어 그래픽 이미지는 이제 실제 사진에 가깝습니다.
- 단축 버튼 및 직관적 도구 명령어의 활용으로 타사의 3차원 그래픽 프로그램을 활용한 작업속도를 능가합니다.
- PHOTOSHOP 및 PHOTO TEXTURE 기능을 활용한 다양한 재질의 표현이 가능합니다.
- 위치(Location) 도구를 활용하여 전 세계 어느 곳이든 사용자가 원하는 대지에 3차원 건축물을 표현합니다.
- 시간대에 따른 그림자 및 안개 표현 등의 기능을 활용하여 도심 건축물 간의 명확한 생활환경 분석을 가능케 합니다.
- 전 세계에 자유롭게 공유되는 SketchUp Pro 3차원 모델링 파일은 건축 및 인테리어 컴퓨터 그래픽의 풍부한 자료로 활용됩니다.

03 SketchUp Pro 2020의 새로운 기능

◎ TIP
SketchUp은 건축 분야 뿐만아니라 제품 및 기계 분야에서도 폭넓게 사용되고 있음

세상에서 가장 쉬운 3D 소프트웨어 'SketchUp Pro 2020' 버전이 2020년 1월 29일 정식으로 출시되었습니다.

SketchUp 개발사 트림블(Trimble)은 한국을 포함하여 전세계 200개 국가에서 SketchUp 신규 버전을 동시에 출시하였습니다.

이번에 출시된 'SketchUp Pro' 버전은 'Your 3D Creative Space'를 슬로건으로 창의성을 강조하는 3D 모델링 프로그램으로서 SketchUp의 아이덴티티와 강점을 표현했습니다.

또한 모델링 과정에서 작업 효율을 높이도록 편의성을 강화하는 방향으로 업그레이드되었습니다.

무엇보다 사용자 워크플로우를 개선하는데 집중한 새로운 기능들이 이번 신규 버전에 포함되었습니다.

▶ SketchUp Pro 2020에서 확인할 수 있는 새로운 기능 살펴보기

➲ 아웃라이너 소개(Introducing Outliner)

모델 퍼포먼스를 높이기 위한 일환으로 아웃라이너(Outliner) 활용이 가능합니다.
더 이상 레이어(Layer)를 레이어(Layer)에서 생성할 필요가 없습니다. 아웃라이너
(Outliner) 내에서 모델을 정리하고 관리가 가능합니다.

친숙한 아이볼[◉] 아이콘을 사용하여 메인 평면도 가구와 같은 주요 모델 섹션으로
전환할 수 있습니다.

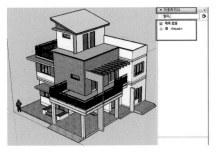

[이전~스케치업 프로 2019]

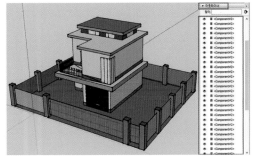

[스케치업 프로 2020]

➲ 경계박스의 신규 그립 기능(New grips on bounding boxes)

뒤쪽 모서리, 중심점과 같이 오브젝트에 가려진 포인트를 잡고 이동시키기 시작하면
자동으로 오브젝트가 투명하게 변화합니다. 이동하는 요소가 무언가에 의해 겹쳐졌
을 때 나타납니다.

'회전'과 '이동' Tool을 사용할 때 작동합니다.

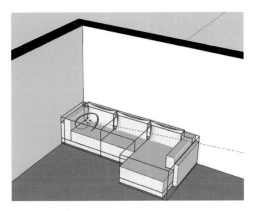

[이전~스케치업 프로 2019]

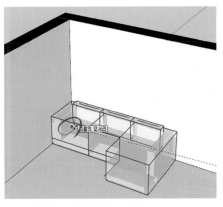

[스케치업 프로 2020]

◎ TIP
[GRIP]이란 끌기를 통
한 형태 변형을 가능
하게 함

⊃ 숨겨진 오브젝트의 제어기능 향상(Better control of hidden objects)

드롭 다운 메뉴를 보면 '숨겨진 형상 표시(Show Hidden Geometry)'에서 '숨겨진 개체 표시(Show Hidden Objects)'가 분리된 것을 확인할 수 있습니다.

새로 향상된 기능을 통해 '숨겨진 형상 표시(Show Hidden Geometry)'와 '숨겨진 개체 표시(Show Hidden Objects)'의 관리가 수월해지며 모델링 자체도 더 쉽게 가능합니다.

예를 들어 풍경이나 매끄러운 표면의 숨겨진 가장자리를 편집할 경우 기존에는 근처에 있는 오브젝트를 숨긴 후 작업해야 했지만 이제는 바로 가능합니다.

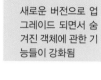
◎ TIP
새로운 버전으로 업그레이드 되면서 숨겨진 객체에 관한 기능들이 강화됨

⊃ SketchUp 용어 사전 업데이트(Updates to your SketchUp dictionart)

SketchUp과 관련해서 사용하는 명칭 기준이 새롭게 업데이트되었습니다.

이제, 오브젝트(Object)는 그룹, 구성요소 그리고 동적 구성요소를 총칭하는 말입니다.

더 이상 그룹, 구성요소(Group, Component)라고 말할 필요가 없습니다.

또한 레이어(Layer)는 태그(Tag)를 지칭합니다.

본 용어 정의의 변경이 워크플로우 자체에는 영향을 끼치진 않습니다.

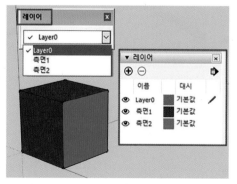 

[이전~스케치업 프로 2019]   [스케치업 프로 2020]

▶ SketchUp Pro 2020의 레이아웃(Layout)2020 : Document Control

레이아웃(Layout)은 스케치업과의 작업연동을 기반으로, 유저의 워크플로우 개선을 통한 유저의 시간과 에너지를 절약하는 것을 목적으로 합니다.

이제, 더욱 섬세해진 레이아웃(Layout)의 편집기능으로, 더 다양한 작업이 가능합니다.

➲ 모델뷰 조정 기능 강화(More power to adjust model views)

이제, 레이아웃(Layout)에서 스케치업 모델이 의도하는 바를 더욱 잘 이해할 수 있게 되었습니다. 즉, 직접 레이아웃(Layout)에서 스타일이나 카메라 각도를 안전하게 변경할 수 있다는 것을 의미합니다.

레이아웃(Layout) 뷰포트와 모델의 차이점을 어떻게 확인할 수 있을까요.

레이아웃(Layout)상에서 변경되면, 짙은 회색으로 메뉴바가 바뀌며, 오버리드 했음을 알려줍니다.

레이아웃(Layout)에서 변경되었다고 완전변경을 의미하는 것은 아닙니다.

필요하다면 언제든지 다시 뷰포트를 스케치업 모델과 동기화할 수 있습니다.

◎ TIP
[Layout]을 통해 다양한 디자인 패널 작업이 가능

➲ 맞춤기능 개선(Improved customization of your deawings)

레이아웃(Layout) 문서를 다음 단계로 업그레이드할 수 있게 되었습니다.

여러 뷰포트에 걸쳐 하나의 스케치업 모델을 가지고 있다면, 그 뷰포트 중 하나를 또 다른 스케치업 모델과 다시 연결할 수 있습니다.

기존에는 뷰포트를 제거하고, 새로운 스케치업 모델을 삽입하며, 설정, 크기 조정을 리셋해야 했던 것에 비해서, 훨씬 더 효율적으로 개선된 것입니다. 또한 레이아웃(Layout) 문서에서 바로 태그(Tag) 가시성을 전환할 수 있습니다. 이는 작업과정에서 레이아웃(Layout) 파일용으로 추가 신을 생성할 필요가 없으며 레이아웃(Layout)과 스케치업 간에 왕복 시간을 줄일 수 있다는 것을 의미합니다.

MEMO

04 스케치업 프로[SketchUp Pro] 설치

SketchUp Pro는 대체로 가벼운 소프트웨어로서 설치과정 또한 비교적 간단하고 누구나 쉽게 설치할 수 있습니다. 설치 과정은 한글과 영문 모두 동일합니다.
SketchUp Pro는 [http://www.sketchup.com/ko/plans-and-pricing/sketchup-pro]에서 자유롭게 다운 받을 수 있으며, 데모 버전일 경우 사용 기일에 제한(30일)이 있습니다.

◎ **TIP**
SketchUp 무료 버전인 Make는 사라지고 Web에서 무료로 스케치업 기능을 사용할 수도 있음

❶ 주소줄에 [http://www.sketchup.com/ko/plans-and-pricing/sketchup-pro]을 입력합니다.
아래의 화면이 나타납니다.

❷ 해당 페이지에서 제품 ▸ Sketch Up Pro를 클릭합니다.
2017 Version부터는 64bit의 System환경에서만 SketchUp Pro를 사용할 수 있습니다.

MEMO

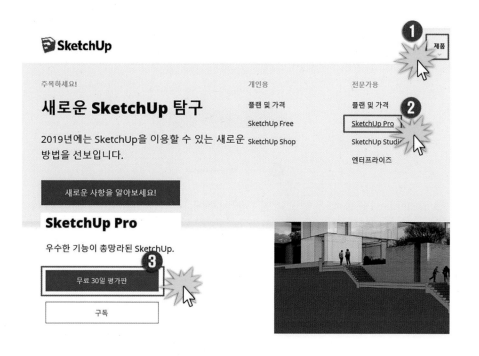

❸ SketchUp Pro의 용도를 전문가 등으로 지정하고 작업시작[Install] 버튼을 누릅니다.

◎ TIP

SketchUp 용도는 전문가, 개인용 등 자유롭게 선택해도 무방

MEMO

◎ **TIP**

다양한 디자인 프로
그램들의 [로그인] 방
식이 [구글]과 연동이
되고 있음. 구글 계정
이 없다면 새롭게 만
들어 보는 것을 추천
함

❹ SketchUp Pro를 다운 받으려면 Timble사에 사인 인(Sign In)을 해야 합니다. 아래
　부분의 구글(Google)의 아이디와 비번을 사용해도 무방합니다.

❺ 다운로드 버튼을 클릭합니다.

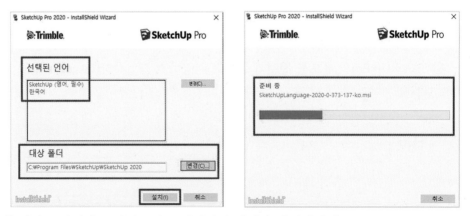

❻ 언어를 선택하고 대상폴더를 지정하면 설치가 진행됩니다.

❼ 설치가 다 되면 마침[Done] 버튼을 클릭합니다.

❽ 설치를 마치면 바탕화면에 우측의 그림과 같이 3개의 아이콘이 생성됩니다.

알아두기

❶ Layout?

스케치업 프로에서 작성된 모델을 다양한 사이즈의 빈 용지에 삽입한 후 다양한 뷰로 배치할 수 있습니다. 또한 치수 및 다양한 주석 등을 기입하여 설계 도면 및 프레젠테이션 문서 등으로 작성할 수 있습니다.

❷ Style Builder?

스케치업 프로의 모델을 구성하는 Edge(모서리를 나타내는 선)의 스타일을 사용자가 만들 수 있는 유틸리티입니다. 다양한 Edge를 적용하여 3차원 형상의 느낌의 변화를 표현할 수 있습니다.

❸ SketchUp 프로?

실제적으로 디자인하고 3차원 모델링을 수행하는 유틸리티입니다.

MEMO

CHAPTER

02 화면 구성의 이해

01 스케치업 프로[SketchUp Pro]의 시작

[1] 기본 템플릿(Template) 사용

◎ TIP
웹버전은 무료로 사용가
능하고 [스케치업 프로]
는 유료사용으로 보다 폭
넓은 작업을 할 수 있음

❶ 바탕화면 ▶  더블 클릭합니다.

◎ TIP
스케치업의 단위는
'Decimal'의 'Millimeter'
단위를 기준으로 설정

❷ SketchUp Pro 2020은 해당 프로그램을 실행하려면 반드시 사인 인(Sign In)을 해야 합니다.

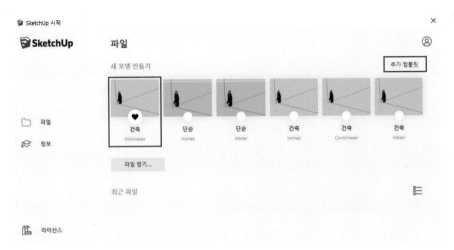

◎ TIP
· 파일 시작단계에서 건
축(mm)을 선택하는 것
이 가장 바람직
· 작업 도중 단위를 바
꾸기는 번거로울 수
있음

❸ 나열된 기본 템플릿(Templates) 중 [건축-Millimeters] 선택 클릭합니다.(추가 템플릿(More templates) 선택 후는 다양한 템플릿를 선택할 수 있습니다.)

❹ 파일 열기와 최근 파일로 저장한 파일을 불러올 수 있습니다.

◎ TIP
· 작업영역 안의 인물은
버전마다 캐릭터가 변
하며 객체의 크기와
비교하기 위해 기준의
개념으로 존재
· 2020버전에서는 'Laura'
의 이름을 가짐

[2] 초기 화면 구성 이해

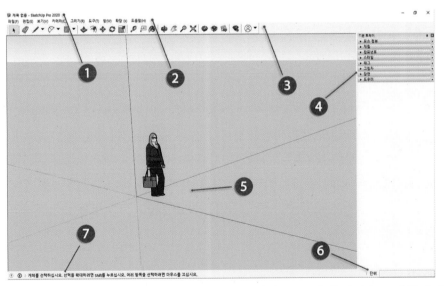

◎ TIP
제목표시줄을 더블 클릭
하면 메뉴의 최소화로 순
화되며 원래의 상태로 되
돌아옴

❶ 제목 표시줄 [🔲 제목 없음 - SketchUp Pro 2020] : 스케치업 프로 작업 제목을 표시합니다.

❷ 상단 메뉴 [파일(F) 편집(E) 보기(V) 카메라(C) 그리기(R) 도구(T) 창(W) 확장 (x) 도움말(H)] : 스케치업 프로의 명령어 및 기타 기능들을 주제별로 나뉘어져 있습니다.

❸ 도구막대[] : 스케치업 프로의 명령 도구들은 아이콘화 되어 사용자가 쉽게 필요 기능을 인지할 수 있습니다.

◎ TIP
상단 메뉴의 창(Window)에서 트레이 관리를 통해 오른쪽 트레이의 이름을 재지정, 재설정할 수 있음

기본 트레이	🖈 ☒
▶ 요소 정보	✕
▶ 재질	✕
▶ 컴포넌트	✕
▶ 스타일	✕
▶ 태그	✕
▶ 그림자	✕
▶ 장면	✕
▶ 아웃라이너	✕
▶ 안개	✕
▼ 도우미	✕

❹ 트레이[ ] : 재료, 레이어 등 기존의 Window 탭에서

클릭 후 열기하여 사용되던 기능들을 하나로 모아 마치 서랍장처럼 손쉽게 열고 닫을 수 있도록 한 것입니다.

❺ 작업공간[ ] : 도구를 활용하여 직접 사용자가 작업하

는 공간입니다.

❻ 수치입력창[단위] : 정확한 모델 작성을 위하여 특정수치 [반지름, 지름, 길이, 면수 등] 값을 입력합니다.

◎ TIP
수치입력창(VCB BOX)이 놓이는 위치는 수시로 수정가능하며 작업 시 가장 잘 보이는 곳에 위치시키는 것이 가장 좋음

❼ 도움말 [개체를 선택하십시오. 선택을 확대하려면 Shift를 누르십시오. 여러 항목을 선택하려면 마우스를 끄십시오.] : CAD의 Command란과 같은 역할을 합니다. 명령 도구들이 수행할 때 편리하게 작업할 수 있도록 도와줍니다.

MEMO

02 기본 도구 상자 열기 및 배치

[1] 필수 도구 상자 열기

❶ 상단 도구 막대의 빈 여백에 마우스 포인트[🔖]를 위치 ▸ 마우스 우측 버튼 클릭
  ▸ 펼쳐진 창에서 [큰 도구 세트-Large Tool Set]] 클릭

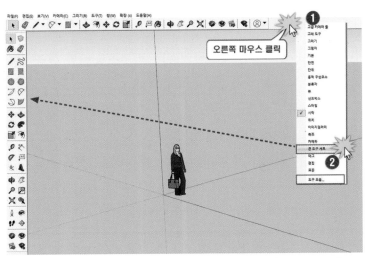

◎ TIP
상단 도구막대의 빈 여백
에서 우측 버튼을 클릭하
여 큰 도구세트를 실행하
거나 [보기]의 도구모음
을 클릭하여 큰 도구세트
를 찾아도 무방

❷ 펼쳐진 창에서 다양한 [도구 모음]을 클릭하여 다양한 도구 열기를 해 봅니다.

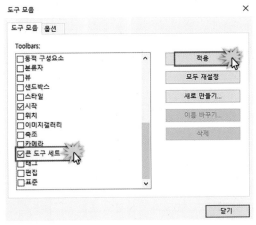

◎ TIP
[도구모음]대화상자에
서 각 도구들을 관리할
수 있음

❸ 보기[View] 탭의 도구 모음 [Toolbars]을 클릭하거나 위의 그림 하단의 도구 모음
  을 클릭하여 큰 도구 세트를 체크 하고 적용해도 같은 효과를 볼 수 있습니다.

[2] 불러낸 도구 상자 삽입

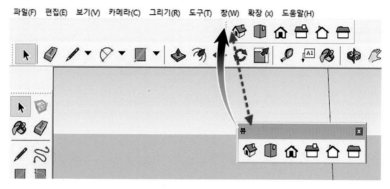

❶ 불러낸 도구 상자의 [상단 제목 표시줄]을 마우스로 클릭 후 끌기 하여 사용자가
원하는 위치로 이동하여 삽입할 수 있습니다.

❷ 도구 상자의 제목 표시줄을 마우스를 활용하여 더블클릭하면 자동으로 해당 도구
상자가 임의의 위치를 찾아가게 됩니다.

◎ TIP
띄워진 기능별 윈도우들
은 파란 상단바를 클릭하
면 보이게 할 수도 안 보
이게 할 수도 있음

❸ 도구 상자 상단 제목표시줄 우측의 [닫기 ▣] 버튼은 불러낸 도구 상자를 제거하
는 역할을 합니다.

◎ TIP
기능별 윈도우가 사라지
거나 변화가 생긴 경우
도구모음 등과 같은 방법
을 이용하여 기능을 조작
할 수 있음

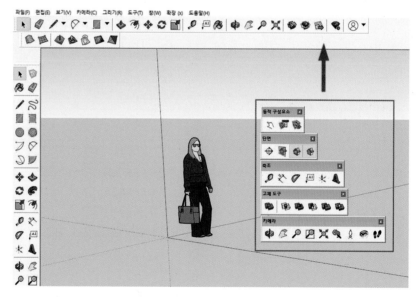

❹ 위의 이미지는 불러낸 도구상자들을 2단으로 배치한 후의 화면 구성입니다.

[3] 삽입된 도구 상자 분리

❶ 삽입된 도구 상자는 [좌측 점선 줄]을 마우스로 클릭한 후 끌기 하여[   ]

사용자가 원하는 위치로 분리할 수 있습니다.

❷ 스케치업 프로의 각종 도구 상자는 기능별로 구분되어 있기에 사용자의 필요에 의
하여 언제든지 편리하게 추가 및 제거, 이동 등이 가능합니다.

03 확장 도구 사용 및 추가

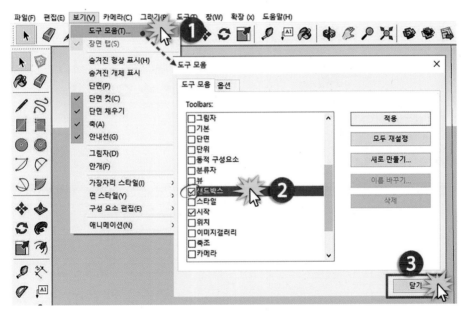

❶ 화면 상단 ▸ 보기[View] ▸ 도구 모음[Toolbars] 클릭 ▸ 샌드박스[Sandbox] 체크 ▸
우측 하단 닫기[Close] 클릭

❷ 위의 도구 모음[Toolbars]에서 샌드박스[Sandbox] 체크 해제를 하여 제거할 수도
있습니다.

◎ TIP
[보기]의 도구모음을 클
릭하거나 상단메뉴바의
빈 공간에 우측 버튼을
클릭해도 같은 효과를 볼
수 있음

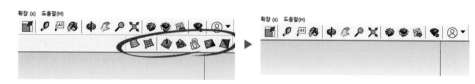

❸ 좌측 그림에서 우측 그림처럼 샌드박스[Sandbox] 도구가 제거된 것을 확인할 수 있습니다. 이와 같이 사용자는 필요에 따라 확장 도구의 체크 유무를 통해 편리하게 해당 도구를 활용할 수 있습니다. 특히 샌드박스[Sandbox] 도구는 다양한 지형 및 곡선 표현 등에 자주 활용됨으로 필히 체크하여 활용하도록 합니다.

04 사용자 템플릿 작성 및 저장

[1] 하위 버전으로 저장

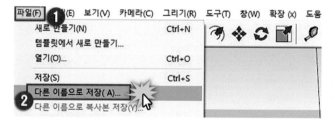

❶ 화면 상단 왼쪽 ▸ 파일[File] ▸ 다른 이름으로 저장[Save as]으로 저장하는데 파일 형식의 버전을 확인한 후에 저장하는 것을 원칙으로 합니다.
공유하고자 하는 작업 파트너의 버전을 참고하여 저장하는 것이 작업의 안전과 능률을 높일 수 있습니다.

MEMO

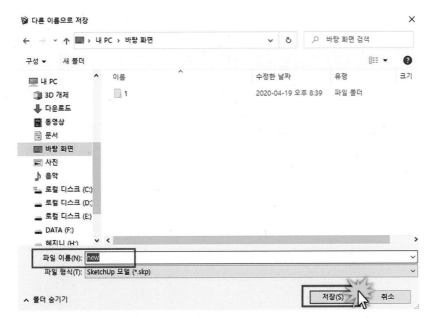

◎ **TIP**
스케치업 프로의 확장자
명은 (*.skp)임

❷ 파일[File] ▶ 다른 이름으로 저장[Save as]으로 파일의 이름을 지정합니다.

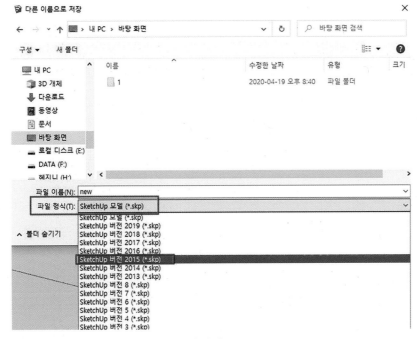

❸ 저장하고자 하는 버전을 찾아 저장합니다.

[2] 사용자 템플릿 저장 및 사용

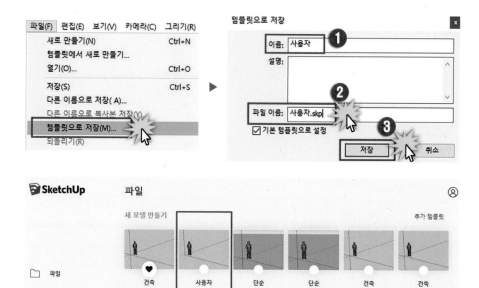

◎ TIP
템플릿은 사용자가 사용하기 적합한 환경을 작성하고 단위, 도구들의 셋팅도 가능

❶ 화면 상단 파일[File] 탭 ▸ 템플릿으로 저장[Save as Template] 클릭 ▸ 이름 : 사용자[Name : User] 입력 ▸ 파일 이름[File Name]의 빈란을 클릭하면 자동으로 사용자.skp[User,skp]로 등록 ▸ 저장[Save] 클릭합니다.

❷ 스케치업 프로 종료 후 재시작한 후 새 모델 만들기[Create new model] ▸ 사용자[User] 템플릿(Template) 클릭하여 스케치업 프로(SketchUp Pro)를 시작합니다.

MEMO

[3] 치수 단위 및 자동 저장 시간 설정

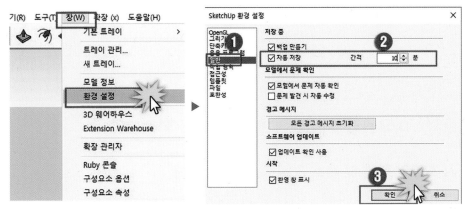

◎ TIP
객체를 선택한 후 0제거 버튼으로 요소 정보로 정보를 알 수 있음

❶ 화면 상단 ▸ 창[Window] 탭 ▸ 환경설정[Preferences] 클릭 ▸ 일반[General] 클릭 ▸ 자동 저장[Auto-save] 체크 ▸ 간격[Every]에서 자동 저장 시간을 [10]분으로 설정 ▸ 확인[OK]을 클릭합니다.

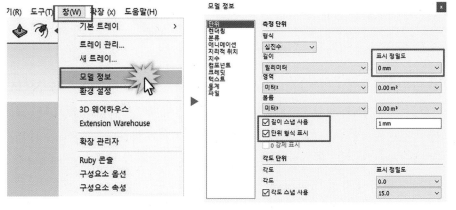

◎ TIP
표시 정밀도는 일반적으로 0.0으로 소수점 첫째 자리로 설정하는 경우가 많음

❷ 화면 상단 ▸ 창[Window] 탭 ▸ 모델 정보[Model Info] 클릭 ▸ 단위[Units] 클릭 ▸ 아래 우측의 그림과 같이 세부 설정 값을 변경합니다.
(표시정밀도(Precision)는 소수점의 자릿수를 의미하며, 길이 스냅 사용[Enable length 또는 angle snapping]은 선을 그리거나 회전을 시킬 때 최소 움직임의 범위를 의미합니다. 단위 형식 표시[Display units format]는 치수 표현 시 [mm]와 같은 단위가 함께 화면상에 표현되도록 합니다)

CHAPTER

03 마우스와 키보드의 활용

01 마우스와 키보드를 활용한 작업 환경 조정

[1] 화면의 확대 및 축소[Zoom In & Out 🔍]하기

휠 : 작업화면 확대/
축소 및 화면 이동에
활용

우측 버튼 : 명령 재실행 /
명령 실행 완료 / 신속접근
메뉴 펼침 등에 사용

좌측 버튼 : 각종 탭 및 리
본 메뉴의 명령 아이콘 선
택(클릭) / 명령어 세부 옵
션 선택(클릭)에 활용

◎ TIP
Zoom Window는 확대하
고자 하는 부분의 경계를
잡으면 그 부분이 확대

❶ 마우스의 휠을 손 바깥쪽으로 돌리면 작업 화면이 확대됩니다. ▶ ZOOM in 기능
마우스의 휠을 손 안쪽으로 돌리면 작업 화면이 축소됩니다. ▶ ZOOM out 기능

❷ 키보드에서 단축키 [Z]를 누르면 마우스의 커서가 확대/축소[🔍]로 전환됩니다.
확대/축소 아이콘을 작업 화면에 두고 마우스의 왼쪽 버튼을 누른 채 위로 올리면
작업 화면이 확대되며, 아래로 내리면 작업 화면이 축소됩니다.

◎ TIP
휠을 움직이거나 돋보기
툴(Z)을 사용하면 Zoom
In, Zoom Out을 할 수 있음

[확대(Zoom In)]

[축소(Zoom out)]

[2] 화면의 궤도[Orbit 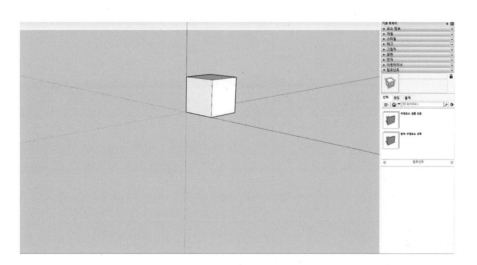]

❶ 마우스의 휠을 꾹 누르고 있으면 궤도 아이콘이 활성화 됩니다. 궤도 아이콘을 활
용하여 화면을 돌려가면서 작성된 객체에 대한 관찰을 할 수 있습니다.

◎ TIP
확대하고자 할 때 마우스
포인터를 가져다 대고 하
면 마우스 포인터가 있는
부분이 중심으로 커지는
것을 알 수 있음

[3] 화면의 이동[Pan]

❶ 키보드의 [shift]키와 마우스의 휠을 동시에 누르고 있으면 손바닥 도구가 활성화
됩니다. 손바닥 도구를 활용하여 사용자가 원하는 대로 화면을 이동할 수 있습니
다. 이는 객체를 이동시키는 것이 아니며 화면을 이동하여 작업의 편리성을 도모
하는 의미입니다.

❷ 키보드에서 [H]버튼을 누르면 손바닥[ ] 도구가 활성화 되며 마우스 왼쪽 버
튼을 계속 누른 상태에서 움직이면 화면 이동이 가능합니다.

[4] 작업 모델 중심으로 화면 확대[범위 확대/축소 Zoom Extents]하기

MEMO

- -

- -

- -

◎ **TIP**
Zoom Extents는 'Shift+
Z'와 같은 결과를 볼 수
있음

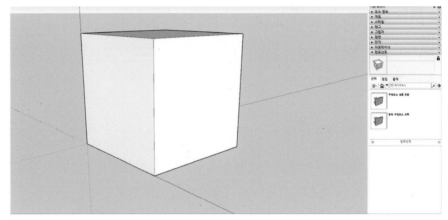

❶ 키보드에서 [shift + z] 버튼을 누르면 화면 중심 상에서 멀어진 객체가 자동으로
화면의 사이즈에 맞춰 화면 중심으로 정렬됩니다.

◎ **TIP**
'Shift+휠'은 Pan 기능으
로 화면이 이동되는 것으
로 객체가 이동한 것은
아님

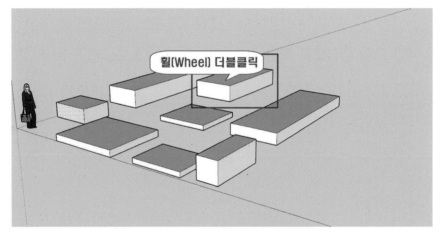

휠(Wheel) 더블클릭

◎ **TIP**
휠을 누르고 드래그하면
Orbit(궤도) 기능으로 객
체의 여러 각도를 살펴볼
수 있음

❷ 확대하고자 하는 객체에 커서를 머물게 한 후 [shift + z] 버튼을 누르거나 마우스
휠(Wheel)을 더블 클릭하면 커서가 머물고 있는 객체가 화면의 중심으로 자리 잡
을 수 있습니다.

MEMO

[5] 객체 선택하기

[5-1] 마우스 클릭으로 객체 선택하기

❶ 1회 클릭 방법 : 마우스 좌측 버튼을 한 번 클릭하면 가장자리 경계선[Edge]이나 면[Face] 등 클릭하는 것만 선택됩니다.

◎ TIP
객체를 선택한 후 'Shift' 를 누르면 객체의 부분이 선택이 되거나 선택해제 가 되기도 함

- shift 누르고 선택하면 선택도구가 [↖±]아이콘으로 바뀌며 누른 상태에서 클릭하면 계속 추가해서 선택되고 다시 클릭하면 선택해제가 됩니다.
- ctrl 누르고 선택하면 선택도구가 [↖+]아이콘으로 바뀌며 선택을 계속 추가할 수 있습니다.
- shift + ctrl 을 누르면 선택도구가 [↖-]아이콘으로 바뀌며 선택을 해제할 수 있습니다.

❷ 2회 클릭 방법 : 마우스 좌측 버튼으로 면[Face]을 더블 클릭하면 클릭한 면과 면을 둘러싸고 있는 가장자리 경계선[Edge]이 선택이 되어집니다.

❸ 3회 클릭 방법 : 마우스 좌측 버튼으로 객체의 어느 부분이든지 세 번 클릭하면 객체 모두가 선택됩니다.

[5-2] 영역으로 객체 선택하기

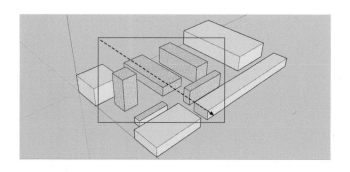

(1) Window 방법을 이용한 객체 선택하기

❶ 좌측에서 시작점 지정하고 객체를 선택합니다.(대각선 방형으로 이동합니다.)

❷ 범위 내부에 완전히 포함된 객체만 선택 가능합니다.

❸ 면[Face]과 경계[Edge]는 별도로 선택할 수 있습니다.

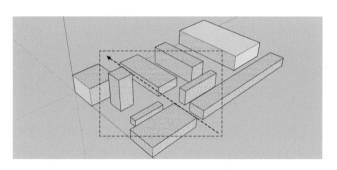

(2) Crossing 방법을 이용한 객체 선택하기

❶ 우측에서 시작점 지정하고 객체를 선택합니다.(대각선 방형으로 이동합니다.)

❷ 범위 내부에 완전히 포함되거나 걸쳐진 객체 모두 선택 가능합니다.

❸ 면[Face]과 경계[Edge]는 별도로 선택할 수 있습니다.

◎ TIP
'Ctrl + A'는 모든 객체 선택이고 'Ctrl + T'는 선택 해제

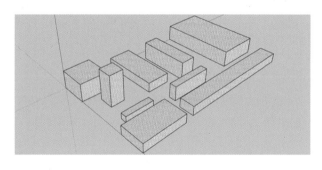

◎ TIP
'Shift'를 누르면 객체 선택과 객체 선택 해제도 가능

(3) 모든 객체 선택하기

❶ ctrl + A 를 입력하면 모든 객체가 선택됩니다.

❷ 보이지 않는 객체도 모두 선택이 되어지니 간혹 지우지 않아야 할 객체가 지워질 수 있습니다.

MEMO

02

예제로 배워보는
기본도구 I

SketchUp Pro

CHAPTER

01 블럭[Block] 모델 작성

01 블럭(Block) 모델 작성

스케치업 프로 프로그램은 타 3차원 소프트웨어와는 다르게 초보 사용자들이 쉽게 활용할 수 있도록 제작되어 있습니다.

블록[Block] 예제를 활용하여 직사각형[Rectangle], 밀기/끌기[Push / Pull], 지우기 [Erase] 도구의 활용법에 대하여 알아봅니다.

◎ TIP
사각형은 시작점에서 대각선방향으로 드래그하여 사각형 형태를 만들 수 있음

❶ 직사각형 [Rectangle Icon ▨] : 사각형의 도형을 작성합니다. [단축키 : R]

❷ 밀기/끌기[Push / Pull Icon ◆] : 선택된 면을 밀고 당길 수 있습니다. [단축키 : P]

❸ 지우기[Erase Icon ✎] : 선택된 면이나 선 등의 객체를 지우기 / 숨기기 / 매끄럽게 다듬을 수 있습니다. [단축키 : E]

❹ 아래의 예제를 주어진 치수를 참고하여 순서대로 학습해 봅니다.

◎ TIP
• 밀기/끌기는 밀기/끌기 하고자 하는 면을 클릭한 후 마우스를 위쪽으로 이동
• 아래 방향으로 내리거나 −(마이너스) 값을 줄 수도 있음

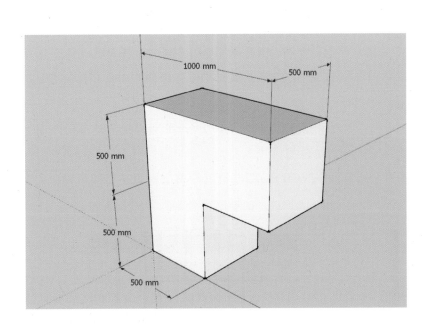

02 블럭(Block) 모델 작성 따라하기

❶ 키보드에서 단축키[R]을 누르거나 직사각형[Rectangle ▨] 도구를 선택합니다.

◎ **TIP**
· 사각형을 작성하기 위한 수치 입력창에 x값, y값처럼 반드시 [,]를 사용
· [.]을 사용하면 수치의 입력이 제대로 적용되지 않음

❷ 사각형의 시작점을 빨간 축[X축]/녹색 축[Y축]/파란 축[Z축]의 상호 교차점에 마우스 왼쪽 버튼을 눌러 지정합니다.

◎ **TIP**
Osnap = 추정기능은 다른 설정 없이도 사용할 수 있음

SketchUp Pro는 자동 Osnap[특정점 찾기 기능 = 추정기능]이 가능하므로 화면에 보이는 빨간 축[X축]/녹색 축[Y축]/파란 축[Z축]의 상호 교차점에 마우스를 가져다 놓으면 보다 쉽게 시작점을 지정할 수 있습니다.

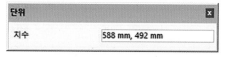

◎ **TIP**
수치의 입력은 굳이 'mm'를 입력하지 않아도 무방

❸ 사각형을 작성하기 위한 다음 점[next]은 사용자가 마우스를 움직여 임의로 지정할 수 있으나 정확한 사각형을 작성하기 위하여 스케치업 프로 화면 우측 아래의 수치 입력창[VCB BOX]에 키보드의 숫자 버튼과 쉼표 버튼을 활용하여 정확히 입력합니다.

입력시 수치 입력창[VCB BOX]을 마우스로 클릭할 필요 없이 바로 키보드에서 수치 값을 입력하면 됩니다.

수치 입력 Box를 [VCB BOX]라 하며 수치 입력 값은 [500,500]으로 입력합니다.

❹ 위의 그림처럼 수치 입력창[VCB BOX]의 값이 [500,500]으로 바뀌었습니다.

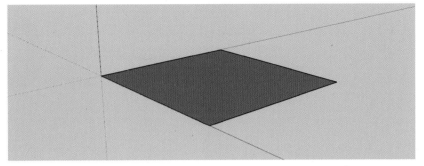

◎ TIP
명령을 수행하고 다른 명
령을 작성하려고 할 때
'Space bar'를 누르면 먼
저 수행하던 명령이 마무
리가 되고 선택도구로 진
행됨

❺ [가로 및 세로 500,500]의 값 입력으로 화면에 위와 동일한 사각형 면이 생성되었
습니다.

❻ 키보드에서 단축키 [P] 또는 밀기/끌기[Push/Pull ⬥] 도구를 직접 선택합니다.

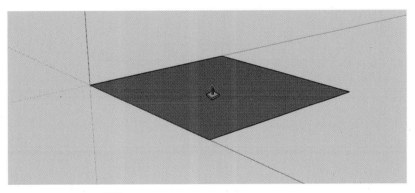

◎ TIP
• 선의 연결로 면을 만
들거나 사각형으로 면
이 만들어지면 면의
색이 변화
• 면이 만들어지지 않거
나 면이 지워졌을 경
우는 면의 색이 변하
지 않음

❼ 밀기/끌기[Push/Pull ⬥] 도구를 변화를 줄 해당 면을 클릭합니다. 화면상에 보이
는 면의 표현 상태가 변화됩니다.

❽ 높이를 줄 방향으로 마우스를 움직인 후 수치 입력 창에 높이 값 [500]을 입력합
니다.

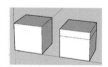

◎ TIP
입체 객체의 전체 형태
를 확인하고자 할 때는
휠을 누르고 움직이면
궤도(Orbit)처럼 사용할
수 있음

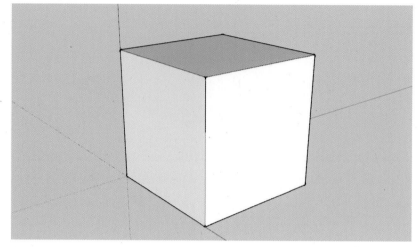

❾ 화면에 가로 / 세로 / 높이 각각 [500]의 입체 사각형이 만들어집니다.

◎ TIP
· 'Ctrl'을 누르지 않고
  위쪽으로 밀기/끌기
  하면 처음 작성한 하
  나의 도형이 연장된다
  고 생각하면 됨
· 별도의 입체사각형의
  도형을 추가하려면 반
  드시 'Ctrl'과 함께 밀
  기/끌기를 작성

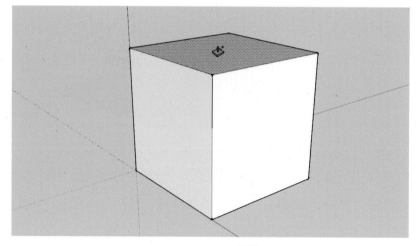

❿ 이제 다시 상부 면에 밀기/끌기[Push/Pull ✥] 아이콘을 올려두고 키보드의
  [ctrl] 버튼을 누릅니다.

밀기/끌기[Push/Pull ✥] 아이콘 옆에 [+]표시가 추가됩니다.

이 기능은 기존의 면을 그대로 두고 새로운 면을 추가하여 밀기/끌기를 할 수 있는
기능입니다. 즉 [+]표시가 없는 상태에서는 단순히 기존의 면을 밀기/끌기만을 할
수 있습니다.

◎ TIP
• 별도의 입체사각형을
  작성하고 밀기/끌기
  의 아이콘에 '+'모양
  이 계속 살아있는지
  확인하고 작업
• '+'모양이 사라졌다
  면 다시 Ctrl을 누르고
  작업

⓫ 마우스 왼쪽 버튼을 눌러 해당 면을 클릭한 후 수치 입력 창에 [500]이라고 입력합
  니다.

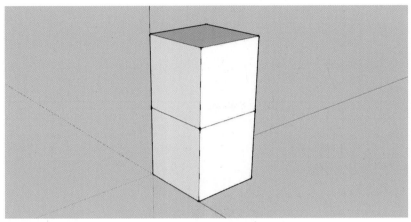

◎ TIP
연장하고자 하는 방향을
잘 클릭하여 원하는 방향
으로의 새 입체 도형을
작성

⓬ 기존의 도형 위로 또 하나의 도형이 만들어집니다.

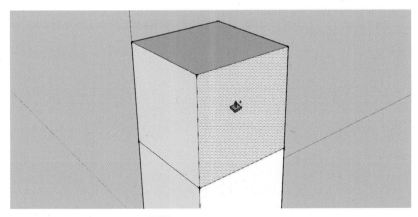

◎ TIP
새 입체도형의 면을 나누
고 싶다면 선을 이용하여
구획을 나누어 사용할 수
도 있음

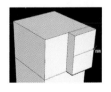

⓭ 작성된 상부 도형의 측면을 [   ] 도구로 선택한 후 변화 방향을 마우스를 움직여
  지시한 후 수치 입력 창에 [500]을 입력합니다.

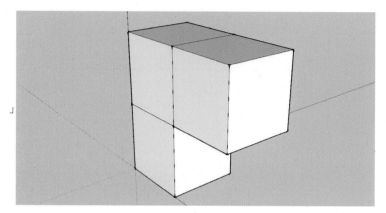

❹ 지금까지의 작업으로 완성된 객체는 위와 같습니다.

❺ 키보드에서 단축키 [E] 또는 지우기[Erase ✐] 도구를 선택합니다.

  지우기 즉 [Erase ✐] 도구는 선택된 객체 / 면 / 선 등을 삭제 / 숨김 / 매끄럽게 다듬기를 할 수 있습니다.

◎ TIP
지우개로 면을 클릭하면
지워지지않고 선을 클릭
하면 선과 연결된 면도
함께 지워짐

❻ 스케치업에서는 선[Line ✐] 도구를 활용하여 면의 나누기가 가능하며, 지우기 [Erase ✐] 도구를 활용하여 선을 제거함으로 나누어진 면을 하나의 면으로 변화시킬 수 있습니다. 즉, 선[Line ✐] 도구를 활용하여 사용자는 언제든지 면을 분할하여 다양한 형태의 모델을 작성하게 됩니다.

◎ TIP
면을 지우고 싶은 경우는
선택도구로 클릭하면 선
은 그대로 유지되고 면만
삭제

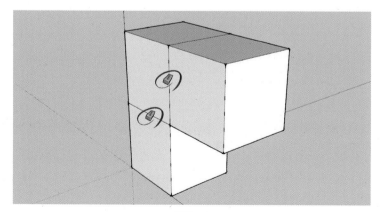

❼ 위의 그림에서와 같이 지우기[Erase ✐] 도구를 활용하여 두 군데의 선[Line ✐] 을 클릭합니다.

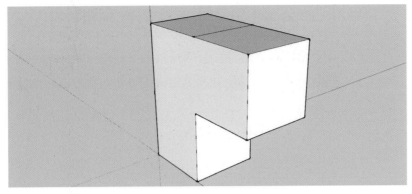

◎ **TIP**
여러 개의 선을 한꺼번에
삭제할 경우에는 **'Ctrl'**을
누르고 함께 선택한 후
삭제할 수 있음

⑱ 지우기[Erase 🧽] 도구로 선택된 두 개의 선이 지워지면서 세 개의 면이 하나의 면
  으로 수정되었습니다.

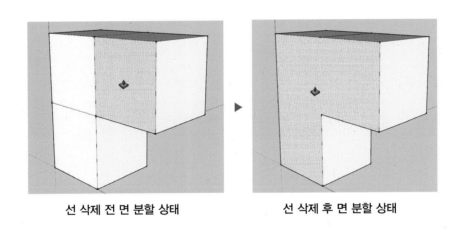

선 삭제 전 면 분할 상태 ▶ **선 삭제 후 면 분할 상태**

⑲ 지우기[Erase 🧽] 도구로 선을 삭제하기 전/후의 면의 상태를 위의 그림을 통해 알
  수 있습니다.

MEMO

03 지우기[Erase ✏] 도구의 추가 기능 학습하기

스케치업 프로에서 각각의 도구[기능]는 하나의 기능만을 가지고 있는 것이 아닙니다. 키보드의 [ctrl], [shift], [alt] 버튼과 함께 사용함으로 보다 다양한 도구별 추가 기능을 활용하게 됩니다.

◎ TIP
지우기도구로 경계선을 클릭하면 그 경계선과 연결되어 있는 면도 함께 삭제

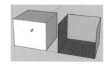

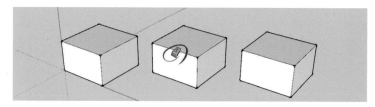

❶ 단순히 지우기[Erase ✏] 도구를 활용하여 위의 지시된 경계선을 클릭하면 경계선 더불어 이와 접한 두 개의 면이 동시에 지워지게 됩니다.

◎ TIP
Shift + 지우기도구로 경계선을 삭제한 후 [보기] 메뉴의 [숨겨진 형상 표시]를 클릭하면 경계선의 자리에 은선이 보임

❷ 키보드의 [shift] 버튼을 누른 채 위의 지시된 경계선을 클릭하면 인접된 면은 그대로 남겨두고 선택한 경계선만 화면상에서 숨겨집니다.

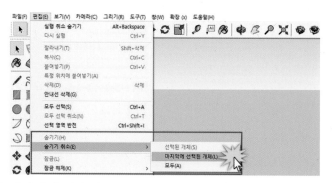

❸ 앞서 ❷번 과정에서 지우기 도구로 숨겨진 선[Line]은 위의 그림과 같이 편집 [Edit] 메뉴의 숨기기 취소[Unhide] 기능을 활용하여 되살릴 수 있습니다.

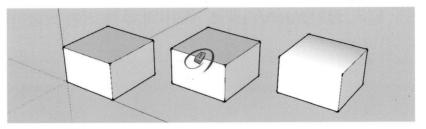

◎ TIP
Ctrl + 지우기도구로 경계선을 삭제한 후 [보기] 메뉴의 [숨겨진 형상 표시]를 클릭하면 경계선의 자리에 은선이 보임

❹ 키보드의 [ctrl]버튼을 누른 채 위의 지시된 경계선을 클릭하면 인접된 면은 그대로 남겨두고 선택한 경계선이 부드럽게 처리됩니다.

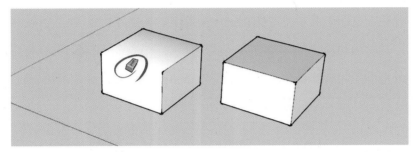

◎ TIP
Shift + Ctrl + 지우기 도구로 경계선 다시 생성되게 하려면 경계선이 지워진 부분을 문지르듯이 통과해야 함

❺ 키보드의 [ctrl + shift]버튼을 동시에 누른 채 좌측 그림처럼 부드럽게 처리되었던 경계선 부위를 클릭하면 위의 우측 그림과 같이 원래의 경계선으로 되돌릴 수 있습니다.

MEMO

04 밀기/끌기[Push/Pull ♦] 도구의 추가 기능 학습하기

◎ **TIP**
같은 높이의 객체를 작성
하는 방법으로 더블클릭
하는 방법과 먼저 작성한
1번의 윗면 모서리 부분
에 커서를 가져다 대면
추정의 기능으로 같은 높
이의 객체로 작성할 수
있는 방법이 있음

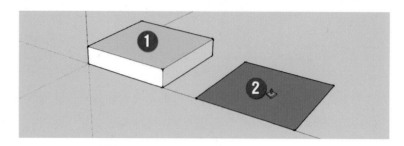

❶ 밀기/끌기[Push/Pull ♦] 도구는 항상 바로 전 단계에서 입력된 수치 입력 값을 기억하고 있습니다. 직사각형[Rectangle ▨] 도구로 가로 및 세로 [2000]의 사각형 두 개를 작성한 후 작성된 ①번 면을 밀기/끌기[Push/Pull ♦] 도구로 선택 후 높이 방향을 지시한 다음 수치입력 창에 [500]을 입력합니다.

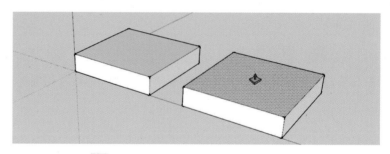

❷ 밀기/끌기[Push/Pull ♦] 도구를 ②번 면 위에 두고 마우스 좌측 버튼으로 더블 클릭을 하면 수치를 입력할 필요 없이 동일한 높이의 도형이 만들어집니다. 생성된 윗면을 다시 한 번 더블 클릭하면 동일한 높이만큼 반복적으로 높이가 증가됩니다.

◎ **TIP**
이미 만들어진 객체에 새
로운 객체를 이어서 작성
할 경우는 **Ctrl**을 클릭해
'+'모양이 추가되도록
함

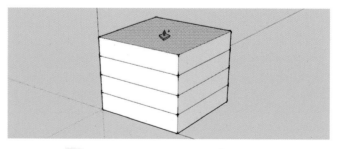

❸ 밀기/끌기[Push/Pull ♦] 도구를 활용하면 위의 그림과 같이 동일한 높이의 반복된 모델을 편리하게 작성할 수 있습니다.

CHAPTER

02 아치 창문 모델 작성

01 아치 창문 모델 작성

아치 창문 모델을 활용하여 [선] / [호] / [오프셋] / [페인트 통]에 대하여 알아봅니다.

❶ 선 [Line Icon ✏] 도구 : 선을 작성합니다. 면의 다양하게 분할할 수 있습니다.
 [단축키 : L]

❷ 호 [Arc Icon ◊] : 호를 작성할 수 있습니다. [단축키 : A]

❸ 오프셋 [Offset Icon ◈] : 선택된 면이나 선 등의 간격 복사가 가능합니다. [단축키 : F]

❹ 페인트 통 [Paint Bucket ◈] : 선택된 객체나 면에 재질을 부여합니다. [단축키 : B]

❺ 다음의 예제를 주어진 치수를 참고하여 다음 페이지에 제시된 순서대로 따라해 보겠습니다.

MEMO

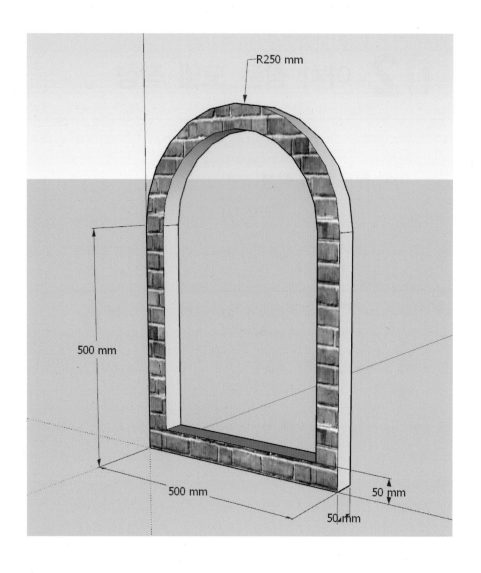

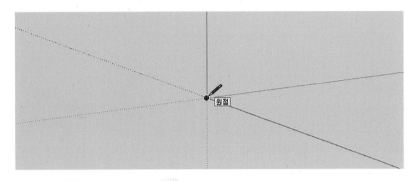

❶ 키보드에서 [L] 또는 선[Line ✏] 도구를 선택한 후 [빨간축(X축), 녹색축(Y축),
파란축(Z축)]의 교차 지점에 시작점을 마우스 왼쪽 버튼을 눌러 지정합니다.

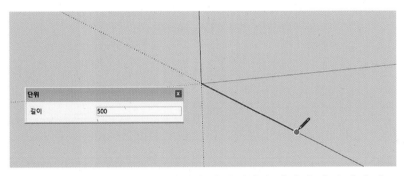

◎ TIP
원점 지정하고 X축위에
커서를 가져다 대면 [빨
간 축에]라는 도움말이
나타남

❷ 마우스를 우측 빨간 축(X축)으로 지정한 상태에서 수치입력 창에 길이 값 [500]을
입력합니다.

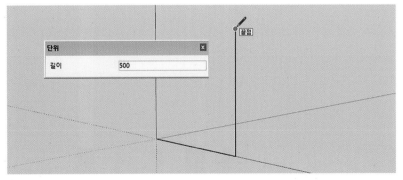

◎ TIP
Z축으로 정확하게 선을
그리려면 [파란 축에]
라는 도움말과 파란색
선이 나타남

❸ 마우스를 상측 파란 축(Z축)으로 지정한 상태에서 수치입력 창에 길이값 [500]을
입력합니다.

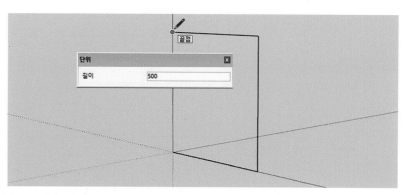

◎ TIP
선이 사각형 모양으로
만들어진 후 면이 생성
이 되지 않으면 축의 이
동이 정확하지 않은 것
으로 생각하면 됨

◎ TIP
입면형태의 사각형으로
그리려면 지평선과 X축
이 평행하도록 움직이면
쉽게 작성할 수 있음

❹ 마우스를 좌측 빨간 축(X축)으로 지정한 상태에서 수치입력 창에 길이값 [500]을
입력합니다.

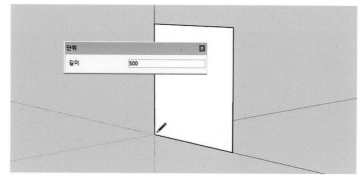

◎ TIP
• 호는 '중심점+시작
점+끝점'과 같은 방
법으로 그림
• 2점 호는 시작점+끝
점+호의 반지름값
(돌출부)을 이용하
는 방법

❺ 마우스를 파란 축(Z축) 아래 방향으로 지정한 상태에서 수치입력 창에 길이값 [500]
을 입력합니다. 입력이 마무리되면 위의 그림처럼 사각형의 면이 작성됩니다.

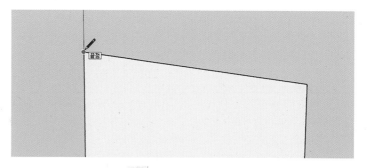

❻ 키보드에서 [A] 또는 호[Arc ◌] 도구를 선택한 후 사각형 도형 좌측 끝점에 호
의 시작점[선(Line)의 끝점]을 마우스 왼쪽 버튼을 눌러 지정합니다.

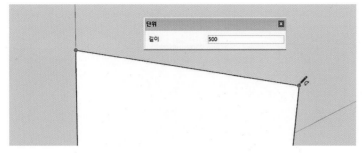

❼ 지정된 시작점의 반대편 점을 마우스 왼쪽 버튼을 활용하여 호의 끝점을 자동 추정기능에 도움을 받아 지정합니다. 또 하나의 방법으로 선[Line ✏] 도구를 활용한 선 작성방법과 동일하게 마우스로 호의 길이 방향을 지정 후 수치 입력 창에 [500]을 입력하여도 됩니다.

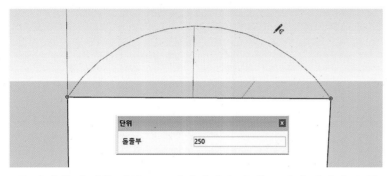

◎ TIP
· 수직으로 호를 그리려면 호를 세워 작성
· 지평선과 X축이 평행 방향으로 움직여주면 수월하게 작성할 수 있음

❽ 마우스를 파란 축의 상측 방향으로 지시하면 호가 위로 서게 됩니다. 호를 세운 후 수치 입력 창[VCB]에 길이 [250]을 반지름 값으로 입력합니다. 반지름[Radius] 값은 사용자 임의로 다른 값을 주거나 마우스로 임의의 점을 지정하여 달리 표현할 수 있습니다.

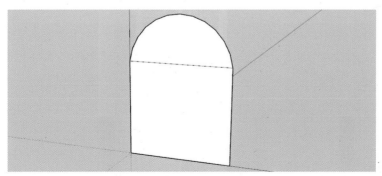

❾ 호 작성을 마무리되면 위의 그림과 동일한 도형이 작성됩니다.

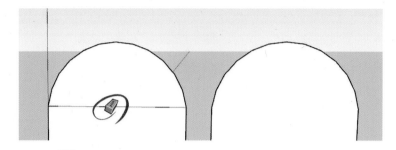

◎ TIP
• 방향이 다른 면 사이
  의 경계선을 지우기
  도구로 지우면 경계
  선과 연결된 면도 함
  께 삭제됨
• 같은 면에서의 경계
  선을 지우면 경계선
  만 삭제

❿ 키보드에서 [E]를 입력하거나 지우기[Erase] 도구를 선택 후 좌측 그림과 같이 상부 수평선을 클릭하여 삭제합니다. 삭제가 완료되면 우측의 그림과 동일하게 기존의 두 면이 하나의 면으로 합쳐집니다.

◎ TIP
오프셋을 하려면 객체의
경계선이나 면을 클릭해
야 함

⓫ 키보드에서 [F] 또는 오프셋[Offset 🖉] 도구를 선택 후 해당 도형의 면을 마우스 왼쪽 버튼을 눌러 선택합니다. 면을 선택하면 그 주위의 접한 모든 선을 선택한 것과 동일합니다.

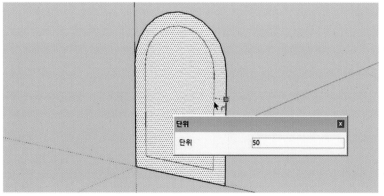

⓬ 마우스를 도형 안쪽으로 움직이면 면 주위의 선들이 동시에 축소되어 면의 내부로

들어오게 됩니다. 이때 정확한 간격복사를 위해 오프셋[Offset] 방향 지시 후 수치
입력 창[VCB]에 [50]을 입력합니다.

◎ TIP
밀기/끌기를 작성할 때
는 밀기/끌기 하고자 하
는 객체의 면을 한번 클
릭한 후 마우스를 움직
여 방향을 잡아주고 수
치를 입력

⓭ 오프셋[Offset 👁] 도구를 활용하여 위의 그림과 동일하게 작성됩니다.

◎ TIP
밀기/끌기하여 입체로
작성된 객체의 속은 텅
비어있다고 생각하면 됨

⓮ 밀기/끌기[Push/Pull 🔶] 도구를 활용하여 위의 그림과 동일한 측면을 선택한
뒤 당기고자 하는 방향으로 마우스를 움직인 후 수치입력 창에 값 [50]을 입력합
니다.

MEMO

◎ TIP
호와 원 등을 크게 확대
해보면 곡선보다는 각이
모여서 형태로 만들어진
것을 확인할 수 있음

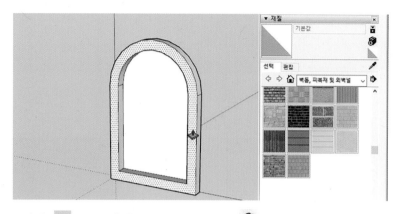

⑮ 키보드에서 [B] 또는 페인트 통[Paint Bucket 🎨]도구를 클릭하면 위의 그림과
같이 재질 부여창[Materials]이 활성화 됩니다.

◎ TIP
• 재질창의 유리 재질
은 따로 투명도를 주
지 않아도 투명재질로
이루어져 있음
• 불투명한 재질은 [편
집]의 불투명도로 투
명도를 조절

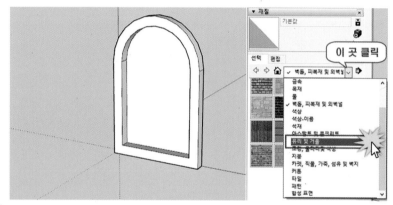

⑯ 유리 재질 부여를 위하여 재질[Materials] 리스트의 내림[∨] 버튼을 클릭하고 유
리 및 거울[Glass and Mirrors] 항목을 선택합니다.

◎ TIP
재질창의 [모델안]은
사용하였던 재질이 나열
됨

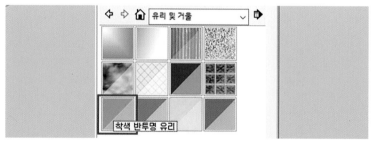

⑰ 반투명 재질 중 위와 그림에서 지시한 동일 재질을 선택합니다.

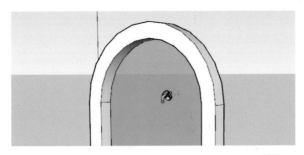

⓲ 유리 재질을 부여하고자 하는 면에 페인트 통[Paint Bucket 🖌] 도구로 클릭하면 위의 그림과 동일하게 해당 재질이 부여됩니다.

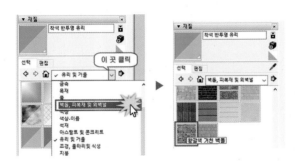

◎ TIP
재질을 설정했는데 무늬가 보이지 않는다면 [편집]의 [덱스처]부분에서 재질의 크기를 조절

⓳ 벽돌[Brick] 재질 부여를 위하여 재질[Materials] 리스트의 내림[∨] 버튼을 클릭하고 벽돌, 피복재 및 외벽널[[Brick, Cladding and Siding] 항목을 선택합니다. 이어 위의 그림과 동일한 [황갈색 거친 벽돌, Brick_Rough_Tan]을 선택합니다.

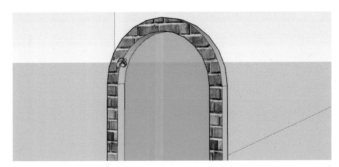

⓴ 선택된 벽돌[황갈색 거친 벽돌, Brick_Rough_Tan] 재질을 부여하고자 하는 면에 페인트 통 [Paint Bucket 🖌] 도구로 선택하면 위의 그림과 동일하게 해당 재질이 부여됩니다.

◉ 최종 완성된 모델의 모습입니다.

MEMO

03 페인트 통[Paint Bucket 🪣] 추가 기능 학습하기

스케치업 프로에서는 사용자가 보다 편리하게 재질 부여 및 수정을 하도록 세부 기능을 함께 제공하고 있습니다.
이와 관련한 세부 내용을 자세히 알아보도록 합니다.

[1] 샘플 페인트[Sample Paint 🖋] 기능을 이용하여 재질 부여하기

샘플 페인트 기능은 이미 부여된 재질을 샘플 페인트[Sample Paint 🖋] 도구로 빨아들여 사용자가 원하는 다른 면이나 객체에 해당 재질을 재부여하는 방법입니다.

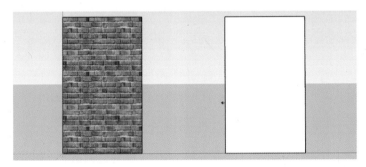

◎ **TIP**
복사(copy)는 이동(move)을 실행시키고 'Ctrl'을 누른 후 이동

❶ 선행 학습한 직사각형[Rectangle ▨] 도구로 두 개의 면을 만든 뒤 좌측 그림처럼 하나의 면에 페인트 통[Paint Bucket 🪣] 도구를 활용하여 벽돌 재질[황갈색 거친 벽돌, Brick_Rough_Tan]을 부여합니다.

◎ **TIP**
샘플 페인트 아이콘을 실행하려면 'Alt'를 누른 상태에서 해당재질을 클릭하고 다른 면이나 객체를 클릭

❷ 페인트 통 [Paint Bucket 🪣] 도구가 보이는 상태에서 키보드의 [alt] 버튼을 누르면 페인트 통[Paint Bucket 🪣]의 도구가 샘플 페인트[Sample Paint 🖋] 도구로

변환됩니다. 미리 부여된 벽돌 재질을 마우스 왼쪽 버튼으로 클릭하여 흡수합니다. 이어 재질이 없는 면에 페인트 통[Paint Bucket 🎨]을 가져다 두고 마우스 좌측 버튼을 누르면 흡수된 동일한 재질[황갈색 거친 벽돌]이 해당 면에 부여됩니다.

◎ TIP
실행하던 명령을 마무리
하려면 Space Bar 를 이용

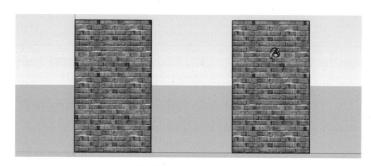

❸ 샘플 페인트[Sample Paint 🖊 🎨] 도구로 완성된 결과입니다. 두 면의 재질이 동일하게 되었습니다.

[2] 일괄적으로 재질 부여하기

[2-1] 동일 객체 내의 연결된 면에 일괄적 재질 부여하기

스케치업 프로에서 재질부여는 단순히 사용자가 선택한 면만 적용되는 것이 아니며 동일 객체 내의 연결된 면에 일괄적으로 재질을 부여할 수 있습니다.

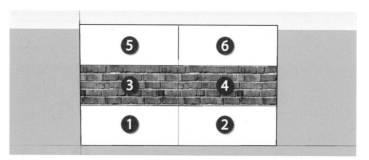

❶ 직사각형[Rectangle ▱] 도구를 활용하여 하나의 사각형을 그립니다. 이후 학습한 선[Line ✏] 도구를 활용하여 6개의 면으로 나눕니다. ③번과 ④번의 면에 페인트 통[Paint Bucket 🎨] 도구를 활용하여 위와 동일한 재질[황갈색 거친 벽돌]을 부여합니다.

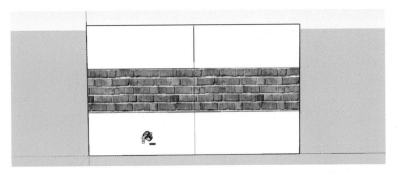

❷ 페인트 통 [Paint Bucket] 도구가 보이는 상태에서 키보드의 [ctrl]를 누르면 페인트 통 도구 옆에 [-]표시가 나타납니다. 이어 ①번 면을 클릭하여 재질을 부여합니다.

◎ TIP
· JPG파일을 불러오기 하여 투영을 함
· 자연스러운 곡면 재질 부여로 재질투영기능 을 사용할 수 있음

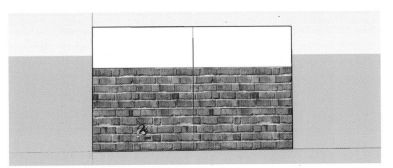

◎ TIP
'Ctrl + 🖌'은 재질이 실행되어 있는 면의 경계에 인접한 면에 클릭하는 면만 재질이 입혀짐

❸ 동일 객체 내에서 ①번 경계면과 접한 ②번 면에 일괄적으로 재질이 부여됩니다.

MEMO

[2-2] 동일 모델 내의 동일 색상 또는 재질면에 일괄적 재질 부여하기

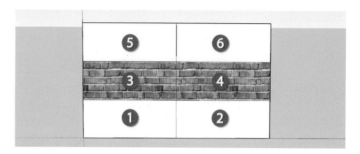

❶ 직사각형[Rectangle ▨] 도구를 활용하여 하나의 사각형을 작성 후 선[Line ✏] 도구를 활용하여 면을 6개로 나눕니다. ③번과 ④번의 면을 위와 같이 재질을 부여합니다.

◎ TIP
'Ctrl + Shift + 페인트통' 은 재질이 실행되어 있는 면이 있는 객체의 모든 영역에 모두 재질이 입혀짐

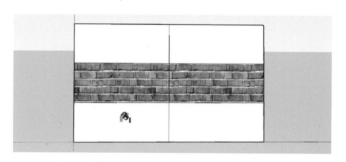

❷ 페인트 통[Paint Bucket 🪣] 도구가 보이는 상황에서 키보드의 [ctrl + shift]를 동시에 누르면 페인트 통 아이콘 옆에 [▮] 표시가 나타납니다. ①번 면을 마우스 좌측 버튼으로 클릭합니다.

◎ TIP
재질을 설정했으나 무늬가 보이지 않는다면 [편집]의 [텍스처]부분에서 재질의 크기를 조절

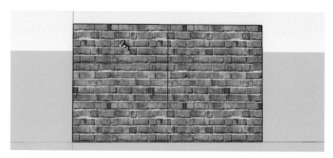

❸ 동일 객체 내에서 ①, ②, ⑤, ⑥번 면이 일괄적으로 재질이 부여되었습니다. 즉 동일 모델 중 ①번 면과 동일한 재질을 가진 모든 면에 재질이 부여된 것입니다.

[2-3] 모든 모델 내의 동일 색상 또는 재질면에 일괄적 재질 부여하기

객체가 서로 분리되어 있더라도 동일한 색상 또는 재질면에 일괄적으로 재질을 부여할 수 있습니다.

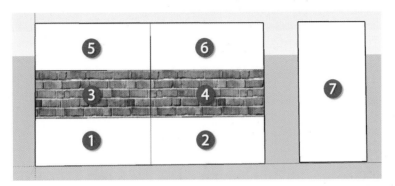

◎ TIP
'Shift+페인트통'은 동일한 재질이 있는 다른 객체와 재질이 실행되지 않은 영역에도 모두 재질이 입혀짐

❶ 직사각형[Rectangle ▨] 도구를 활용하여 위의 그림과 같이 하나의 사각형을 작성합니다. 이후 학습한 선[Line ✏] 도구를 활용하여 하나의 면을 6개로 나눕니다. ③번과 ④번의 면에 위와 동일한 재질[황갈색 거친 벽돌, Brick_Rough_Tan]을 부여합니다. 그리고 일정 간격을 두고 또 하나의 사각형 면을 작성합니다.

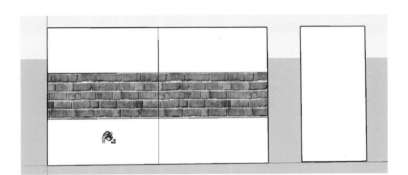

◎ TIP
'Ctrl+페인트통', 'Ctrl+Shift+페인트통', 'Shift+페인트통'이 실행될 때 아이콘의 형태를 주목해야 함

❷ 키보드에서 [B]를 눌러 페인트 통[Paint Bucket 🖌] 도구를 활성화시키고 키보드의 [shift]를 누르면 페인트 통 아이콘 옆에 [⊞]표시가 나타납니다. 이어 ①번 면을 마우스 좌측 버튼으로 클릭합니다.

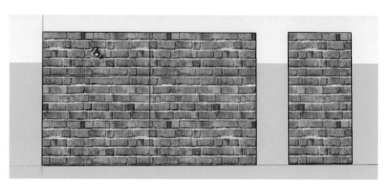

• **TIP**
• **Osnap**추정기능은 끝점, 중간점, 원점, 가운데와 같은 특정점을 찾을 수 있는 것으로 작업시에 편리한 기능
• 추정기능은 다른 설정 없이도 사용할 수 있음

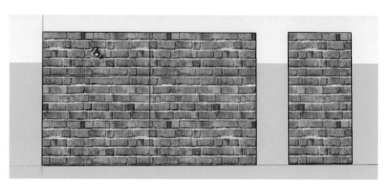

❸ 모든 객체 내에서 동일한 재질을 가진 ①, ②, ⑤, ⑥, ⑦번 면에 일괄적으로 동일한 재질이 부여되었습니다.

[3] 재질[Materials]의 크기 재조정하기

[3-1] 재질[Materials] 부여창을 활용하여 크기 재조정하기

◎ **TIP**
입면형태의 사각형으로 그리려면 지평선과 X축이 평행하도록 움직이면 쉽게 작성할 수 있음

스케치업 프로에서 부여된 재질의 크기는 재질 부여창의 세부 옵션을 조정하여 재설정할 수 있습니다.

◎ **TIP**
추정기능을 활용하면 중간점을 찾아 면을 나누기 쉬움

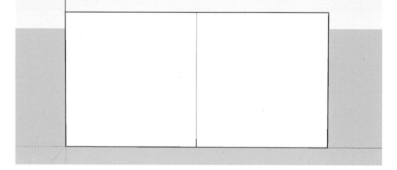

❶ 직사각형[Rectangle ▨] 도구로 [2000,1000] 크기의 사각형을 작성 후 선[Line ✏] 도구를 활용하여 하나의 면을 절반으로 나눕니다. 스케치업 프로는 자동 Osnap[특정점 찾기=추정]기능이 있기에 쉽고 정확하게 면을 나눌 수 있습니다.

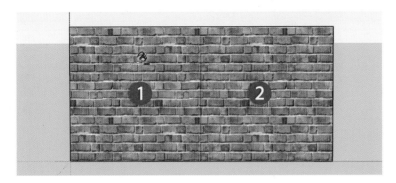

❷ 페인트 통[Paint Bucket 🖌] 도구를 활용하여 두 개의 면을 대상으로 위와 동일한
벽돌[황갈색 거친 벽돌, Brick_Rough_Tan] 재질을 부여합니다.

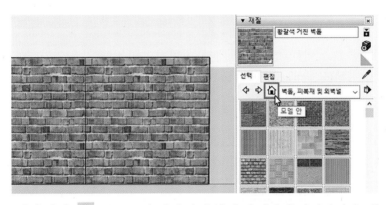

◎ TIP
[모델안]을 클릭하면 사
용한 색상과 재질이 모두
나열되어 있음

❸ 키보드에서 다시 [B]를 누르면 재질 부여 창이 화면상에 나타납니다. 재질 리스
트의 앞의 🏠 버튼을 눌러 모델 안[In Model] 항목을 실행합니다.

◎ TIP
[편집]에서는 색상, 텍스
처, 불투명도를 재설정
할 수 있음

❹ 모델 안[In Model]항목에서는 사용자가 객체에 적용한 모든 재질들을 확인할 수
있습니다. 벽돌[황갈색 거친 벽돌, Brick_Rough_Tan] 재질을 선택합니다.

❺ 벽돌 재질을 선택 후 편집[Edit] 메뉴를 클릭합니다.

◎ TIP
너비와 높이를 다른 값
으로 설정하였거나 너비
와 높이를 개별 입력하
였을 경우 본래의 값으
로 재설정하고자 할 때
[↔]를 사용

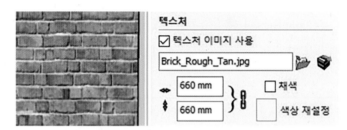

❻ 메뉴 중 텍스처[Texture] 항목에서 ↔[너비], ↕[높이] 값을 입력하여 크기를 재조
정할 수 있습니다. 바로 옆 연결고리는 너비와 높이 크기 중 어느 하나라도 값의 변
화가 있을 시 나머지 하나의 크기도 자동 변화가 됨을 의미합니다. 연결고리를 클
릭하면 고리가 분리되며 너비, 높이 크기를 사용자가 개별 입력할 수 있습니다.

◎ TIP
너비와 높이의 값이 동일
하도록 연결고리를 분리
하지 않고 [↔]의 값을 입
력하면 너비와 높이의
값이 동일하도록 수정됨

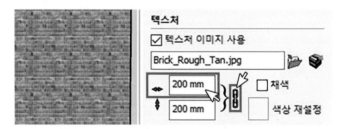

❼ 연결고리를 분리하지 않은 채 너비크기[↔] 입력란에 [200]을 입력합니다.

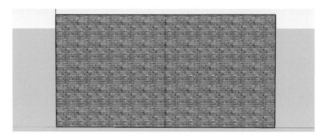

❽ 스케치업 프로 화면 상에 재질 크기의 변화가 확인됩니다.

[3-2] 위치[Position] 기능을 활용하여 크기 재조정하기

스케치업 프로에는 재질[Texture] 크기 조정을 위한 위치[Position] 기능이 있습니다.

◎ TIP
페인트통 사용 시 기존 재
질의 위치를 맞춰놓은 재
질을 샘플페인트로 가져
오면 다시 재질의 위치를
맞추지 않아도 됨

❶ 크기를 재조정하려는 재질 위에 페인트 통[Paint Bucket 🖌] 도구 또는 선택

[Select ▸] 도구를 올려 두고 마우스 우측 버튼을 클릭합니다.

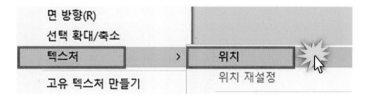

❷ 확장 메뉴가 펼쳐지면 재질[Texture] 항목 내 위치[Position]를 선택합니다.

◎ TIP
[텍스처]의 [위치]라는 기
능을 이용하면 재질의 수
평과 수직의 크기를 조
정, 회전, 기울기, 재질의
변형 등의 작업을 손쉽게
할 수 있음

❸ 색이 다른 네 개의 고정핀[Pin]이 해당 재질 위에 나타나며 이 핀들을 클릭 후 드래
그(Drag)하여 움직이면서 재질의 크기를 다양하게 조정합니다.

◎ TIP
[텍스처]의 [위치]를 이용
하여 재질을 변형하고 변
형 전 단계로 되돌리고자
할 때는 [텍스처]의 [위치
재설정]을 클릭

① 녹색[배율/회전-Scale/Rotate] Pin : 재질의 수평·수직 크기를 조정하며, 또한 재질을 회전시킬 수 있습니다.

② 빨간색[이동-Move] Pin : 재질의 위치를 재조정할 수 있습니다. 벽돌이나 타일 등 바닥이나 천장, 벽에 재질을 부여하여 한쪽으로 치우침 없이 균등하게 재질을 배치하고자 할 때 유용합니다.

③ 파란색[배율/기울기-Scale/Shear] Pin : 재질의 수평 또는 수직 크기를 각각 조정하며, 재질의 기울기를 줄 수 있습니다.

④ 노란색[비틀기-Distort] Pin : 재질을 한쪽을 넓게 또는 좁게 변형할 수 있습니다.

◎ TIP
파란색 고정핀은 상하로의 크기 변형을 자유롭게 할 수 있음

◎ TIP
빨간색 고정핀은 재질의 자유로운 이동이 용이

❹ 녹색[배율/회전-Scale/Rotate] Pin을 클릭한 채로 움직여 재질의 크기와 방향을 변화시켜 봅니다. 재질의 방향은 특정점 찾기[Osnap] 기능의 작동으로 [15°]씩 회전을 시킬 수 있습니다. 키보드의 [ctrl] 버튼을 동시에 누르며 회전시키면 각도에 상관없이 자유스럽게 재질이 회전됩니다.

❺ 해당 재질에 대한 크기와 각도를 변화시킨 뒤 키보드의 [Enter] 버튼을 누르면 위의 그림과 동일하게 재질의 회전 변화가 완료됩니다.

[3-3] 재질[Materials] 수정[Edit] 창의 추가 기능 학습하기

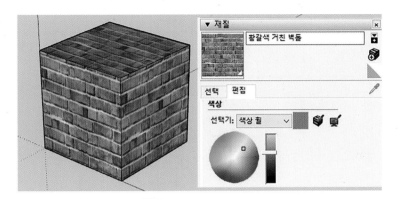

◎ TIP
샘플페인트는 'Alt+페인
트통'으로 사용

❶ 재질 만들기[Create Material ⊞] : 새로운 재질을 만들 수 있습니다. 현재의 재질
편집창 외 새로운 재질 편집창이 생성됩니다.

❷ 적용할 재질을 기본값으로 설정[Set Material to Paint with to Default ◣] : 재질 편
집창의 모든 설정값을 초기화 값으로 변경합니다.

❸ 모델의 개체 색상 일치[Match Color of object in model 🥤] : 모델에 부여된 재질
의 주 색상으로 해당 재질의 색상을 변경합니다.

◎ TIP
[모델의 개체 색상일치]
는 지정하는 색의 톤이
바뀌는 것이지 재질의 무
늬가 없어지는 것은 아님

◎ TIP
재질을 설정할 때는 초기
화를 하고 시작하는 것이
작업의 능률을 올릴 수
있음

MEMO

◉ 아래의 예제를 참고하세요.

◎ TIP
[모델의 개체 색상일치]
로 바뀌어진 색의 톤을
되돌리고자 할 때는 동일
한 방법으로 아이콘의 바
로 앞의 재질을 클릭해
주면 본래의 색으로 되돌
아 감

황갈색의 벽돌 재질이 부여된 상태에서 모델의 개체 색상 일치[Match color of object in Model ] 도구를 활용하여 흰색의 면을 클릭한 결과 기존의 갈색 계열 재질의 톤이 위의 그림과 동일하게 변경됨을 알 수 있습니다.

❹ 화면에서 색상 일치 [Match color on Screen] : 현재 사용자의 화면상에 보여지는 모든 색상을 가져옵니다.

MEMO

◉ 아래의 예제를 참고하세요.

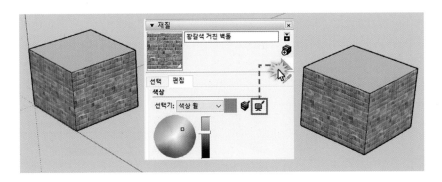

◎ TIP
[화면에서 색상일치] 도
구는 스케치업 실행화면
어느 색이든 모든 색을
가져올 수 있음

◎ TIP
[화면에서 색상일치]로
바뀌어진 색의 톤을 되돌
리고자 할 때는 동일한
방법으로 아이콘의 바로
앞의 재질을 클릭해 주면
본래의 색으로 되돌아감

화면에서 색상 일치 [Match color on Screen ] 도구로 화면상에 보여지는 색 중
청색을 선택한 결과 해당 재질이 청색 계열로 변화되었습니다.

◎ TIP
[요소정보]의 지정되어
진 재질을 클릭하면 [페
인트 선택]이라는 상자
가 나오며 재질의 편집을
재질 트레이와 동일한 방
법으로 재조정할 수 있음

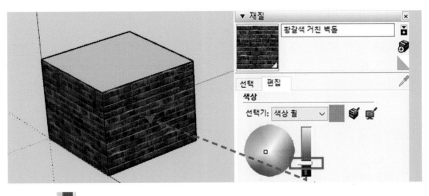

❺ 명암 조절[ ]바를 마우스로 움직이면 해당 재질의 명암이 조절됩니다.

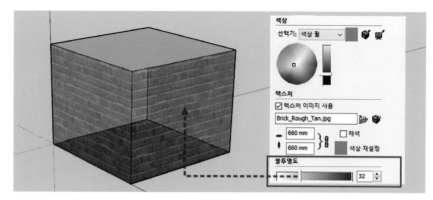

◎ **TIP**
- [텍스터 이미지 사용]
  을 체크해제하면 지정
  되었던 재질의 색상만
  남고 재질의 무늬는
  사라짐
- 다시 체크하면 이미지
  를 선택할 수 있는 대
  화 상자가 열림

❻ 투명도 조절[⬚⬚⬚⬚⬚ 32 ⬚]바를 마우스로 움직여 해당 재질을 투명하게 만듭니다.
유리나 물처럼 투명 재질을 표현할 경우 자주 활용됩니다.

MEMO

CHAPTER

03 화분 모델 작성

화분 예제를 활용하여 원[Circle], 다각형[Polygon], 배율[Scale] 도구의 활용법에 대하여 알아봅니다.

❶ 원 [Circle Icon ⬤] : 원형의 도형을 작성합니다. [단축키 C]

❷ 다각형 [Polygon Icon ⬤] : 다각형의 도형을 작성합니다. [단축키 : 없음]

❸ 배율 [Scale Icon ▣] : 면이나 선, 객체 등을 회전시킵니다. [단축키 S]

◎ TIP
- 원은 반경값을, 다각형은 내접반경값을 입력해야 함
- 원과 다각형 모두 각으로 이루어져 있는 형태

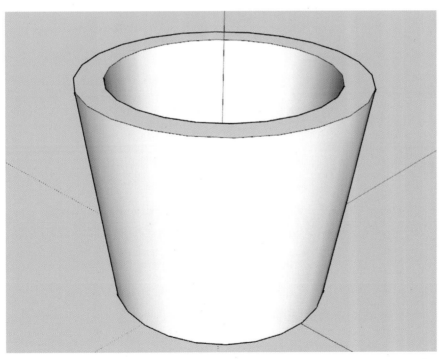

❹ 위의 예제를 참고하여 다음 페이지에서 제시된 과정대로 학습해 보도록 합니다.

01 화분 모델 작성 따라하기

◎ TIP
측면수는 원을 작성하기
전에 재지정해야 하며 세
밀한 곡선의 형태를 만들
고자 한다면 측면수의 값
을 올려주면 됨

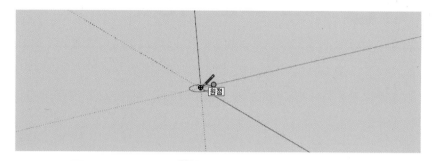

❶ 키보드에서 [C] 또는 원[Circle ◉] 도구를 클릭한 후 세 축의 교차점에 마우스 좌측 버튼으로 클릭하여 원의 중심점을 지정합니다.

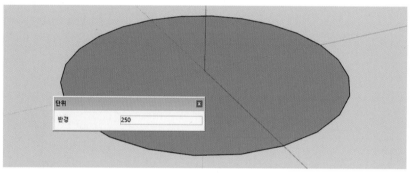

❷ 수치입력[VCB] 창에 원의 반지름 [250]을 입력하여 위의 그림과 같이 작성합니다.

◎ TIP
원의 곡면은 곡선보다
직선들이 연결되어 있는
것으로 측면수의 값은
직선의 개수를 조정하는
것임

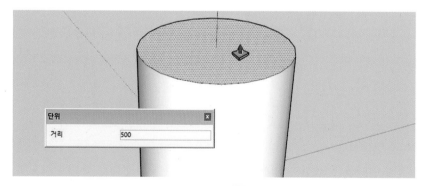

❸ 키보드에서 [P] 또는 밀기/끌기[Push/Pull ◆] 도구를 선택 후 해당 면을 클릭합니다. 이어 높이 방향을 마우스로 지정 후 수치입력 창에 [500]을 입력하면 위와 동일한 원형 기둥이 작성됩니다.

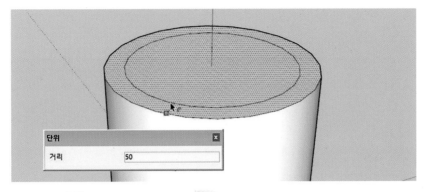

◎ TIP
오프셋도구는 선이나 면
에 일정한 간격을 띄워
복사할 때 사용하는 도구

◎ TIP
오프셋은 하나의 직선에
는 사용할 수 없으며 두
개 이상의 선이나 면이
선택되어지면 도구를 사
용할 수 있음

❹ 키보드에서 [F] 또는 오프셋[Offset 🎣] 도구를 선택합니다. 원기둥의 윗면을 클
   릭하고 마우스를 원의 내부로 움직인 후 수치입력 창에 간격 [50]을 입력합니다.

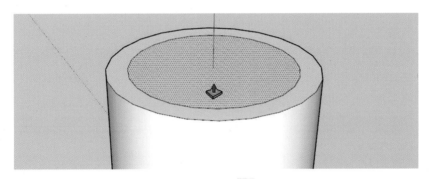

❺ 키보드에서 [P] 또는 밀기/끌기[Push/Pull 🔼] 아이콘을 선택 후 원기둥 상부의
   내부 면을 선택합니다. 면을 아래로 조금 내린 후 수치입력 창에 [450]이라고 입력
   합니다.

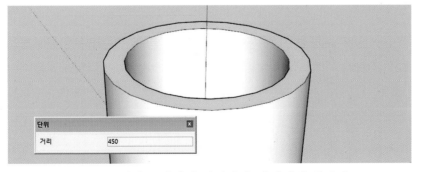

◎ TIP
면은 선택할 필요없이 마
우스 포인터를 면에 가져
다 대면 오프셋을 실행할
수 있음

❻ 원기둥의 중앙부 면이 위의 그림처럼 내려앉아 비워지게 됩니다.

◎ TIP
밀기/끌기는 수치입력창
에 -의 음수 값을 입력
하면 정방향과 반대방향
으로 진행

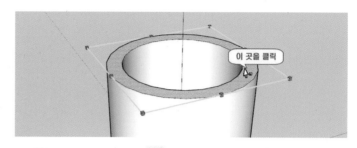

◎ TIP
배율도구는 꼭지점에 있
는 녹색 포인트들을 클릭
하고 드래그하여 조절

❼ 키보드에서 [S] 또는 배율[Scale 🔲] 도구를 클릭한 후 원기둥 상부의 남겨진 면
을 지정합니다. 지정과 동시에 크기를 조정하기 위한 8개의 녹색 포인트가 보이게
됩니다. 이 녹색의 개별 포인트를 마우스로 클릭 후 드래그[Drag]하여 크기를 재
조정하게 됩니다.

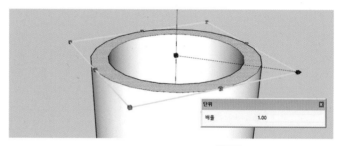

❽ 우측 하단의 녹색 크기 조정 포인트를 키보드의 [ctrl] 버튼을 누른 채 마우스 왼쪽
버튼으로 지정합니다. [ctrl]버튼을 누르는 이유는 선택면의 중심을 기준으로 균
등하게 면의 크기를 조정하기 위함이며, [ctrl]을 누르지 않을 시 선택한 녹색 포
인트의 반대편 녹색 포인트가 기준이 되어 면의 크기가 재조정됩니다. 현재 수치
입력창은 [1.00]으로 나타납니다.

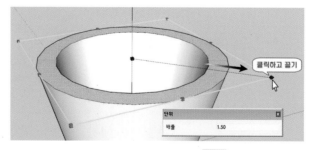

❾ 우측 하단의 녹색 크기 조정 포인트를 키보드의 [ctrl] 버튼을 누른 채 마우스 왼쪽
버튼 지정 후 수치입력 창의 값이 [1.50]이 되도록 바깥쪽으로 끌어냅니다.

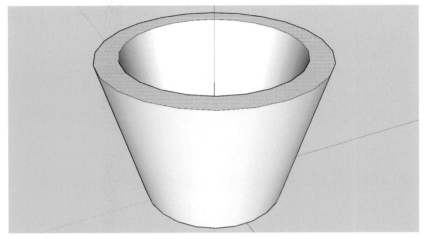

◎ TIP
모서리에 있는 녹색 포인트를 클릭 드래그하면 크기를 자유롭게 조절할 수 있음

❿ 키보드의 [esc] 버튼을 눌러 마무리하면 위와 동일한 화분이 만들어집니다.

⓫ 위의 이미지는 스케치업 프로 V-Ray에서 렌더링한 이미지입니다.

MEMO

원[Circle ◉], 다각형[Polygon ◉] 도구의 추가 기능 학습 하기

◎ TIP
원과 다각형은 중심점과
반지름값을 이용하여 작
성함

스케치업 프로에서 원[Circle ◉]과 다각형[Polygon ◉] 도구의 활용법은 유사합니다. 이와 관련하여 세부 내용을 알아보도록 합니다.

[1] 원[Circle ◉]과 다각형[Polygon ◉]의 측면 수 조정하기

◎ TIP
원과 다각형은 같은 측면
수를 지정하고 작성하면
동일한 형태라고 볼 수
있으나 입체로 작성하면
다름

수치입력 창에 면수를 선행 입력 후 원[Circle ◉]과 다각형[Polygon ◉]의 중심점을 지정하면 면수에 해당하는 도형을 작성할 수 있습니다. 면수의 최소 개수는 3개입니다.

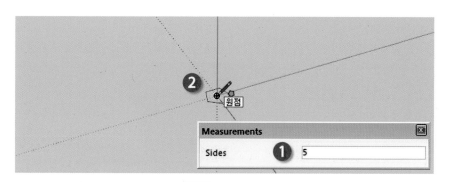

❶ 키보드에서 [C] 또는 원[Circle ◉] 도구를 선택 후 수치입력 창에 측면[Sides] 값 [5]를 먼저 입력합니다. 이어 축의 교차점에 원의 중심점을 지정합니다. 수치입력창에 반지름[Radius]값 [200]을 입력하면 면수가 조정된 해당 반지름의 도형이 작성됩니다.

원[Circle ◉] 도구의 기본 면수는 24개이나 이에 대한 값[측면]을 높이면 더 부드러운 원을 작성할 수 있습니다.

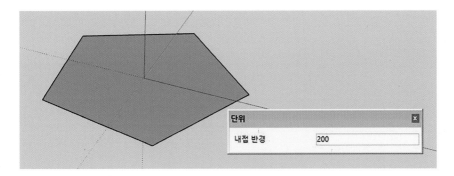

◎ TIP
원의 입체는 측면이 자연
스럽고 다각형은 측면
이 각지게 나뉘어 보임

❷ 다각형[Polygon ◉] 도구 또한 원[Circle ◉] 도구와 동일한 방법으로 수치입
력 창에 측면 값을 먼저 입력 후 축의 교차점 또는 임의의 위치에 도형의 중심점을
지정합니다. 수치입력 창에 반지름[Radius] 값 [200]을 입력하면 위의 그림과 동
일한 도형이 작성됩니다.

[2] 작성된 원[Circle ◉]과 다각형[Polygon ◉]의 측면[Sides] 수 재조정 하기

이미 작성된 원, 다각형이라도 면수를 재조정하여 다양한 형태의 도형을 만들 수 있
습니다. 면수 재조정 방법은 아래의 순서와 모두 동일합니다.

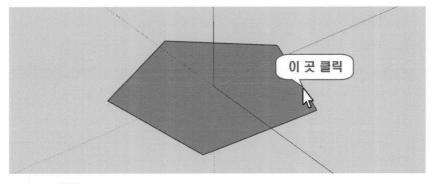

이 곳 클릭

◎ TIP
원과 다각형을 선택하고
우측버튼을 클릭하면 요
소정보를 살펴볼 수 있
으며 요소정보는 재질,
태그, 면적 등을 나타냄

❶ 원[Circle ◉] 도구로 측면 수 [5], 반지름 [200]인 도형을 작성 후 키보드의
[Space]를 눌러 원[Circle ◉] 도구에서 객체 선택[Select ↖] 도구로 변환 후 해
당 도형의 외곽선을 선택합니다. 객체 선택 도구의 단축키는 [Space] 입니다]

◎ **TIP**
원과 다각형은 작성한 후
에 요소 정보를 통해 반
경과 측면의 수를 다시
재지정할 수 있음

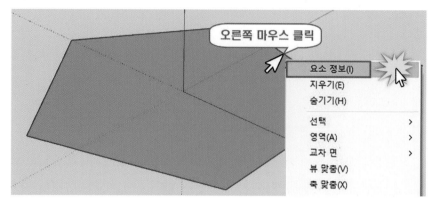

❷ 마우스 우측 버튼을 누르면 확장 메뉴가 나타나며, 그 중 요소정보[Entity Info]를
선택합니다.

◎ **TIP**
호 도구도 원 도구처럼
측면의 값을 중심점을 작
성하기 전에 설정할 수
있음

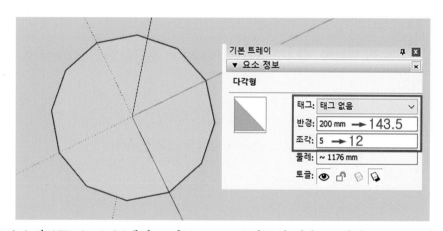

❸ 요소정보[Entity Info]에서 조각[Segments] 항목의 값을 [5]에서 ▸ [12]로, 반경
[Radius] 항목의 값을 [200]에서 ▸ [143.5]로 변경 후 키보드의 [Enter]를 누릅니
다. 즉시 해당 도형의 면수가 변경이 되는 것이 화면상에서 확인됩니다. 이외 태그
[Tag] 항목과 반지름[Radius] 항목의 값을 변경할 수 있습니다.

[3] 호[Arc ◌]의 사용 따라하기

상단 바의 보기[View] ▸ 도구 모음[Toolbars]의 그리기를 불러옵니다.

그리기에서 호의 그리기 방법을 살펴봅니다.

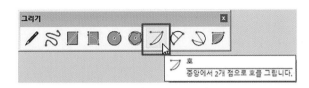

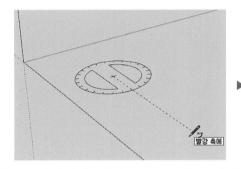 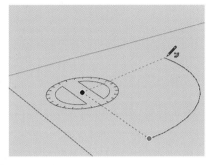

◎ TIP
호의 돌출부란 호의 높이
값, 즉 현의 중심에서 호
의 중심까지의 거리

❶ 호 : 중앙에서 2개의 점으로 호를 그립니다.

원의 중심에서 시작하여 각도 아이콘으로 1번째 시작점을 지정하고 다음 두 번째
끝점을 지정합니다.

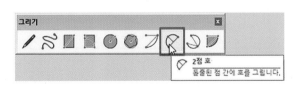

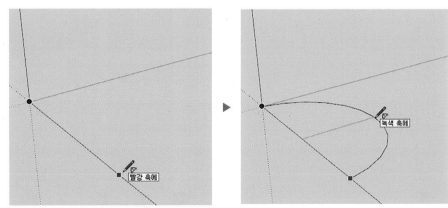

❷ 2점 호 : 돌출된 점 간에 호를 그립니다.

두 점을 지정하고 두 점을 잇는 호의 돌출부를 입력하면 호가 만들어집니다.

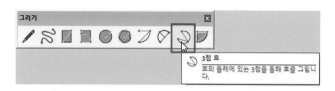

◎ TIP
호는 각도, 2점호는 돌출
부, 3점호는 길이와 각도
의 값이 필요

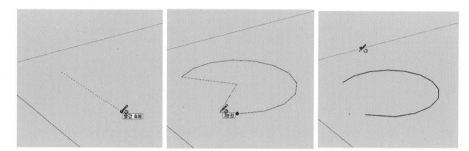

❸ 3 점호 : 호의 둘레에 있는 3점을 통해 호를 그립니다.

시작점을 지정하고 두 번째 점을 지정합니다. 그리고 나머지 한 점을 지정하여 호
를 그립니다.

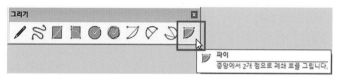

◎ TIP
호, 2점호, 3점호는 선으
로만 이루어져 있고 파이
는 면과 선이 함께 작성
됨

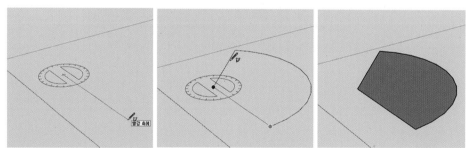

❹ 파이 : 중앙에서 2개의 점으로 폐쇄 호를 그립니다.

다른 호 그리기와 다르게 폐쇄된 면적이 함께 그려집니다.

중심의 한 점을 지정하고 두 번째, 세 번째 점을 지정합니다.

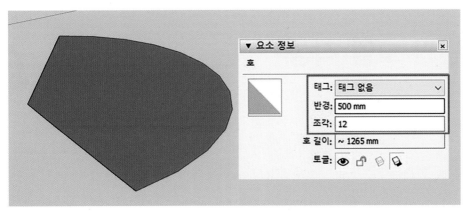

◎ TIP
파이는 길이와 각도의 값
을 입력할 수 있음

❺ 파이 도구로 그린 객체를 선택하여 요소정보로 정보를 수정할 수 있습니다.

　다른 형태의 호 그리기도 요소정보를 수정할 수 있습니다.

MEMO

CHAPTER

04 난간 모델 작성

발코니 난간 예제를 활용하여 이동[Move], 따라가기[Follow ME], 선택[Select] 도구의 활용법과 추가로 강제 추정[Inference]에 대하여 알아봅니다.

❶ 이동 [Move ✛] : 선택된 객체를 이동 또는 복사합니다. [단축키 : M]

❷ 따라가기 [Follow ME 🌀] : 단면과 경로를 활용한 3차원 입체도형을 작성합니다. [단축키 : 없음]

❸ 선택 [Select ▶] : 객체를 선택합니다. [단축키 : Space]

◎ TIP
이동도구는 점, 선, 면 등 객체의 일부를 이동하면 객체의 형태를 변형시킬 수 있음

◎ TIP
따라가기 도구는 경로와 단면이 필요

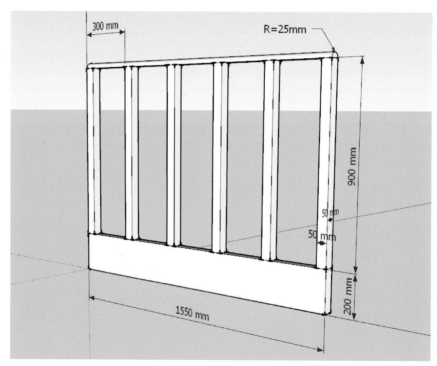

❹ 위의 예제를 참고하여 다음 페이지에 제시된 과정을 따라 해 봅니다.

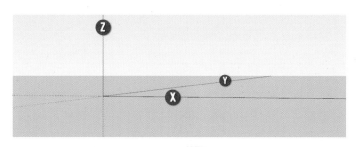

◎ TIP
입면이 되도록 그리려면
지평선과 X축이 평행해
보이도록 위치를 바꿈

❶ 마우스의 휠을 누르고 있으면 궤도[Orbit ✥] 도구가 나타납니다. 마우스를 움직여 X축과 Z축이 주축이 되도록 화면 뷰[view]를 재설정합니다. 위의 그림에서처럼 [X, Z축]을 주 뷰[view]로 하고 Y축이 뒷편에 보이도록 축을 배치합니다.

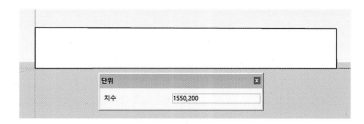

❷ 직사각형[Rectangle ▧] 도구를 활용하여 세 축의 교차점에 시작점을 지정합니다. 이어 수치입력 창에 [1550,200]을 입력하면 위의 그림처럼 X, Z축을 기준으로 세워진 사각형이 작성됩니다.

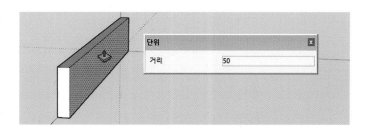

❸ 궤도[Orbit ✥] 도구를 돌려 앞서 그려진 사각형의 뒷면[진한 회색면]이 보이도록 합니다. 밀기/끌기[Push/Pull ⬙] 도구를 활용하여 뒷면을 선택합니다. 마우스를 녹색[Y]축으로 움직인 후 수치입력 창에 [50]을 입력하면 위의 그림과 동일하게 작성이 됩니다.

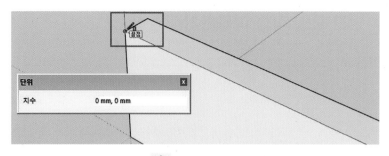

◎ TIP
궤도를 사용하려면 휠을
누른 후 드래그

❹ 마우스 휠을 누른채 궤도[Orbit ✥] 도구를 움직여 화면 뷰[View]를 재설정합니다. 직사각형[Rectangle ▨] 도구를 선택하고 사각형 도형의 좌측 상부 모서리점을 시작점으로 지정합니다.

◎ TIP
궤도를 사용 후 객체가
보이지 않게 되었을 때
'Shift + Z'를   사용하면
화면의 중앙에 객체가
나타남

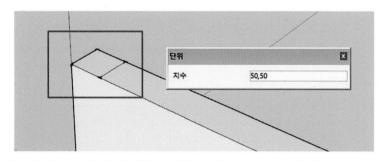

❺ 수치입력 창에 [50,50]을 입력하면 위의 그림과 동일하게 작성됩니다.

◎ TIP
밀기/끌기를 사용하다가
이어진 새로운 객체를 작
성하려면 'Ctrl'을 눌러
+ 모양이 나타나도록 해
야 함

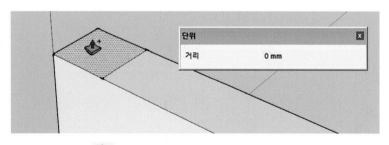

◎ TIP
스케치업은 좌표축에 선
이나 점을 그리도록 추
정하는 기능이 기본

❻ 밀기/끌기[Push/Pull ◆] 도구를 선택하여 높이를 주고자 하는 면 상부에 위치시킵니다. 키보드에서 [ctrl] 버튼을 누르면 밀기/끌기 도구 옆에 [+] 표시가 나타납니다. 새로운 면을 추가하여 높이를 줄 수 있습니다.

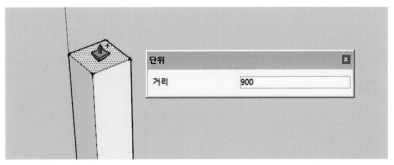

❼ 해당 면을 마우스 좌측 버튼을 눌러 선택합니다. 파란[Z]축으로 해당 면을 위로 조금 높인 후 수치입력 창에 [900]을 입력합니다.

◎ TIP
작업 도중 모든 객체를 선택하고자 할 때는 'Ctrl +A'를 누름

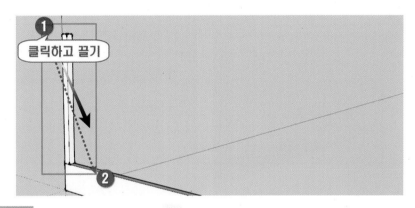

클릭하고 끌기

❽ [Space]를 누르면 선택[Select ▸] 도구로 변환되며 위의 그림과 동일하게 좌측 상단 ①번 지점을 마우스 왼쪽 버튼을 누른 채 ①번에서 ②번 지점 방향으로 사각형 영역을 지정합니다. 이를 Window[지정된 사각형 내의 완전히 포함된 객체를 선택] 선택이라 합니다.

◎ TIP
'Shift'를 누른 상태에서 클릭하면 객체를 선택하거나 해제할 수 있음

MEMO

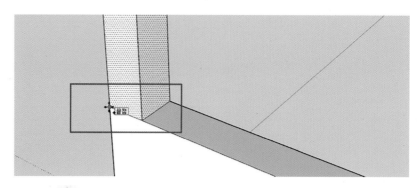

◎ TIP
객체의 일부를 이동도구
로 이동시키면 객체를 변
형시킬 수 있음

❾ 이동[Move ✛] 도구로 선택 되어진 객체의 좌측 아랫점을 기준점으로 지정 후 키보드의 [ctrl]를 누릅니다. 이동 도구 옆에 [+]표시가 되면 객체 이동이 아닌 객체 복사를 할 수 있는 상태가 됩니다. [+] 표시 유무는 [ctrl] 버튼으로 제어합니다.

◎ TIP
이동도구에 'Ctrl'를 함께
사용하면 복사도구가 됨

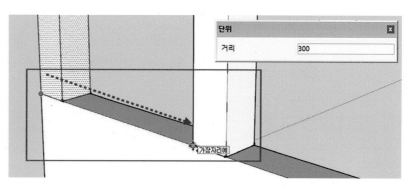

❿ 선택된 객체를 빨간[X]축 방향으로 조금 이동시킨 후 수치입력 창에 거리값 [300]을 입력하면 위의 그림과 동일하게 복사가 됩니다.

◎ TIP
이동도구는 복사하면서
수치입력창에 *n을 입력
하면 객체가 반복 복사됨

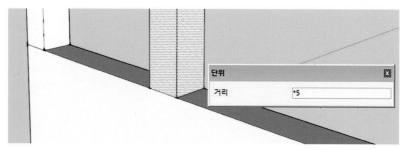

⓫ 동일한 간격으로 현재 복사된 객체를 포함한 5개의 객체를 다중 복사하기 위하여 수치입력 창에 [*5]라고 입력합니다.

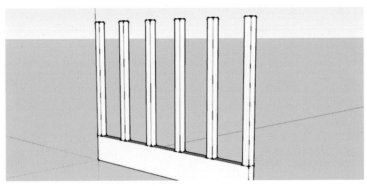

⑫ 위의 그림과 동일하게 동일한 간격으로 해당 객체가 다중 복사되어 작성이 되었습니다.

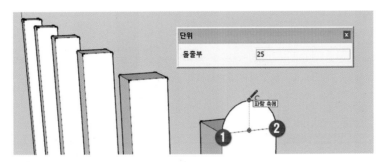

⑬ 호[Arc ◌] 도구를 선택한 후 시작점 ①번과 끝점 ②번을 마우스 왼쪽 버튼으로 지정합니다. 호의 방향을 위로 지정 후 호의 돌출부[Bulge] 값을 수치입력 창을 활용하여 [25]로 입력합니다.

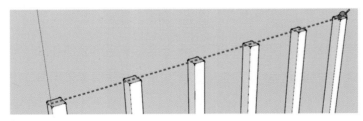

◎ TIP
선그리기를 마치고자 할 때에는 'esc'나 'space bar'를 누르면 선그리기를 마칠 수 있음

⑭ 선[Line ✎] 도구를 활용하여 위의 그림과 동일하게 난간살 상부 중앙으로 가로지르는 선을 작성합니다. 스케치업 프로는 자동 Osnap[특정점 찾기=추정 Inference]기능이 활성화 되지만 화면이 작아 원하는 지점이 지정이 되지 않을 시 마우스의 휠을 바깥쪽을 돌리면 화면이 확대되어 원하는 지점을 보다 정확히 지정할 수 있습니다.

◎ TIP
선 도구는 최소한 3개의 선이 그려져야 면이 생성

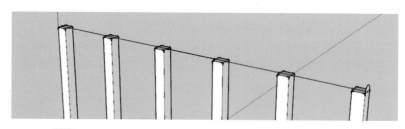

⑮ 선택[Select ↖] 도구로 변환합니다. 키보드의 [ctrl]를 누른채 앞서 그려놓은 선을 각각 클릭하여 선택합니다. 이를 동시 선택[↖+]이라 합니다. [ctrl + Space]를 누르면 선택한 객체를 개별 해제할 수 있습니다. 이를 선택 해제[↖-]라 합니다. 경로가 될 선의 선택이 완료되면 따라가기[Follow Me 🌀] 도구를 선택하여 호의 단면을 클릭합니다.

◎ TIP
따라가기는 경로와 단면이 필요

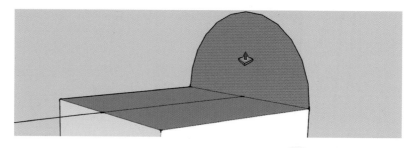

◎ TIP
따라가기는 경로에 따라 단면을 360도나 여러 각도를 이용하여 입체를 만듦

⑯ 경로가 될 선의 선택이 완료되면 따라가기[Follow Me 🌀] 도구를 선택하여 호의 단면을 클릭합니다. 클릭과 동시에 선행 선택해 놓은 경로선을 따라 호의 단면이 튕겨 나가면서 예제에서 제시된 입체 객체가 작성이 됩니다. 반대로 따라가기 [Follow Me 🌀] 도구를 활용하여 호의 단면을 먼저 선택 후 마우스를 움직여 경로를 따라가며 입체 객체를 만들 수도 있습니다.

MEMO

02 객체 선택 [Select ▶] 도구의 추가 기능 학습하기

[1] 마우스 연속 클릭 수에 따른 객체 선택하기

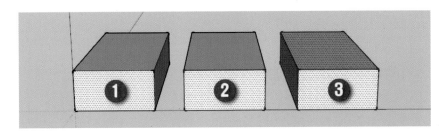

◎ TIP
모든 객체를 선택하고자
할 때는 'Ctrl+A'를 누름

선택[Select ▶] 도구는 마우스 왼쪽 버튼의 클릭 수에 따라 선택법이 달라집니다. ①번 그림은 해당 면을 1회 클릭한 경우입니다. 단순히 해당 면만 선택되어집니다. ②번 그림은 해당 면을 2회 연속 클릭한 경우입니다. 해당 면과 접한 선이 선택되어집니다. ③번 그림은 해당 면을 3회 연속 클릭한 경우입니다.

◎ TIP
'Ctrl'을 누른 뒤 클릭하면
객체를 선택하는 것을 추
가로 할 수 있음

[2] Window 및 Closed 선택 방법 살펴보기

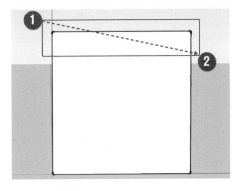
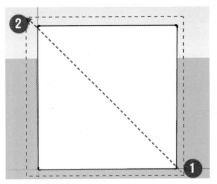

◎ TIP
모든 객체를 선택 해제하
려면 'Ctrl+T'를 누름

선택[Select ▶] 도구로 해당 면 또는 선을 개별 클릭하는 방법이 아닌 드래그[drag] 방법을 활용하여 동시에 다수의 객체를 선택할 수 있습니다. 드래그 방식에는 두 가지[Window와 Closed] 방법이 있습니다. [Window 방법]은 좌측에서 우측으로 드래그 하는 방법이며, 사각형 영역에 완전히 포함된 객체만 선택하게 됩니다. [Closed 방법]은 우측에서 좌측으로 드래그 하는 방법이며, 사각형 영역에 포함되거나 걸쳐진 모든 객체를 선택하게 됩니다.

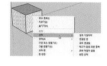

◎ TIP
객체 위에 마우스 우측
버튼을 클릭하면 선택이
라는 항목이 나타나고 드
롭다운 메뉴로 경계 가장
자리, 연결된 면, 모두 연
결됨, 태그가 같은 모든
항목, 모두 재질이 같음,
반전선택 등이 있음

[3] [ctrl + A]와 [ctrl + T]를 활용한 전체 객체 선택 및 해제 방법 살펴보기

키보드에서 [ctrl + A]를 눌러 화면상에 작성 된 모든 객체를 선택할 수 있습니다.
키보드에서 [ctrl + T]를 눌러 화면상에 전체 선택된 객체를 모두 선택 해제할 수 있
습니다. 즉 [ctrl + T]는 [ctrl + A]의 반대 개념입니다.

[ctrl + A]를 눌러 전체 선택

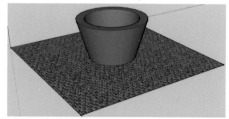
[ctrl + T]를 눌러 전체 선택 해제

MEMO

CHAPTER

05 그룹[GroUp]과 구성요소[Component]

스케치업 프로에서 그룹[Group]과 구성요소[Component]는 비슷해 보이지만 전혀 다른 특성의 객체입니다. 그룹이 단순히 다수의 모델을 하나로 묶어 관리해주는 역할이라면 구성요소는 매우 다양한 기능을 가지고 있습니다.

대표적인 차이점에 대하여 차근차근 알아보도록 하겠습니다.

01 그룹[Group] 설정 따라하기

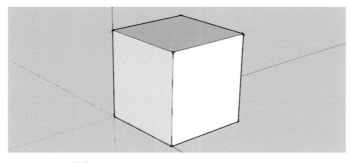

◎ TIP
그룹 만들기는 자주 사용하므로 단축키를 사용하는 것이 효율적이며 단축키로 'Ctrl + G'를 사용

❶ 직사각형[Rectangle ▨] 도구를 활용하여 위의 그림과 같이 입체 사각형 모델을 작성합니다.

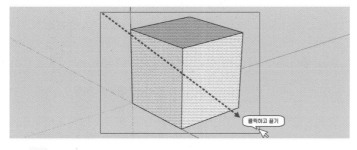

◎ TIP
객체 전체를 선택하려면 클릭을 3번 하거나 전체를 드래그하여 선택함

❷ 선택[Select ↖] 도구를 활용하여 해당 모델을 선택합니다.

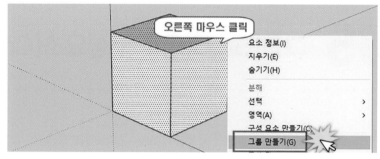

◎ TIP
객체를 그룹으로 생성하는 것은 관리를 용이하게 하거나 다른 도형을 그렸을 때 서로 영향을 주지 않게 하기 위한 것임

❸ 선택된 모델 위에 마우스를 두고 우측 버튼을 클릭하면 확장메뉴가 펼쳐지며 메뉴 중 그룹 만들기[Make Group] 항목을 선택합니다.

◎ TIP
그룹으로 되어 있는 객체의 편집은 객체를 더블클릭해서 객체의 편집모드로 작업해야 함

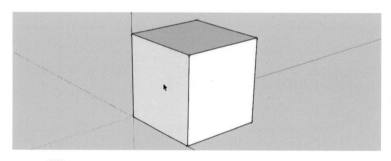

❹ 선택[Select �] 도구로 해당 모델을 클릭하면 각 면과 선들이 하나로 묶인 것을 알 수 있습니다. 즉 그룹화 되었습니다.

◎ TIP
편집이 다 되면 객체가 아닌 빈 곳에 클릭하면 편집모드에서 나오게 됨

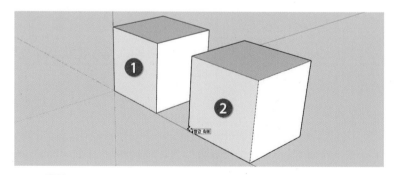

❺ 이동[Move ✛] 도구 선택 후 키보드의 [ctrl] 버튼을 누르면 복사[Copy ✛] 도구로 변경됩니다. 이어 먼저 그룹화시킨 ①번 모델을 우측으로 하나 더 복사합니다.

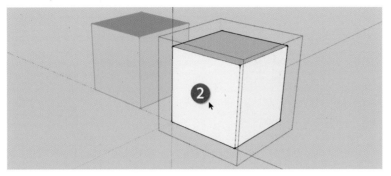

❻ 복사 된 ②번 모델을 더블 클릭하면 그룹을 수정[Edit Group]할 수 있습니다.

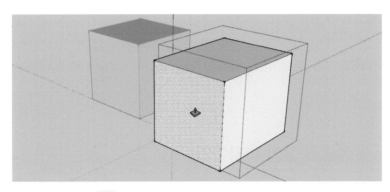

◎ TIP
그룹을 해제하려면 우측
버튼의 분해를 실행

❼ 밀기/끌기 [Push/Pull 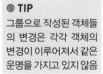] 도구를 활용하여 그룹 수정 상태인 ②번 모델의 하나의
면을 선택하고 조금 당겨내어 봅니다.

◎ TIP
그룹으로 작성된 객체들
의 변경은 각각 객체의
변경이 이루어져서 같은
운명을 가지고 있지 않음

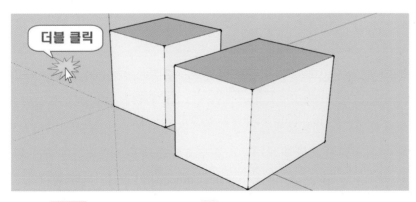

❽ 키보드의 [Space]를 눌러 선택[Select ↖] 도구로 변환 후 화면 빈 곳을 더블 클릭
하면 그룹 수정 상태에서 벗어납니다.

◎ **TIP**

객체들을 그룹으로 작성
하여 여러 단계의 그룹을
만들면 그룹의 순서가 정
해져 복잡한 작업이 체계
적으로 관리될 수 있음

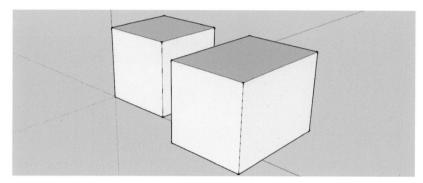

❾ 위의 결과에서와 같이 그룹은 단순히 개별 객체나 모델을 하나로 묶어주는 역할을
합니다. 그룹된 모델을 하나 더 복사하여 어떠한 수정을 하더라도 복사된 그룹들
의 모델은 함께 수정되지 않습니다.

이는 다음 페이지에서 학습하는 구성요소[Component]와 구별되는 중요한 차이
점입니다.

02 구성요소 설정 따라하기

◎ **TIP**

구성요소로 연결되어 있
는 객체들은 한 객체만
편집하더라도 구성 요소
로 연결되어 있는 모든
구성요소에도 모두 적
용됨

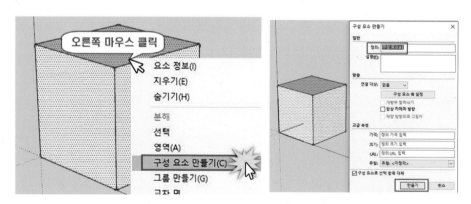

❶ 하나의 입체 사각형 모델을 작성 후 선택[Select ▶] 도구를 활용하여 모델을 선택
합니다. 선택된 모델 위에 마우스를 두고 우측 버튼을 클릭하면 확장메뉴가 펼쳐
지며 메뉴 중 구성요소 만들기[Make Component] 항목을 선택합니다.

구성요소 만들기[Create Component] 창이 나타나면 해당 구성요소에 이름을 부
여하고 하단의 만들기 버튼을 누릅니다.

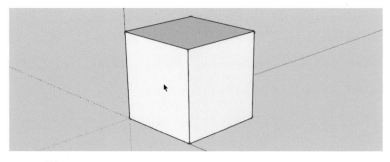

◎ TIP
객체 전체를 선택하려면 선택도구로 3번 클릭하거나 'Ctrl + A'를 누르거나 전체를 드래그하여 선택

❷ 선택[Select ▲] 도구로 해당 입체 모델을 클릭하면 각 면과 선들이 하나로 묶인 것을 알 수 있습니다.

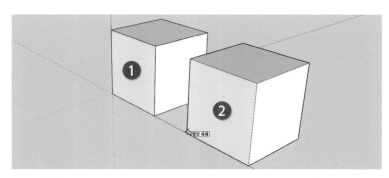

◎ TIP
· 일반적으로 복사하려면 'Ctrl'을 누르고 복사
· 객체 하나를 복사하면 다시 'Ctrl'을 눌러야 하는 경우가 많음

❸ 이동[Move ✥] 도구 선택 후 키보드의 [ctrl] 버튼을 누르면 복사[Copy ✥] 도구로 변경됩니다. 이어 구성요소화 된 ①번 모델을 우측에 하나 더 복사합니다.

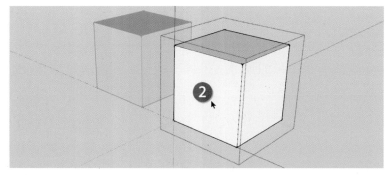

❹ 복사 후 ②번 모델을 더블 클릭하면 해당 구성요소를 수정[Edit Component]할 수 있습니다.

◎ TIP

구성요소를 밀기/끌기 하
려면 더블 클릭하여 구성
요소 편집상태로 들어가
야 가능

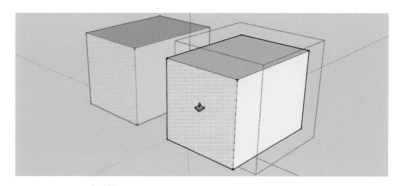

❺ 밀기/끌기[Push/Pull ◈] 도구를 활용하여 구성요소 수정 상태인 ②번 모델의 하
나의 면을 선택하고 조금 당겨내어 봅니다.

◎ TIP

같은 구성요소로 사용된
객체는 하나만 편집하여
도 모두 함께 변경

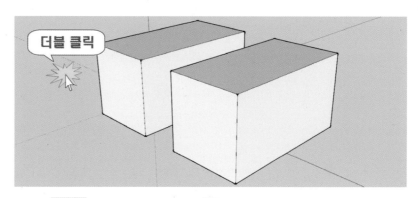

더블 클릭

❻ 키보드의 [Space]를 눌러 선택[Select ▶] 도구로 변환합니다. 이어 화면 빈 곳을
더블 클릭하면 구성요소 수정 상태에서 벗어납니다.

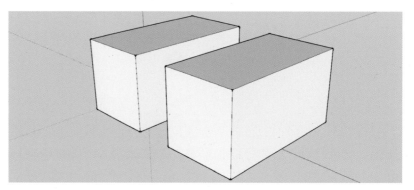

❼ 위의 결과에서와 같이 구성요소 모델을 하나 더 복사하여 수정을 하면 기존의 구
성요소 모델이 함께 수정됩니다.

CHAPTER

06 아웃라이너[Outliner] 기능의 활용

스케치업 프로에서 작성된 그룹[Group]이나 구성요소[Component]는 아웃라이너
[Outliner] 기능을 활용하여 사용자가 편리하게 관리할 수 있습니다.

01 아웃라이너[Outliner] 기능 따라하기

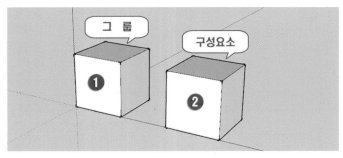

◎ **TIP**
스케치업 프로 **2020**에서
좀 더 다양한 작업을 할
수 있도록 추가된 부분
중 하나가 아웃라이너

❶ 두 개의 입체 사각형을 작성 후 ①번 모델을 그룹[Group], ②번 모델을 구성요소
[Component]로 각각 달리 지정합니다.

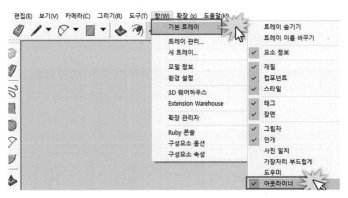

◎ **TIP**
작업영역 상에서 선택된
객체는 아웃라이너 트레
이에서 파랗게 선택되어
보이며 작업 영역의 화면
에서도 파랗게 하이라이
트 됨

❷ 스케치업의 [상단 메뉴바 ▶ 창[Window] ▶ 기본트레이[Default Tray] ▶ 아웃라이
너[Outliner] 메뉴]를 클릭합니다.

◎ TIP
아웃라이너에서 그룹이
나 구성요소의 명칭을 지
정하거나 변경할 수 있음

❸ 아웃라이너[Outliner] 창 내에는 사용자가 작성한 그룹과 구성요소의 현황이 보입니다.

아직 그룹과 구성요소에 명칭이 정해져 있지 않은 상태입니다.

◎ TIP
아웃라이너 트레이에서
명칭을 더블클릭하면 그
룹이나 구성요소를 편집
모드로 설정할 수 있음

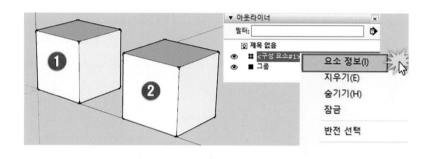

▼

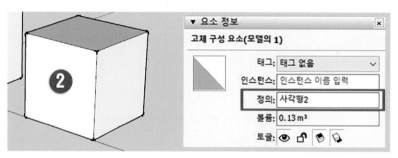

❹ 아웃라이너[Outliner]에서 구성요소#1[Component#1]을 선택 후 마우스 우측 버튼을 누릅니다. 요소정보[Entity Info]를 선택한 후 명칭 정의[Definition] 란의 내용을 수정하면 구성요소에 특정 명칭을 부여할 수 있습니다. 명칭 수정 후 요소정보[Entity Info] 창 우측 상단의 닫기[✕]버튼을 누릅니다.

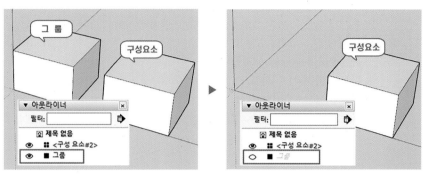

◎ TIP
그룹과 구성요소는 서로
다른 성격의 객체 변화를
가지고 있음

❺ 아이볼(◉)을 비활성화시키면 화면에 해당 아웃라이너(또는 태그)가 숨겨지게
됩니다.

◎ TIP
• 아이볼은 스케치업 프
로 2020에 새로 등장
한 용어
• 포토샵 레이어기능의
아이볼과 사용방법이
유사

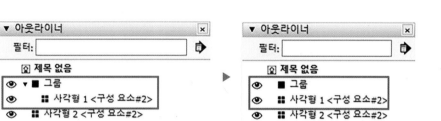

❻ 아웃라이너를 다른 아웃라이너에 종속시킬 수도 있습니다.

종속된 아웃라이너는 같은 운명을 가지고 같은 작업을 함께 할 수 있습니다.

종속된 아웃라이너를 [🖼 제목 없음]으로 드래그(Drag)하면 종속된 것이 해제됩
니다.

◉ 요소정보 항목에 아웃라이너[Outliner]와 관련된 다양한 확장 메뉴가 있습니다.
아래의 내용을 참고하세요.

◎ TIP
그룹과 구성요소를 해제
할 경우는 우측버튼의 분
해를 클릭

① 지우기[Erase] : 해당 그룹 또는 컴포넌트를 삭제합니다.
② 숨기기[Hide] : 해당 그룹 또는 컴포넌트를 화면상에서 숨겨주거나 다시 보여줍니다.
③ 잠금[Lock] : 해당 그룹 또는 컴포넌트를 수정을 못하도록 잠그거나 다시 수정이
  가능하도록 잠금을 해제합니다.
④ 편집[그룹 편집 / 구성요소 편집[Edit Group / Edit Component]] : 해당 그룹 또는
  구성요소를 수정합니다.
⑤ 분해[Explode] : 해당 그룹 또는 구성요소를 분해합니다. 분해를 하면 면과 선이
  분리됩니다.

02 따라가기 [Follow Me 🐾] 도구의 추가 기능 학습하기

[1] 단면 선택 후 경로 지정법 살펴보기

◎ TIP
따라하기는 경로와 단면
이 존재해야 실행이 가능

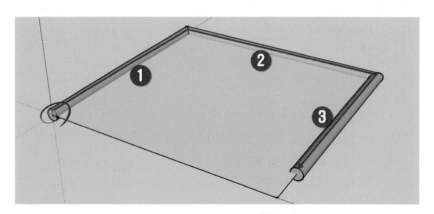

❶ X와 Y축을 기준으로 하는 직사각형[Rectangle ▨]을 작성합니다. 이어 사각형의

좌측 모서리에 X, Z축으로 세워진 원[Circle ⚪]을 작성 후 따라가기[Follow Me

🐾] 도구로 원의 테두리선을 선택합니다. 이후 사각형의 경계선 ① ▶ ② ▶ ③ 순

으로 따라가기[Follow Me 🐾] 도구를 움직이면 위의 그림과 동일한 원형의 입체

모델이 경계선을 타고 작성됩니다.

MEMO

[2] 경로 지정 후 단면 선택법 살펴보기

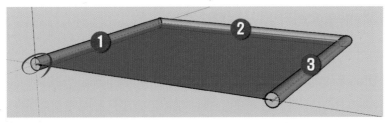

◎ TIP
따라가기는 단면을 클릭하고 경로를 따라 드래그하며 실행하는 방법과 경로를 먼저 선택한 후 따라가기 아이콘을 클릭하여 한 번에 실행하는 방법이 있음

❶ X(빨간축)와 Y(녹색축)축을 기준으로 하는 사각형의 좌측 모서리에 X, Z(파란축)축으로 세워진 원형을 작성합니다. 이후 ① ▶ ② ▶ ③ 순으로 앞서 학습한 동시 선택[↖+]으로 세 개의 연결된 선을 경로로 선택합니다. 따라가기[Follow Me 🌀] 도구로 원형의 단면을 선택하면 위의 그림과 동일하게 입체 모델이 작성됩니다.

[23] 따라가기[Follow Me 🌀] 도구의 응용

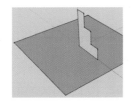 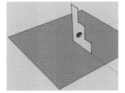 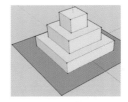

◎ TIP
객체의 일부분에 호를 그리거나 선을 그린 후 따라가기를 실행하며 모깎기를 하는 경우도 있음

❶ 선택[Select ↖] 도구로 사각형 바닥면을 지정하여 면에 접한 테두리선을 경로로 지정합니다. 선택[Select ↖] 도구로 테두리선만 동시 선택[↖+]해도 됩니다.

❷ 따라가기[Follow Me 🌀] 도구로 단면을 선택합니다.

❸ 단면의 형태가 경로를 따라 자동으로 입체 모델이 작성됩니다.

◎ TIP
단면을 작성한 후 원을 경로로 따라가기 도구를 실행하여 회전체를 작성할 수도 있음

MEMO

03

추정[Inference] 기능 학습하기

[1] 추정[Inference]의 의미 살펴보기

◎ TIP
추정기능은 Auto CAD의
Osnap과 동일한 기능으
로 모든 객체의 특정점
을 찾아서 작업을 편리하
게 함

스케치업 프로에서 추정[Inference]이란 그리기나 모든 조작 과정에서 끝점[endpoint], 중간점[midpoint], 교차점[intersection], 중심점[center point], 반원[half circle], 빨간축 [X축] 추정선, 녹색축[Y축] 추정선, 파란축[Z축] 추정선 등 특정 방향이나 위치점을 정 확하게 찾아 주어 보다 정밀한 작업을 실현하도록 도와주는 기능을 의미합니다. 스케 치업 프로의 특정점(Osnap) = [Inference, 추정] 기능이라고도 불려집니다.

◎ TIP
원의 중심점이 제대로 추
정되지 않을 경우는 마우
스를 원의 외곽으로 잠시
움직였다가 다시 중심점
근처로 이동하면 쉽게 찾
을 수 있음

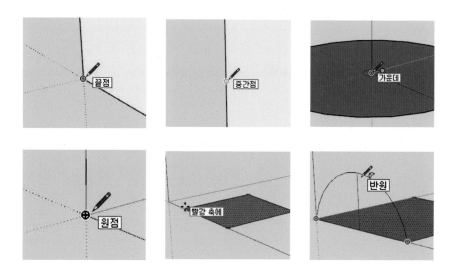

[2] 축[Axis]에 대한 추정 잠금 따라하기

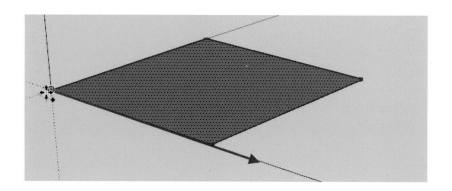

세 축의 교차점[원점]을 기준으로 직사각형[Rectangle ▨] 도구를 활용하여 [2000, 2000]의 사각형을 작성한 후 전체 선택[ctrl + A] 합니다. 이동[Move ✥] 도구로 사각형의 모서리점을 기준점으로 지정합니다. 빨간축(X축) 방향으로 조금 이동을 시키면 [⬧빨강 축에] 메시지가 뜨며 이때 키보드의 [shift] 버튼을 계속 누르고 있으면 빨간축(X축) 방향의 점선이 두꺼워지면서 치우침 없이 정확하게 빨간축(X축) 방향으로만 이동 또는 복사를 할 수 있습니다. 이를 [추정 잠금]이라고 합니다. 동일하게 녹색축(Y축), 파란축(Z축)도 [shift] 버튼을 이용하여 해당 축의 [추정 잠금]을 할 수 있습니다. 또 다른 방법으로 키보드의 방향키를 활용하여도 됩니다. ➡[빨간축(X축) 잠금 추정], ⬅[녹색축(Y축) 잠금 추정], ⬆[파란축(Z축) 상부 방향 잠금 추정], ⬇ [파란축(Z축) 하부 방향 잠금 추정] 방향키를 누르고 있으면 해당 축이 [추정 잠금]됩니다.

◎ TIP
추정기능의방법으로 'Shift' 버튼과 함께 사용하면 추정잠금의 기능을 사용할 수 있어서 축의 반경을 벗어나지 않도록 할 수 있음

MEMO

CHAPTER

07 톱니바퀴 모델 작성

톱니바퀴 모델 작성 예제를 활용하여 회전[Rotate] 도구와 함께 카메라 기본 도구에 대하여 알아봅니다.

❶ 회전 [Rotate Icon] : 객체를 회전시킬 수 있습니다. [단축키 : Q]

❷ 카메라 [Camera Tool] : 작업화면의 확대, 축소, 이전보기[previous] 등의 기능을 제공합니다.

◎ TIP
회전 도구는 회전축의 추정이 자동으로 이루어져 어려움 없이 객체의 회전을 작성할 수 있음

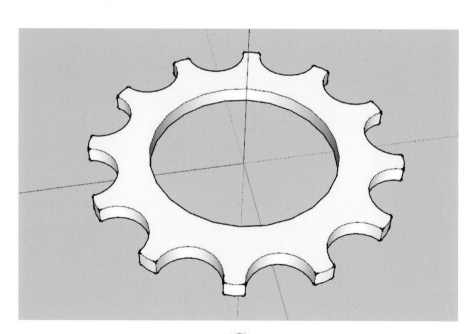

❸ 다음 페이지를 참고하여 회전 [Rotate] 도구를 활용한 톱니바퀴 모델을 따라 해 보도록 합니다.

01

톱니 바퀴 모델 작성 따라하기

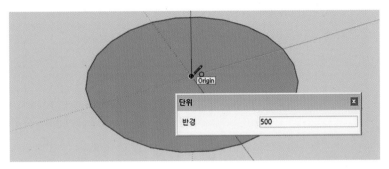

◎ TIP
반 지름 500인 원을 그린
후 원의 외곽선에 반지름
100인 원을 그릴 경우는
추정기능의 원의 중심점
기능을 활용하면 쉽게 작
성할 수 있음

❶ 원[Circle ⊙] 도구를 선택하고 축의 교차점을 중심점으로 지정한 후 수치입력창
   에 반지름 [Radius]값 [500]을 입력하면 위의 그림과 동일해집니다.

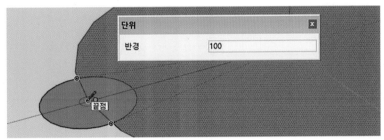

◎ TIP
외곽선의 원을 지우려면
바깥쪽 원의 테두리를 클
릭해야 안쪽의 반원 부분
까지 함께 지워짐

❷ 빨간색[X]축과 먼저 그려놓은 큰 원의 테두리선이 만나는 교차점에 원[Circle
   ⊙] 도구를 활용하여 중심점을 지정한 후 수치입력창에 반지름[Radius] 값 [100]
   을 입력하면 위의 그림과 동일하게 작성이 됩니다.

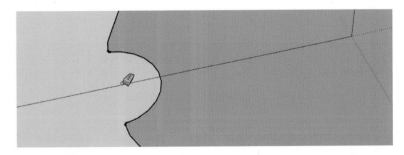

❸ 지우개[Erase ◆] 도구를 활용하여 위의 그림과 동일하게 둥근 홈의 형태가 만들
   어지도록 주위의 선을 정리합니다.

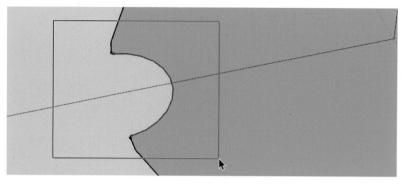

◎ TIP
Ctrl을 누르고 회전하면
객체를 회전하면서 복사
할 수 있음

❹ 선택[Select ▸] 도구의 [Window] 선택법을 활용하여 둥근 홈의 테두리 선을 선택하거나 직접 마우스로 홈의 테두리를 클릭하여 선택합니다.

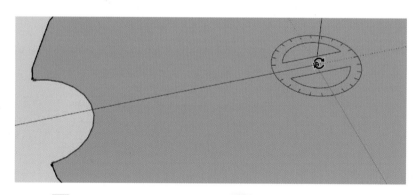

◎ TIP
Ctrl과 함께 *n을 입력하면 복사하는 각도와 지정한 객체의 수로 여러 개 복사할 수 있음

❺ 키보드의 [Q]를 입력하거나 회전 [Rotate ↻] 도구를 선택하여 축의 교차점에 위치시킵니다.

◎ TIP
회전 도구를 제대로 사용하려면 먼저 0도인 시작점을 지정하고 하는 것이 정확함

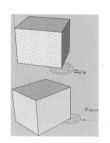

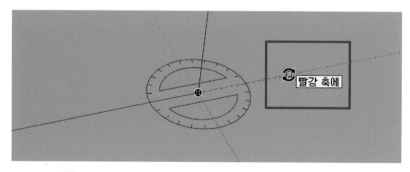

❻ 회전[Rotate ↻] 도구를 축의 교차점에 위치시켰다면 마우스를 활용하여 정확히 X축 방향 위에 회전 도구의 기준점을 지정합니다.

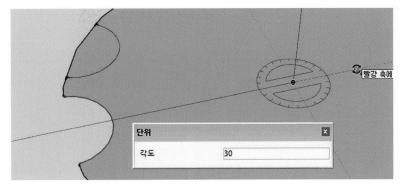

◎ TIP
회전도구는 이동도구와 동일하게 점, 선, 면 등 객체의 일부만 회전시켜서 객체의 형태를 변형시킬 수 있음

❼ 키보드의 [ctrl]를 누르면 회전 도구 옆에 [+] 표시가 나타납니다. 마우스를 움직여 회전 방향을 지정 후 수치입력창에 [30]을 입력하면 [30도] 각도에 선택 객체가 복사가 됩니다.

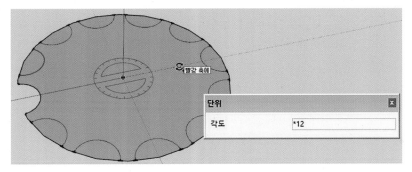

◎ TIP
• 톱니바퀴 모양을 만들기 위해 반지름100인 원의 일부분을 클릭하고 회전해야 그 부분이 회전하면서 복사
• 만들어진 객체 전체를 선택하고 회전 도구를 실행하면 얻고자 하는 형태를 얻을 수 없음

❽ 객체 하나가 복사가 되면 수치입력창에 즉시 [*12]라고 입력합니다. 처음 지정한 [30°] 각도를 기준으로 12개의 둥근 홈의 테두리가 복사되어 작성됩니다.

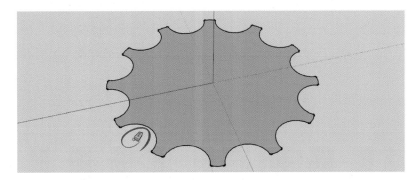

❾ 지우개[Erase 🧽] 도구를 활용하여 위의 그림과 동일하게 둥근 홈의 형태가 되도록 주위의 선을 전체적으로 정리합니다.

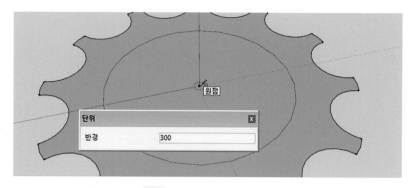

◎ TIP
원의 내부면을 지우고 싶
을 경우는 원의 테두리선
을 클릭하고 지우면 선과
면이 모두 지워지므로 원
의 내부만 선택하여 지워
야 함

⑩ 세 축의 교차점에 원[Circle ⬤] 도구를 활용하여 중심점을 지정한 후 수치입력
창에 반지름 값 [300]을 입력하여 원을 작성합니다.

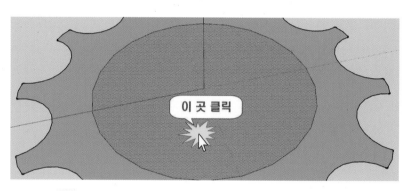

⑪ 선택[Select ▸] 도구를 활용하여 해당 원형의 내부 면을 선택한 후 키보드의
[Delete] 버튼을 누르면 해당 면이 지워지게 됩니다.

◎ TIP
밀기/끌기를 실행할 때
에는 정확한 수치를 입력
해주는 것이 바람직

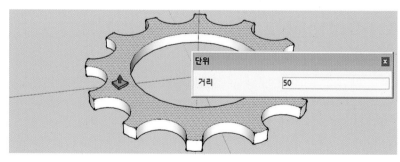

⑫ 밀기/끌기[Push/Pull ◆] 도구를 활용하여 남겨진 면을 선택합니다. 마우스로 당
길 방향을 정하고 수치입력창에 [50]을 입력하면 위의 그림과 동일한 객체가 작성
됩니다.

02 카메라[Camera] 기본 도구 기능 학습하기

❶ 🜚 객체 관찰[Orbit] 도구

마우스 휠을 계속 누르고 있으면 화면에 관찰 아이콘이 나타납니다. 휠을 계속 누른 채 마우스를 움직여 화면을 돌려가며 작성된 객체를 관찰합니다.

❷ ✋ 화면 이동 [Pan] 도구

키보드의 [shift]와 마우스 휠을 누르면 화면상에 손바닥이 나타납니다. 이 기능을 활용하여 화면을 사용자가 편하게 이동해가며 객체를 작성할 수 있습니다.

◎ TIP
화면을 확대/축소 할 경우, 중심이 되고자 하는 객체에 마우스 커서를 가져다 놓고 움직이면 그 객체를 중심으로 확대/축소가 됨

❸ 🔎 화면 확대 · 축소 [Zoom] 도구

마우스 왼쪽 버튼을 누른 채 움직이면 화면이 확대 및 축소됩니다.

❹ 🎯 작성 객체 중심의 화면 조정 [Zoom Extents] 도구

해당 아이콘을 클릭하거나 키보드에서 [Space + Z]를 누르면 사용자가 작성한 객체들이 화면에 자동으로 맞춰 보입니다. 객체가 화면에 없을 시 축[Axis]을 자동으로 정렬합니다.

◎ TIP
창 확대/축소 도구는 도구를 선택한 후 사각형을 그리면 그 부분이 확대됨

◉ 아래의 그림을 참고하세요.

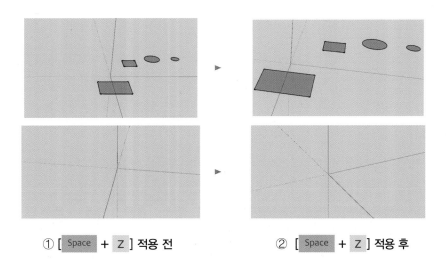

① [Space + Z] 적용 전   ② [Space + Z] 적용 후

❺ 이전보기[Previous 🔍] 아이콘

스케치업 프로는 항상 사용자의 작업 화면을 기억하고 있습니다. 이에 이전보기 [🔍] 도구는 현재 사용자가 보는 화면 전 단계의 화면들을 보기 위하여 활용됩니다. 이전보기[🔍] 도구는 특히 추후 학습하게 될 스케치업 프로 애니메이션 작업에 서 유용하게 사용되어 집니다.

MEMO

CHAPTER

08 주택 정면 모델 작성

주택 정면도를 직접 만들어 보면서 스케치업 프로의 축조[CONSTRUCTION] 도구
에 대하여 알아봅니다.

❶ 축조 도구 그룹 [Construction Group 🪁 🔔] : 치수에 맞춰 보다 정교하고 세밀한
작업을 수행하기 위하여 스케치업 프로에서 제공하는 도구들이 모여 있습니다.
치수, 안내선, 글자 기입, 각종 면적 및 인출선, 축의 재지정 등을 할 수 있습니다.

① 줄자 도구[Tape Measure 🍃] 도구 : 길이를 재거나 모델 작성 참조에 도움을
주는 안내선을 작성합니다.

② 치수[🪓] 도구 : 작성 모델에 치수선 표현을 합니다.

③ 각도기[Dimension 🦪 도구 : 각도를 재거나 경사 안내선을 작성합니다.

④ 텍스트[Protractor 📐 도구 : 면적, 길이 등과 관련되어 지시 문자를 작성합니다.

⑤ 축[Axis ✳ 도구 : 축의 방향을 재지정합니다.

⑥ 3D 텍스트[3D Text 🔔] 도구 : 두께 값이 있는 3차원 문자를 모델을 작성합니다.

◎ TIP
· 축조도구 그룹은 객체
를 그리거나 편집하는
작업을 도와주는 도구
들의 그룹
· 길이와 각도를 재고,
문자와 치수선을 삽입
하며 축을 변경하여
임의의 축으로 변경하
여 그 축에 맞도록 객
체를 작성할 수도 있음

MEMO

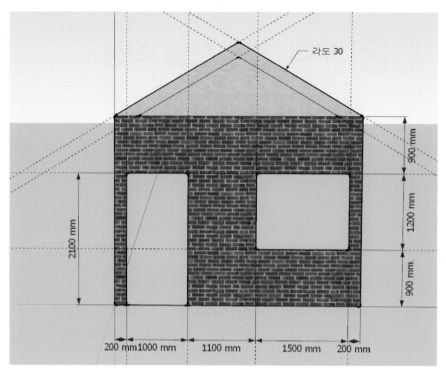

각도 30

900 mm

1200 mm

900 mm

2100 mm

200 mm 1000 mm   1100 mm   1500 mm   200 mm

❷ 위의 예제를 참고하여 다음 페이지에서 제시된 과정을 따라해 봅니다.

01 주택 정면 모델 작성 따라하기

◎ TIP
궤도 도구는 휠을 누르고
드래그

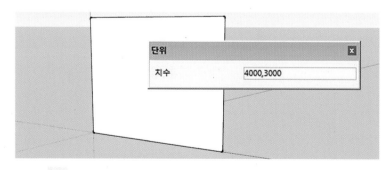

단위

지수   4000,3000

❶ 궤도[Orbit   ] 도구를 활용하여 X, Z축으로 뷰[View]를 맞춘 뒤 직사각형
[Rectangle   ] 도구로 축의 교차점에 사각형의 시작점을 지정합니다. 수치입력
창에 [4000, 3000]을 입력하여 사각형 면을 작성합니다.

❷ 사각형의 면에 정확한 위치의 개구부[문과 창문]를 작성하기 위하여 키보드에서
[T]를 입력하거나 줄자 도구[Tape Measure] 도구를 직접 선택하여 사각형
의 좌측 수직선을 클릭합니다.

◎ TIP
· 줄자도구로 가이드선
  을 넣을 때는 선으로
  만드는 선 가이드와
  점으로 만드는 점 가이
  드를 사용할 수 있음
· 선 가이드는 'Ctrl' 누
  른 후 객체의 모서리
  를 선택하고 수치입력
  창에 수치를 입력
· 점 가이드는 'Ctrl' 누
  른 후 객체의 꼭지점
  인 점을 선택하고 수
  치입력 창에 수치를
  입력

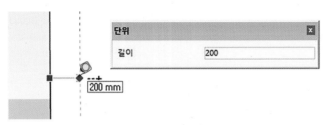

❸ 키보드에서 [ctrl] 버튼을 누르면 측정도구에 [+]가 표시됩니다. 먼저 선택한 수
직선을 참조하여 안내선을 작성하고자 하는 방향으로 마우스를 움직인 후 수치입
력창에 [200]을 입력하면 위의 그림과 동일한 점선의 안내선이 만들어집니다. [+]
표시가 없는 줄자[Tape Measure] 도구는 단순히 길이 측정도구로서만 활용
가능합니다.

◎ TIP
줄자 도구는 객체의 모서
리를 지정한 후 방향을
잡아 주고 수치를 입력해
야 함

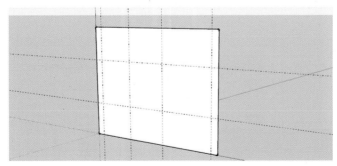

❹ 앞선 단계에서 학습한 방법으로 사각형의 면에 예제에서 제시된 치수를 기준으로
안내선 작업을 위의 그림과 동일하게 진행합니다.

◎ TIP
각을 측정하고자 하는 면
에 가져다 대면 추정 기
능으로 면을 추정합니
다. 이때 'Shift'를 누르면
그 면의 테두리선이 활성
화되면서 각도기의 방향
을 고정시킬 수 있음

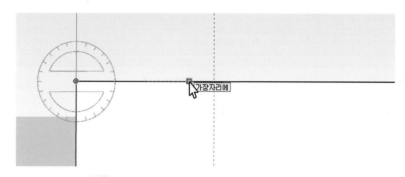

❺ 각도기[Protractor ✐] 도구를 선택하고 사각형 면의 좌측 모서리점에 위치점을
지정합니다. 마우스를 움직여 X축(빨간축)으로 방향에 기준점으로 지정합니다.

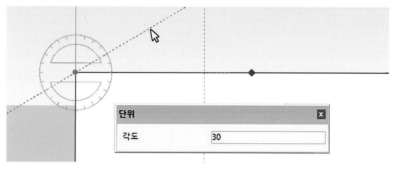

◎ TIP
각도기 도구도 줄자 도구
처럼 가이드 선을 생성할
수 있음

❻ 마우스를 활용하여 위의 그림과 같이 경사 방향을 정하고 수치입력창에 [30]을 입
력하면 [30]도 방향으로 경사 안내선이 점선으로 작성됩니다.

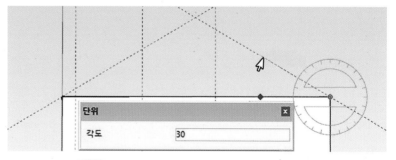

❼ 각도기[Protractor ✐] 도구를 활용하여 반대편 모서리점을 지정합니다. 선행 학
습한 방법과 동일하게 경사도 [30]의 안내선을 위의 그림과 동일하게 작성합니다.

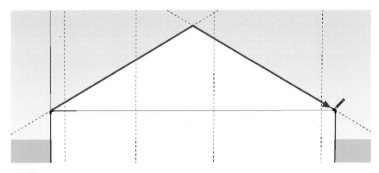

◎ TIP
면을 작성하려면 최소한
3개의 선이 모여야 함

❽ 선[Line ✏] 도구를 활용하여 선행 작성한 경사 안내선을 참고하여 선을 작성합
니다. 위의 그림과 동일하게 삼각형의 면이 작성됩니다.

◎ TIP
선을 복사하려면 Ctrl을
누르면 작성할 수 있음

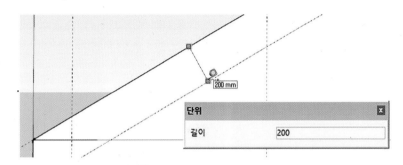

❾ 줄자 도구[Tape Measure 🔍]를 활용하여 작성해 둔 경사선을 클릭하여 안내선
작성 방향을 정한 뒤 키보드의 [ctrl]버튼을 누른 후 수치입력창에 [200]이라고
입력합니다. 위의 그림과 동일한 경사진 안내선이 작성됩니다.

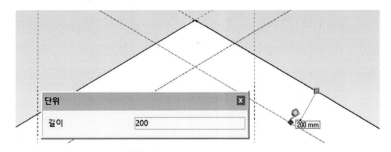

❿ 줄자 도구[Tape Measure 🔍]를 활용하여 반대편의 경사선을 클릭하여 선행 방
법과 동일한 과정으로 [200]간격의 안내선을 작성합니다.

◎ TIP
가이드선 위에 선과 사각
형으로 형태를 작성하여
사용

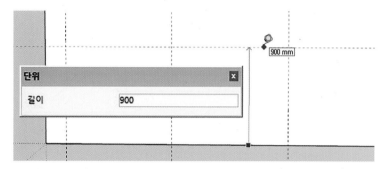

⓫ 사각형 면의 아래선을 기준으로 900간격의 안내선을 작성합니다.

◎ TIP
가이드선을 삭제하려면
가이드선을   클릭하여
'Delete' 하거나 지우개
도구를 사용

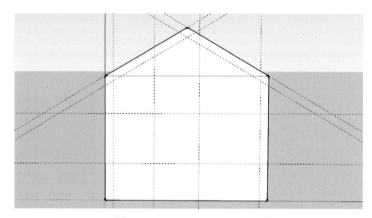

⓬ 줄자 도구[Tape Measure   ]와 각도기[Protractor   ]를 활용하여 완성된 전체
적인 안내선이 위의 그림과 동일한지 확인합니다.

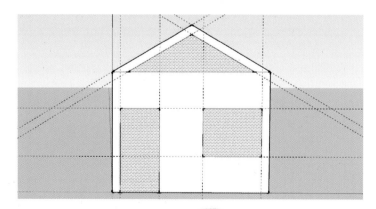

⓭ 선[Line   ] 도구와 직사각형[Rectangle   ] 도구를 활용하여 안내선의 교차점
의 개구부 형태를 작성합니다.

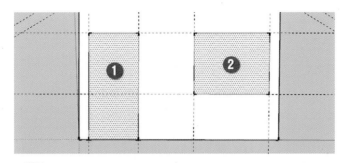

⑭ 선택[Select ▶] 도구를 활용하여 ①번과 ②번 면을 동시 선택하고 키보드에서 [Delete] 버튼을 눌러 해당 면을 삭제합니다.

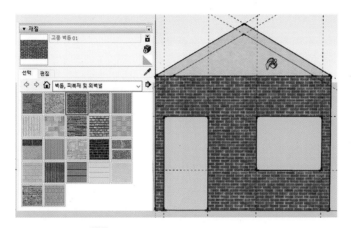

◎ TIP
재질적용하는 페인트 통의 단축키는 'B'

⑮ 페인트 통[Paint Bucket ⟨⟩] 도구를 활용하여 위와 동일하게 재질을 부여합니다.

◎ TIP
도구 사용 시 투명도, 색상, 재질의 크기, 변경 등의 설정이 가능하며 외부에서 이미지를 불러오기 할 수도 있음

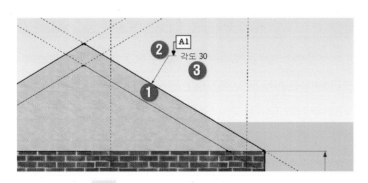

◎ TIP
선택 도구로 여러 면을 선택한 후 재질을 한꺼번에 넣는 방법도 있음

⑯ 경사선에 텍스트[Text ⌊A1⌋] 도구를 활용하여 인출 문자의 위치점을 위의 그림처럼 ①번, ②번 순서대로 클릭합니다. ③번째 순서에서 문자를 변경하고 할 경우 직접 [각도 30]이라고 입력 후 키보드의 [Enter]를 두 번 입력합니다.

◎ TIP
치수 도구는 객체의 치수
를 기입하여 표시할 수
있는 도구
객체를 편집하여 치수가
변경되면 객체의 치수가
함께 변경됨

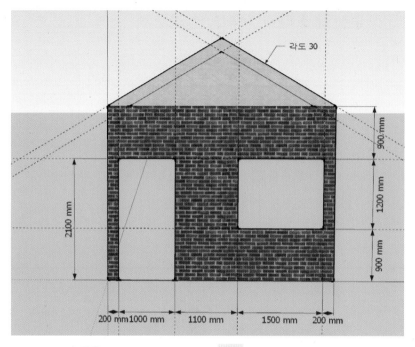

⑰ 치수[Dimension ✕]도구와 텍스트[Text 🔲]도구를 활용하여 완성된 전체적인
치수선 작업이 위의 그림과 동일한지 확인합니다.

◎ TIP
치수선을 작성한 후 변경
사항이 발생할 경우에는
치수와 치수선을 클릭한
후 우측버튼의 요소정보
에서 수정이 가능

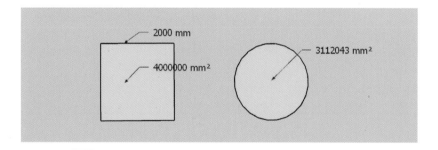

⑱ 텍스트[Text 🔲] 도구는 단순히 인출 문자를 기입하는 기능 이외에 다양한 문자
기입 기능을 담고 있습니다. 어떠한 면과 경계선인가에 따라 면적, 길이, 현의 길
이 등의 다양한 문자를 기입할 수 있습니다.

MEMO

02 치수선의 스타일 재지정 살펴보기

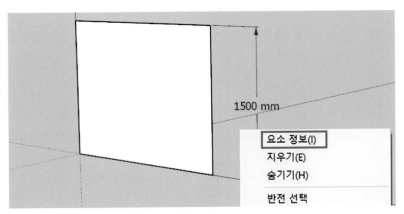

❶ 스타일을 재지정하고자 하는 치수선을 선택하고 마우스 우측 버튼을 클릭하면 확장 메뉴가 펼쳐집니다.

❷ 확장 메뉴에서 요소 정보[Entity info]를 선택합니다.

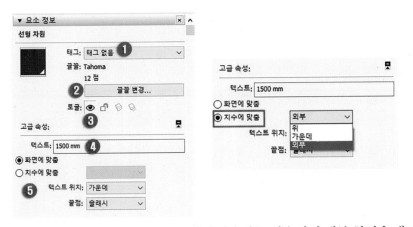

◎ TIP
문자도구는 문자만을 삽입할 수도 있고 문자와 함께 인출선을 삽입할 수 있음

❸ 선택된 치수의 요소정보[Entity Info]에서 사용자는 치수선의 세부 형식을 재조정할 수 있습니다.

아래의 내용을 참고하세요.

① 태그(TAG) : 치수선의 태그를 변경할 수 있습니다. 추후 학습하게 됩니다.

② 글꼴 변경(CHANGE FONT) : 글자의 형식, 굵기, 크기를 변경합니다.

③ 숨기기(Hidden) : 숨기기 항목에 체크를 하면 치수선이 화면상에서 숨겨집니다.

◎ TIP
치수도구의 치수문자를 변경하고자 할 경우는 모델 정보의 텍스트 부분을 수정하여도 됨

④ 텍스트(TEXT) : 기존 문자 내용을 확인 및 변경이 가능합니다.

⑤ ㉠ 화면에 맞춤(Align to screen) : 화면 뷰[view]에 맞춰 자동으로 치수 문자가 정렬됩니다.

ㄴ 치수에 맞춤(Align to dimension) : 세 가지 스타일로 문자가 정렬됩니다.

[위(Above) : 치수선 위 위치 문자 / 가운데(Centered) : 치수선 중간 위치 문자 / 외부(Outside) : 치수선 외부 위치 문자]

ㄷ 텍스트 위치(Text Position) : 문자의 위치점을 재지정합니다.

[외부시작(Outside Start), 가운데(Centered), 외부 끝(Outside Start)]

ㄹ 끝점(Endpoints) : 치수선의 화살촉의 스타일을 재지정합니다.

03 축[Axis]의 재지정 살펴보기

◎ TIP
• 축도구는 X축, Y축, Z축을 변경할 수 있는 도구
• 경사진 평면에 객체를 그리려고 할 경우에 주로 사용

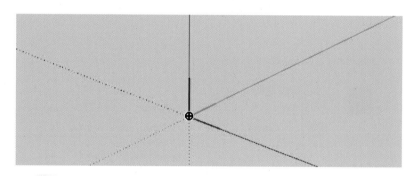

❶ 축 [Axis ✳] 도구를 선택 후 축의 교차점[원점]에 축 도구의 위치점을 지정합니다.

◎ TIP
축을 원래의 상태로 되돌릴 경우에는 우측버튼을 누르고 재설정을 클릭

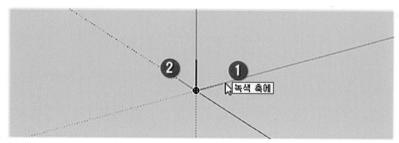

❷ 새로운 X축이 될 ①번 지점과 새로운 Y축이 될 ②번 지점을 마우스 좌측 버튼으로 지정합니다.

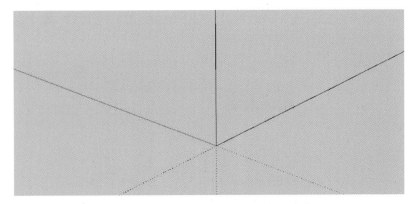

◎ TIP

원점 클릭하고 X축 방향 지정, 그리고 Y축방향을 지정하면 원하는 축으로 변경

❸ 축[Axis]의 변경으로 새로운 방향의 축이 생성되었습니다.

축[Axis]의 재지정은 다양한 뷰[view]의 면의 높이 값 및 모델 작성에 많은 도움을 주기에 필히 이해하여야 합니다.

◎ TIP

축 도구는 Auto CAD의 UCS와 동일한 기능

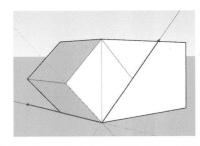

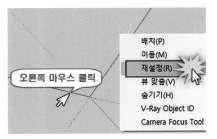

오른쪽 마우스 클릭

배치(P)
이동(M)
재설정(R)
뷰 맞춤(V)
숨기기(H)
V-Ray Object ID
Camera Focus Tool

❹ 위의 그림과 같이 축의 변경으로 다양한 경사진 형태의 모델을 작성할 수 있습니다.

변경된 축을 원상복귀하려면 축 위에 마우스를 올려놓고 우측 버튼을 누르면 펼쳐지는 확장 메뉴에서 재설정[Reset] 메뉴를 클릭하면 됩니다.

MEMO

04 3D 텍스트[3D 텍스트 배치(Place 3D TEXT) 🔔] 살펴보기

◎ TIP
3D텍스트 도구는 문자 설정에 관한 대화상자가 나타나며 배치 버튼을 누르면 3D 문자가 화면에 삽입

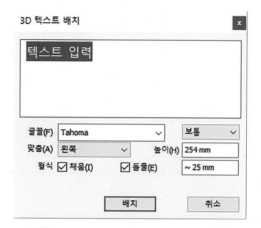

◎ TIP
3D 텍스트로 작성된 문자들은 그룹으로 연결되어 있어서 분해 도구를 사용하여야 함

❶ 3D 텍스트[3D TEXT 🔔] 도구를 클릭하면 위의 창이 나타납니다.

❷ 텍스트 입력[Enter text]라고 쓰여진 부분에 마우스를 클릭하면 사용자가 원하는 문자를 작성할 수 있습니다.

❸ 글꼴[Font] 항목에서 문자의 스타일을 정합니다.

❹ 보통[[Regular] 항목에서는 ⬚ 문자의 두께를 정합니다.
굵게[Bold]를 선택하면 문자의 두께가 굵어집니다.

❺ 맞춤[Align] 항목에서는 ⬚ 문자의 정렬 방식을 정합니다. [좌측/중앙/우측]

❻ 높이[Height] 항목에서는 문자의 높이를 정합니다.

❼ 형식[Form] 항목에서는 채움[Filled]에 대한 체크 항목이 있습니다. 체크가 해제되면 3차원 문자가 만들어지지 않습니다. 또한 바로 옆 돌출[Extruded] 항목이 사라집니다.

❽ 채움[Filled] 항목이 체크되면 돌출[Extruded] 항목이 활성화되며 3차원 입체 돌출 값을 줄 수 있습니다.

❾ 옵션 설정이 마무리되면 배치[Place] 버튼을 클릭하여 사용자가 원하는 지점을 클릭합니다. 클릭 즉시 해당 문자가 화면상에 나타나게 됩니다.

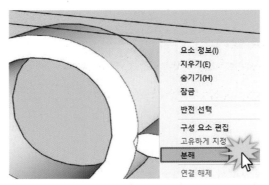

◎ **TIP**
밀기/끌기 도구로 문자
의 높낮이를 조절해주면
문자가 입체에 음각을 줄
수도 있음

⑩ 작성된 3D 텍스트는 구성요소[Component]로 잡혀져 있으므로 개별 글자를 선택
할 수 없습니다. 이럴 경우 마우스 왼쪽 버튼으로 더블 클릭을 하여 구성요소 편집
[Edit Component]으로 들어가 선택하거나 마우스 오른쪽 버튼을 눌러 분해
[Explode] 항목을 클릭하면 모든 글자가 개별로 분리됩니다.

MEMO

09 돌아다니기[Walkthrough] 도구

스케치업 프로에는 돌아다니기[Walkthrough] 기능이 있어 건물 내부와 외부, 그 주변을 가상으로 돌아다녀 보는 기능은 물론 특히 둘러보기[Look Around] 기능을 활용하여 실제 사람이 눈을 들어 사물을 보는 듯한 특정 장면을 연출할 수 있습니다. 또한 단면도 작성에 유용한 [Section Plan] 기능을 담고 있습니다.

❶ 카메라 위치 지정 [Camera Position Icon 👤] : 카메라의 위치를 정할 수 있습니다.

❷ 둘러보기 [Look Around Icon 👁] : 마우스를 활용하여 눈으로 보는 듯 한 장면의 화면을 볼 수 있도록 합니다.

❸ 이동 [Walk Icon 👣] : 건물 내부나 외부 주변을 걷거나 뛰어다니는 듯한 장면을 볼 수 있도록 합니다.

❹ 단면 [Section Plan Icon ⊕] : 건물 또는 특정 객체의 단면의 형태를 볼 수 있습니다.

> **◎ TIP**
> 돌아다니기 도구를 사용하면 모델링한 객체와 공간을 사람의 눈높이에서 직접 걷고 이동하고 둘러보는 효과를 느낄 수 있음

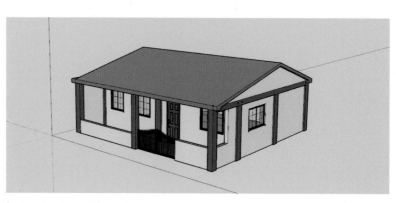

◉ Section Plan 적용 전

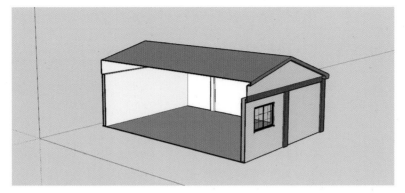

◎ TIP

사각형 객체를 작성한 후 어두운 색상을 띠고 있다면 안쪽의 면이 밖으로 뒤집혀 있는 상태 객체에 우측 버튼을 누르고 면 반전을 하면 객체의 안쪽과 바깥쪽이 제대로 위치하게 됨

◉ Section Plan 적용 후

01 카메라 위치 지정[Camera Position 🚶] 도구 활용 따라하기

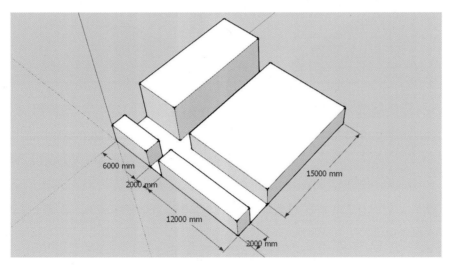

6000 mm
2000 mm
12000 mm
2000 mm
15000 mm

❶ 가로 및 세로 [20000]의 사각형 면을 작성 후 위의 그림을 참고하여 면을 나누어 높이 [3000 이상]의 서로 다른 네 개 박스를 작성합니다.

MEMO

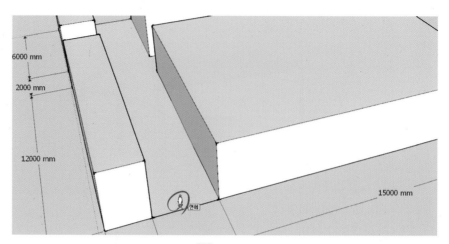

❷ 카메라 위치 지정[Camera Position 🧍] 도구를 선택하여 위의 그림과 동일한 지점
에 마우스 좌측 버튼으로 지정합니다.

◎ TIP
카메라 위치지정은 화면
상의 한 지점을 클릭하
여 사람이 위치할 곳을
지정하고 눈높이를 입력

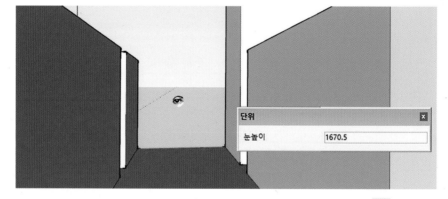

◎ TIP
카메라 위치지정 도구를
사용하면 자동으로 둘
러보기 도구가 활성화

❸ 지정 위치점으로 화면 이동되며 스케치업 작업 화면에 눈동자[eye 👁] 도구가 나
타납니다.

MEMO

02

둘러 보기[Look Around 👁] 도구 활용 따라하기

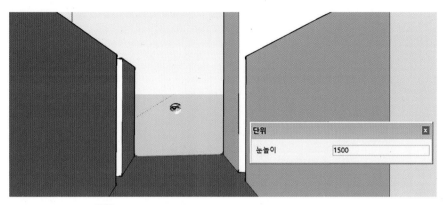

◎ TIP
둘러보기 도구는 사람이
고정된 위치에서 건물과
주위환경을 둘러보는 듯
한 효과를 줄 수 있음

❶ 화면상에 눈[eye 👁]이 표시되면 수치입력창의 눈 높이[Eye Height] [1500]을 입력합니다. 장면을 보는 눈의 높이가 [1500]으로 정해진 화면이 보이게 됩니다.

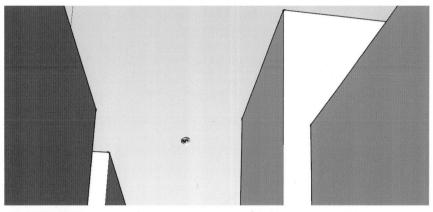

◎ TIP
원하는 방향으로 화면을
움직일 수 있음

❷ 마우스의 좌측 버튼을 누른 채 위로 올리면 두 눈 또한 함께 따라 올라가며 마치 고개 들어 보는 듯한 장면이 연출됩니다.

MEMO

◎ TIP

이동 도구는 사람이 공간을 걸어다니는 듯한 효과를 볼 수 있으며 방향과 속도를 조절할 수 있음

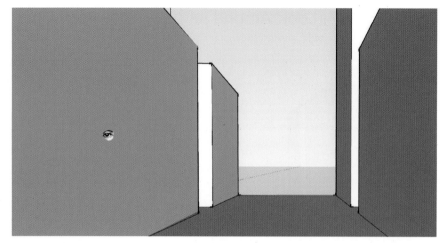

❸ 마우스를 좌우로 움직이면 마치 고개를 돌려 보는 듯한 장면도 연출할 수 있습니다.

03 이동[Walk 👣] 도구 활용 따라하기

인터넷 게임이나 가상현실에서 주로 사용하는 걷기 도구와 동일하게 도시의 도로, 골목 등의 거리나 건물 내부를 마치 사용자가 걸어보는 듯한 느낌을 주어 작업 모델에 대한 가상적 체험을 가능케 하여 줍니다.

◎ TIP

간혹 진행할 수 없다는 경고아이콘이 나타나지만 'Alt'를 누르고 클릭 드래그하면 장애물 없이 건물내부로 이동하는 효과를 볼 수 있음

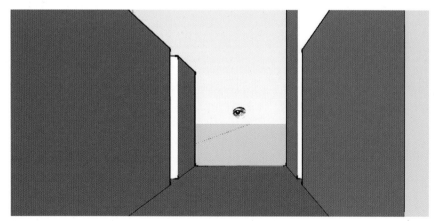

❶ 눈동자를 정면으로 향하도록 마우스를 활용하여 조정합니다.

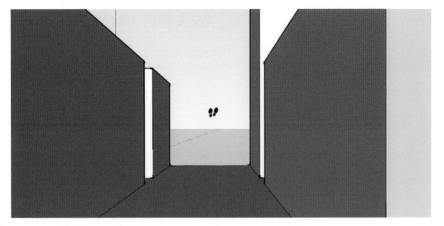

❷ 이동[Walk 👣] 도구를 선택한 후 키보드의 방향키 [⬆] 를 계속 누르면 앞으로 전진합니다. 키보드 방향키는 걷는 방향을 제어합니다.

① ⬆ 앞으로 움직이기

② ⬅ 좌측으로 움직이기

③ ➡ 우측으로 움직이기

④ ⬇ 뒤로 움직이기

⑤ ctrl + ⬆ 빨리 달리기

⑥ shift + ⬆ 하늘로 올라가기

⑦ shift + ⬇ 지하로 내려가기

◎ TIP
'Ctrl'을 누르고 클릭 드래그하면 화면이 이동 속도가 빨라져 사람이 달리는듯한 느낌을 받을 수 있음

◎ TIP
'Shift'를 누르고 클릭 드래그하면 눈높이의 시점이 상하로 움직이면서 계단을 올라가고 내려가는 듯한 효과를 볼 수 있음

❸ 이동[Walk 👣] 도구를 활용하여 걷다가 벽 등의 수직 물체에 가로막히게 되면 정지[👣] 아이콘이 나타납니다. 이럴 경우 키보드의 [alt] 버튼을 누른 상태로 전진하면 가로막힌 장애물을 통과하여 계속 돌아다니기를 할 수 있습니다.

MEMO

---

04 단면[Section Plan ⊕] 도구 활용 따라하기

◎ TIP
건축물 외관을 작성한 후
내부공간 작업이 필요할
경우 단면도구로 작업하
면 편리

객체의 절단면을 보여주는 것으로서 단면[Section Plan ⊕] 도구를 활용하여 건축물에 대한 상하 좌우의 축조과정을 애니메이션으로 구현할 수 있습니다.

◎ TIP
단면을 내보내기하여 2D
도면으로 출력이 가능하
고 단면의 애니메이션
기능을 이용할 수 있음

❶ 단면[Section Plane Icon ⊕] : 모델의 내부 상세 정보를 표시하기 위해 단면을 그립니다.

❷ 단면 표시[Display Section Planes Icon 🔲] : 단면 평면을 표시합니다.

❸ 단면 컷 표시[Display Section Cuts Icon 🔲] : 단면 컷을 표시합니다.

❹ 단면 채우기 표시[Display Section Fill Icon 🔲] : 단면 채우기를 표시합니다.

◎ TIP
단면도구로 단면을 생성
할 수 있으며 이동도구로
이동이 가능

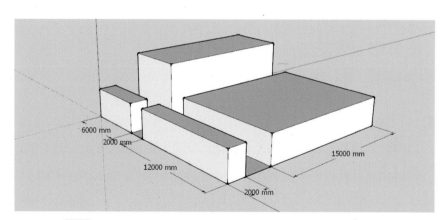

❹ 키보드의 [esc] 버튼을 눌러 돌아다니기[Walkthrough] 기능을 해제합니다. 이어 궤도[Orbit ✥] 도구를 활용하여 위의 그림과 같이 화면을 조정합니다.

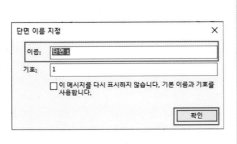
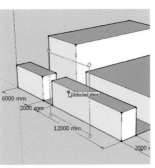

◎ TIP
도구탭의 단면을 클릭하
면 쉽게 단면을 생성할
수 있음

❻ 단면[Section Plan] 도구를 활용하여 단면이 시작되는 면을 마우스 좌측 버튼을 눌러 지정합니다.

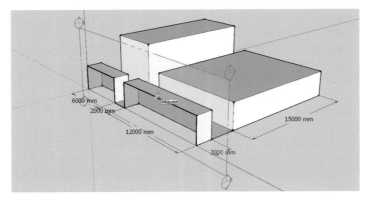

❼ 지정된 단면[Section Plan] 표시는 노란색으로 표시가 됩니다.

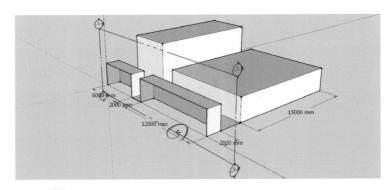

❽ 이동[Move ✤] 도구를 선택하여 위 그림에서와 같이 절단면 안내선을 클릭합니다. 클릭과 동시에 단면 작성선이 청색으로 변하면서 움직입니다. 이어 마우스를 움직여 사용자가 원하는 위치의 단면을 찾아 볼 수 있습니다.

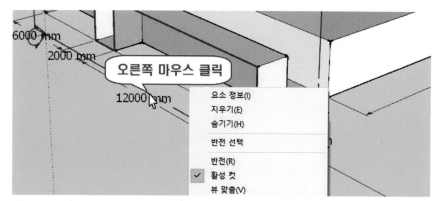

◎ TIP
단면도구를 실행하고 이 동과 회전도구로 자유로 운 각도로 단면을 만들 수 있음

❾ 사용자가 원하는 지점에 절단면 안내선을 멈추고 마우스 좌측버튼을 누르면 확장 메뉴가 펼쳐집니다.

① 지우기(Hide) : 단면 작성선이 화면상에서 숨겨집니다.

② 반전(Reverse) : 절단면 안내선을 기준으로 현재의 보여지는 객체는 사라지고 반대편의 사라진 객체가 보여집니다.

③ 활성 컷(Active Cut) : 절단면 안내선을 그대로 둔 채 사라진 객체가 보여집니다.

④ 뷰 맞춤(Align View) : 단면을 위주로 단면에 대한 정면 화면으로 정렬합니다.

◎ TIP
여러 개의 단면을 만들 수 있고 경우에 따라 단 면을 켜거나 끌 수 있음

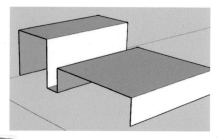

🔲 : 단면 작성선이 보이거나 보이지 않도록 합니다.

🔲 : 단면 작성선 기준으로 잘려진 부분을 보이거나 보이지 않게 합니다.

🔲 : 단면 작성면이 빈 공간이거나 채워진 공간이 되도록 합니다.

MEMO

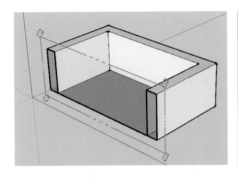 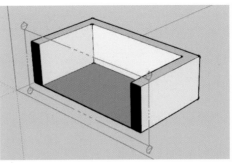

◎ TIP
단면도구를 실행한 후 우
측버튼의 반전을 클릭하
면 반대편 단면을 볼 수
있음

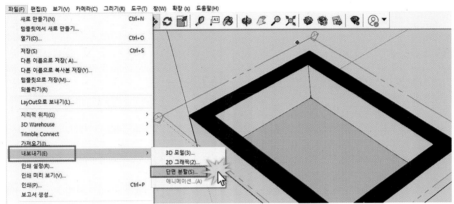

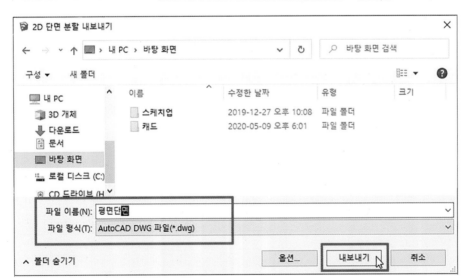

⑩ 상단 메뉴 ▸ 파일[File] ▸ 내보내기[Export] ▸ 단면분할[Section Slice] 하여 CAD
파일로 내보내기[Export] 합니다. 옵션에서 CAD파일의 버전을 지정할 수 있습
니다.

CAD파일에서 단면도를 실행하여 작업할 수 있습니다.

◎ TIP
분할해서 그룹만들기로
잘려진 단면의 부분을 선
으로 추출하여 선을 따로
분리해낼 수도 있음

MEMO

PART

03

예제로 배워보는
기본도구 II

SketchUp Pro

CHAPTER

01 고체[Solid] 도구

스케치업 프로는 기존 스케치업과 다른 고체[Solid] 도구를 가지고 있습니다. 스케치업 프로에서 작성된 객체가 반드시 그룹[Group] 또는 구성요소[Component]화 되었을 때 비로소 고체 도구를 활용할 수 있습니다.

❶ 🗗 외부 셀[Outer Shell] 도구

합집합 도구와 동일한 방식이지만 단일 객체의 내부의 빈 공간은 그대로 유지하고 외부를 기준으로 결합시킵니다. 그러나, 객체 내부에 다른 그룹 또는 구성요소의 객체가 존재한 상태에서 전체를 그룹 또는 구성요소화 하여 외부 셀을 적용할 경우 내부 객체는 삭제됩니다.

❷ 🗗 교차[Intersect] 도구

상호 교차된 두 도형의 관계에서 겹쳐진 도형 영역만 남기고 나머지 도형 영역이 제거됩니다.

❸ 🗗 결합[Union] 도구

상호 교차된 두 도형을 결합시킵니다. 단일 내부의 빈 공간이 존재할 경우 삭제됩니다. 외부 셀 도구가 구별되는 차이점입니다.

❹ 🗗 빼기[Subtract] 도구

상호 교차된 두 도형 중 두 번째 선택된 도형에서 첫 번째 선택된 도형이 제거됩니다.

❺ 🗗 트리밍[trim] 도구

상호 교차된 두 도형 중 첫 번째 선택된 도형에서 두 번째 도형의 겹쳐진 도형 영역

◎ TIP
외부 셀 도구 적용에 의한 단일 객체 내부 빈 공간의 변화

◎ TIP
결합 도구 적용에 의한 단일 객체 내부 빈 공간의 변화

만 첫 번째 도형과 결합시키고 두 번째 나머지 도형 영역은 그대로 유지됩니다.

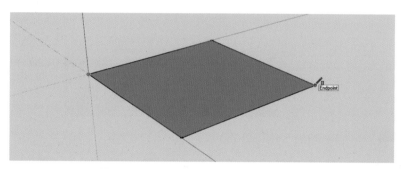
◎ TIP
분할 도구 적용에 의한
객체의 변화

❻ 분할[Split] 도구

상호 교차된 두 도형에서 겹쳐진 도형 영역을 개별 도형을 작성합니다. 결과적으로 세 개의 개별 도형이 작성됩니다.

01 외부 셸[[Outer Shell 🔲] 도구 따라하기

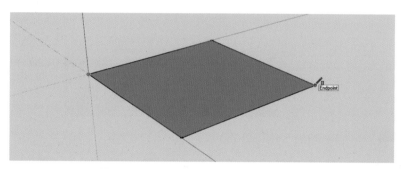

❶ 직사각형[Rectangle ▨] 도구를 활용하여 위의 그림과 같이 하나의 사각형을 작성합니다. 사각형의 크기는 [3000, 3000] 입니다.

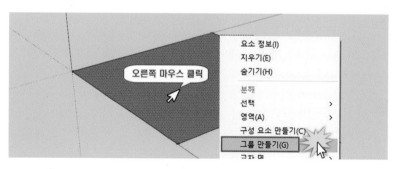

◎ TIP
면과 선을 하나로 묶기
위해서는 [그룹 만들기]
와 [구성 요소 만들기]를
활용. 자세한 내용은 98
Page를 참조

❷ 선택[Select ▸] 도구로 사각형 전체를 선택 후 마우스 우측 버튼을 클릭하면 확장 메뉴가 펼쳐집니다. 확장 메뉴에서 그룹 만들기[Make Group]를 선택합니다. 그룹 만들기[Make Group]를 실행하면 선택된 사각형의 면과 테두리선 등이 하나로 묶여집니다.

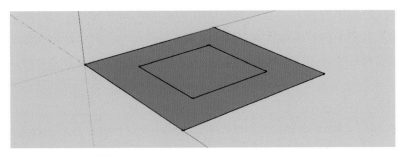

◎ TIP
동일한 형상을 내부에 작
성할 경우 [오프셋] 도구
를 활용하면 더욱 편리

❸ 직사각형[Rectangle ▨] 도구를 활용하여 위의 그림과 같이 하나의 사각형을 추가
로 기존 사각형 내부에 임의의 크기로 그립니다.

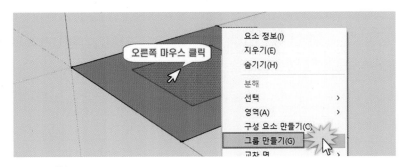

❹ 선택[Select ▶] 도구로 내부 사각형을 연속 2회 클릭하면 내부 사각형 전체가 선
택이 됩니다. 이후 마우스 우측 버튼을 클릭하여 그룹 만들기[Make Group]를 선
택합니다.

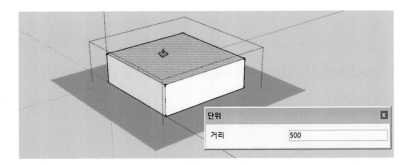

❺ 선택[Select ▶] 도구로 내부 사각형을 더블 클릭하면 그룹 수정[Edit Group] 상태
가 됩니다. 밀기/끌기[Push/Pull ⬙] 도구를 활용하여 내부 사각형 면을 선택하고
방향을 위로 지정한 상태에서 수치입력창에 [500]을 입력합니다. 선택[Select ▶]

도구로 외부 빈 공간을 더블 클릭하면 그룹 수정 상태에서 벗어납니다. 동일한 방법으로 외부 사각형의 면을 선택하여 수치입력창에 [1000]을 입력한 후 그룹 수정 상태에서 벗어나도록 합니다.

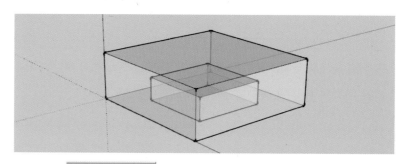

❻ 스타일 [Styles ▨◑◐◈◕◣▦] 도구 X선 버튼을 클릭하여 외부와 내부의 그룹화된 두 도형의 생성 여부를 확인합니다. 스타일[Styles] 도구 창이 없을 경우 화면 [상단 메뉴] ▶ 보기[View] ▶ 도구모음[Toolbars] ▶ 스타일[Styles]을 체크하면 화면에 나타납니다.

◎ TIP
객체를 선택하지 않고 객체 위에 마우스 커서를 두고 마우스 우측버튼을 클릭한 후 키보드에서 [G]를 입력하면 즉시 [그룹 만들기]를 수행할 수 있음

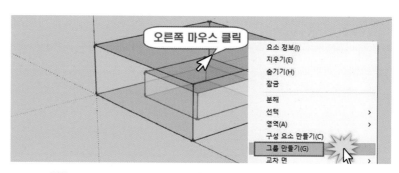

오른쪽 마우스 클릭

요소 정보(I)
지우기(E)
숨기기(H)
잠금
분해
선택   ▶
영역(A)   ▶
구성 요소 만들기(C)
그룹 만들기(G)
교차 면   ▶

❼ 선택[Select ▶] 도구로 전체 객체를 선택하여 그룹 만들기[Make Group]를 클릭합니다.

MEMO

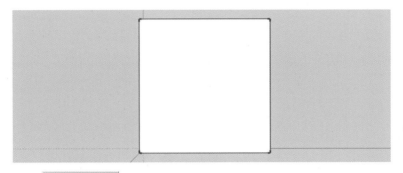

❽ 뷰 [Views ![views toolbar]] 도구 중 맨 위 [![view icon]] 도구를 클릭합니다. 작성된 도형의
상부가 평면적으로 보여집니다. 뷰[Views] 도구 창이 없을 경우 화면 [상단 메뉴바
▸ 보기[View] ▸ 도구모음[Toolbars] ▸ 뷰[Views]를 체크하면 화면에 나타납니다.

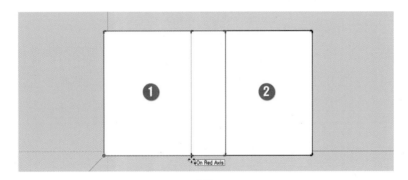

◎ TIP
CTRL + C와 CTRL + V를
활용하여 선택된 객체를
복사 및 붙여넣기하여도
무방

❾ 작성해 둔 사각형 전체를 선택[Select ![cursor]] 도구로 선택한 후 복사[Copy ![copy icon]] 도구
를 활용하여 객체를 복사하되 복사된 ②번 도형과 원본 ①번 도형이 위의 그림과
동일하게 겹쳐지도록 합니다.

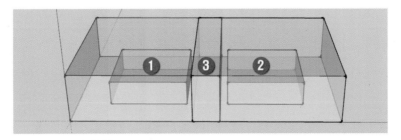

❿ 외부 셸[Outer Shell ![outer shell icon]] 도구를 클릭합니다. 이어 ①번 도형영역, ②번 도형영역
을 클릭합니다. 한번 클릭하여 변화가 없을 시 두 번 연속 클릭해 봅니다.

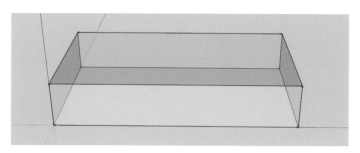

⑪ 위의 결과에서처럼 외부 셸[Outer Shell 🖼] 도구는 선택된 도형 객체들을 결합시키면서 내부에 포함된 도형들까지 제거되어 외부 형태만 남게 됩니다.

02 교차[Intersect 🖼], 결합[Union 🖼], 빼기[Subtract 🖼] 도구 따라하기

◎ TIP
[교차, 결합, 빼기]와 관련한 기능을 [연산, Boo-lean]이라고도 함

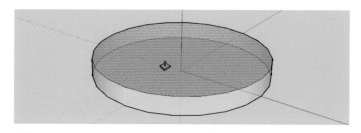

❶ 원[Circle ⦿] 도구로 중심점을 지정 후 수치입력창에 [500]을 입력하여 원형을 작성합니다. 이후 밀기/끌기[Push/Pull 🖐] 도구를 활용하여 수치입력창에 [100]을 입력합니다.

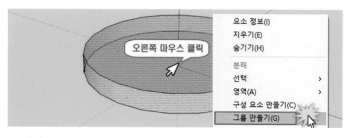

❷ 선택[Select ▸] 도구로 원형 전체를 선택 후 마우스 우측 버튼을 클릭하면 확장 메뉴가 펼쳐집니다. 여기서 그룹 만들기[Make Group]를 선택합니다.

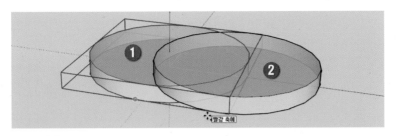

❸ 선택[Select ⬀] 도구로 작성해 둔 원형 전체를 선택 후 복사[Copy ✛] 도구를 활용하여 객체를 복사하되 두 도형이 위의 그림과 동일하게 겹쳐지도록 합니다.

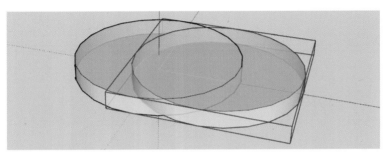

◎ TIP
[교차, Intersect]는 집합 중 교집합에 해당

❹ 교차[Intersect 🔳] 도구를 클릭합니다. 이어 ①번 도형과 ②번 도형을 클릭합니다.

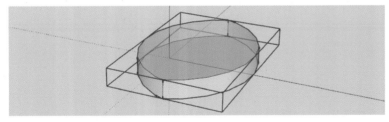

❺ 두 입체 원형의 교차부분만 남겨졌습니다.

MEMO

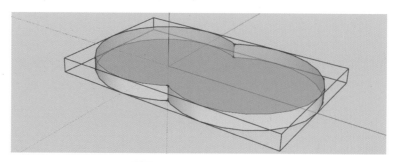

❻ 위의 그림은 교차[Intersect 📑]와 동일한 순서와 방법으로 작업된 결합[Union
📑] 결과입니다.

◎ TIP
스케치업에서 [빼기, Sub
-tract]는 오토캐드의 차
집합과 달리 두 번째 선택
된 객체가 남게 됨

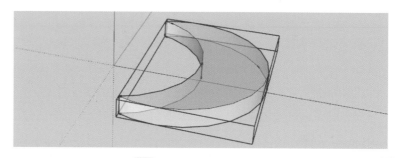

❼ 위의 그림은 교차[Intersect 📑]와 동일한 방법과 순서의 빼기[Subtract 📑] 결
과입니다. 빼기에서는 항상 두 번째로 선택한 도형에서 첫 번째 선택한 도형이 됩
니다.

03 트림[trim 📑] 도구 따라하기

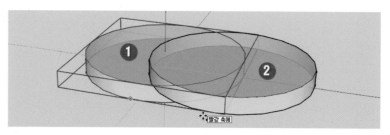

❶ 위의 그림과 동일하게 두 개의 그룹화된 입체 도형을 상호 교차되게 작성합니다.

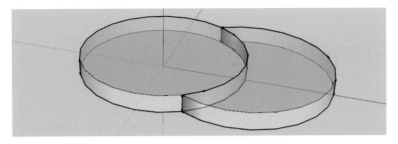

◎ TIP
[트림, Trim]은 [빼기, Sub
-tract]와 유사하나 첫 번
째 도형이 사라지지 않고
남게 됨

❷ 트림[Trim 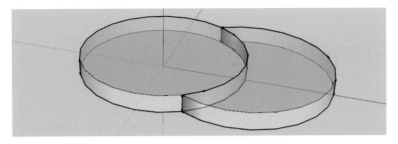] 도구로 ①번과 ②번 도형을 순서대로 클릭하면 교차된 도형영역
은 ①번 도형으로 결합되며, ②번 도형영역은 교차된 영역을 제외한 나머지 영역
만이 남게 됩니다.

04 분할[Split 🗗] 도구 따라하기

❶ 트림[Trim 🗗]도구에서와 같이 두 개의 그룹화된 도형을 상호 교차되게 작성합
니다.

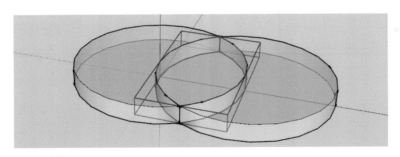

◎ TIP
[분할, Split]은 [교차, Inter
-sect]와 유사하나 겹친
객체가 제거되지 않고 독
립 객체로 생성

❷ 분할[Split 🗗] 도구로 ①번과 ②번 도형을 순서대로 클릭하면 교차된 도형 영역이
새로운 객체로 분리되어 생성됩니다. 즉, 분할 도구로 세 개의 객체가 작성됩니다.

MEMO

CHAPTER

02 뷰[Views] 및 카메라[Camera]

스케치업 프로는 사용자에게 편리함을 제공하기 위하여 미리 몇 가지의 표준 시점을 제공합니다.

01 뷰[Views] 도구 상자 살펴보기

◎ **TIP**
[뷰, View] 도구는 사용자에게 고정된 다양한 시점을 제공함으로써 작업의 효율성을 높임

[상단 메뉴바 ▶ 보기 ▶ 도구모음 ▶ 뷰 체크]

❶ Iso[Isometric view] : 작성 객체를 등각으로 보여줍니다. [등각 뷰]

❷ 맨 위[Top view] : 작성 개체의 윗면을 보여줍니다. [평면 뷰]

❸ 전방[Front view] : 작성 객체의 정면에서 보여줍니다. [정면 뷰]

❹ 오른쪽[Right view] : 작성 객체의 우측면에서 보여줍니다. [우측면 뷰]

❺ 후방[Back view] : 작성 객체의 뒷면에서 보여줍니다. [배면 뷰]

❻ 왼쪽[Left view] : 작성 객체의 좌측면에서 보여줍니다. [좌측면 뷰]

◉ 표준 시점 보기 기능은 상부 카메라[Camera] 메뉴에도 있으며 맨 아래 시점 [Bottom View]을 가지고 있습니다. 맨 아래[Bottom]란 바닥면을 의미합니다.

MEMO

[상단 메뉴바 ▸ 카메라[Camera] ▸ 표준뷰[Standard Views] 체크]

02 카메라[Camera] 메뉴 기능 추가 학습하기

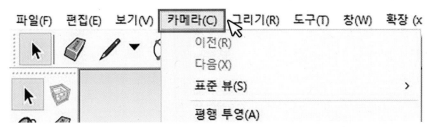

◎ TIP
키보드에서 [Shift + Z]를
입력하면 작성된 객체를
전체 화면에 맞춰 보이게
합니다. 작성된 객체가
없다면 축의 중심으로 화
면이 정렬

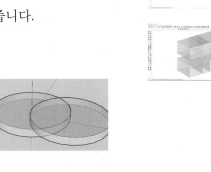

❶ 이전[Previous] : 현재 뷰[View]에서 [이전]의 작업 뷰를 보여줍니다.

❷ 다음[Next] : 이전 뷰[View] 실행 후 [다음]을 누르면 다시 현재 뷰로 돌아옵니다.

❸ 표준 뷰[Standard Views] : 정해진 표준 뷰[View]를 보여줍니다.

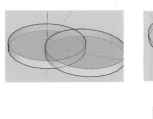

현재 뷰

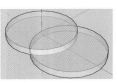

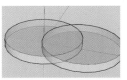

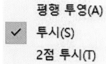

❹ 평행 투영[Parallel Projection] : 평행하게 객체를 투영합니다.

❺ 투시[Perspective] : 해당 객체를 투시화법으로 보여줍니다.

❻ 2점 투시[Two-Point Perspective] : 2소점의 투시화법으로 보여줍니다. 건축 및 인테리어에서 가장 많이 사용합니다.

수직선이 왜곡되지 않는 장점이 있습니다.

◎ TIP
[평행 투영]은 원근감이 없지만 [투시, 2점 투시]는 원근감을 표현

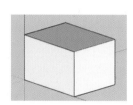
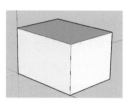
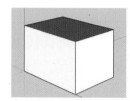

평행 투영
[Parallel Projection]

투시
[Perspective]

2점 투시
[Two-Point Perspective]

◎ TIP
안정감 있는 투시도를 출력하기 위해서는 수직선이 왜곡되지 않는 [2점 투시]를 활용

① 투시 Perspective

② 2점 투시Two-Point Perspective [수직선 강조]

[1] 새 사진 일치[Match New Photo] 기능 따라하기

사진으로 촬영된 건물의 이미지를 스케치업 프로로 불러들여 사진과 일치된 3D 모델을 작성하기 위한 기능입니다. 사진 일치를 원하는 이미지는 최대한 왜곡이 되지 않은 사진이어야 합니다. 이는 새 사진 일치 기능은 투시도법을 기본 원리로 삼기 때문입니다.

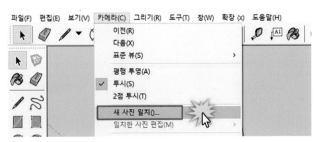

◎ TIP

[파일 ▶ 가져오기]에서
더 이미지를 [새 일치
한 사진]으로 가져올
수 있음

❶ 상부 메뉴 중 카메라[Camera] 메뉴 내 사진 일치[Match New Photo]를 선택합니다.

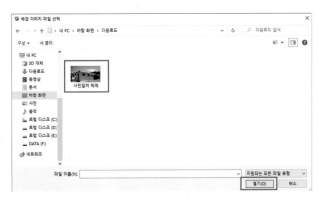

❷ 새 사진 일치[Match New Photo]를 적용시킬 건물 사진을 선택하고 열기를 누릅니
다. 사진이 없다면 네이버 이미지 검색에서 [내촌중학교 부속건물]을 검색하면 찾
을 수 있습니다.

❸ 사진 일치[Match Photo] 창과 함께 이미지와 격자[Grid]선들이 보입니다. 사진 일
치 기능은 특히 빨간색의 점선과 녹색의 점선 그리고 청색의 기준 실선의 배치에
따라 보다 정확한 모델링을 할 수 있습니다.

◎ TIP

[새 사진 일치, Match
New Photo]를 활용하면,
구체적인 도면이 없는 실
내/외 리모델링 작업에
유용

❹ 청색 축 하단의 노란 박스를 클릭하고 마우스 왼쪽 버튼을 누른 채 드래그(Drag)하여 위의 그림과 동일한 위치에 재지정합니다.

❺ 빨간색축의 양측 박스들을 마우스로 클릭하고 마우스 왼쪽 버튼을 누른 채 드래그하여 위의 그림과 동일한 위치에 재지정합니다.

MEMO

◎ **TIP**
각 색상의 축을 원하는 이미지 경계에 모두 일치하는 것은 매우 어렵습니다. 청색 축이 반듯하게 유지되도록 한 후 나머지 색상의 축을 유사하게 배치되도록 함

❻ 녹색축의 양측 박스들을 마우스로 클릭하고 마우스 왼쪽 버튼을 누른 채 드래그하여 위의 그림과 동일한 위치에 재지정합니다.

녹색과 빨간색축의 양측 박스들을 이동시킬 때마다 청색 기준축이 계속적으로 움직이는 것을 보게 됩니다. 가능한 청색축이 수직에 가깝도록 조정하여야 합니다.

❼ 청색, 녹색, 빨간색축의 재지정 후 전체적인 축의 정렬을 확인합니다. 사진 속의 벽선들과 사용자가 재지정한 축선들을 완벽하게 맞출 수는 없습니다. 최대한 유사하게 맞추도록 합니다.

❽ 새 사진 일치[Match Photo] 창 하단의 [완료]를 클릭하면 축 선들이 사라지면서 즉시 선[Line ✏] 도구가 나타납니다. 추정 기능을 이용하여 건물과 개구부의 외곽선을 따라 선을 그립니다.

◎ TIP
선을 그릴 경우, 축에서 벗어나지 않도록 주의. 창과 문은 [직사각형] 도구로 작성해도 무방

❾ 선[Line ✏] 도구와 추정 기능을 이용하여 건물과 개구부의 외곽선을 따라 선을 그릴 때 추정을 벗어나지 않도록 합니다. 이를 벗어나면 3차원 입체 면이 왜곡될 수 있습니다.

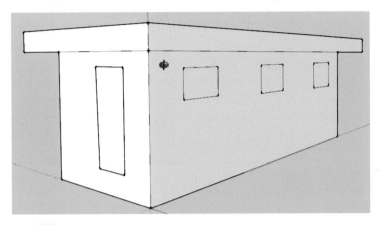

⑩ 궤도 [Orbit ✥] 도구로 화면을 조금 돌리면 이미지는 사라지고 사용자가 선[Line

✏]으로 작성한 면이 3차원 입체로 나타납니다. 생성된 면은 밀기/끌기[Push/Pull

⬙] 도구를 활용하여 언제든지 형상 변화를 줄 수 있습니다.

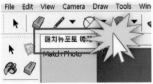

⑪ 화면 상단 탭에서 [이미지 제목]을 클릭하면 다시 원래의 이미지가 나타나며 생성
된 면이 자동으로 이미지에 맞춰 정렬됩니다.

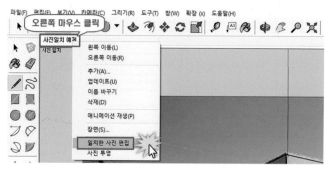

⑫ [이미지 제목] 위에 마우스를 두고 우측 버튼을 클릭하면 확장메뉴가 펼쳐집니다. 이 중 일치된 사진 수정[Edit Matched Photo] 항목을 클릭하면 재수정을 위한 파란색, 빨간색, 녹색의 축과 사진 일치[Match Photo] 창이 나타나게 됩니다.

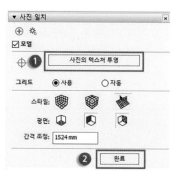

⑬ 사진 일치[Match Photo] 창에서 사진의 텍스처 투영[Project textures from photo] 버튼을 클릭 후 하단의 완료[Done] 버튼을 클릭합니다.

◎ TIP
이미지가 투영된 3차원 객체는 보다 현실적으로 보여짐

⑭ 궤도[Orbit ✛] 도구로 화면을 조금 돌리면 생성된 면에 기존의 건물 이미지가 투영되어 나타납니다.

◎ TIP

[새 사진 일치] 기능을 위한 사진은 2소점을 기본으로 합니다. 왜곡이 심한 사진은 Photoshop과 같은 이미지 편집 툴을 이용하여 왜곡을 보정할 필요가 있음

❶❺ 사용자는 언제든지 상단에 표시된 사진의 이름을 축선의 방향과 위치 등을 각종 그리기 도구와 지우개 도구 등을 활용하여 수정 및 재편집할 수 있으며 원하는 3차원 입체 도형을 사진에 일치시켜 작성해 낼 수 있습니다. 특히 사진 일치 기능은 기존 건물의 리노베이션 작업을 할 때 많이 활용됩니다.

MEMO

[2] 시야[Field of View] 기능 따라하기

시야[Field of view] 기능은 뷰의 범위(각)를 시각적으로 변경할 수 있습니다. 이 기능을 활용하여 건축물 외관의 극적인 장면을 연출할 수 있습니다.

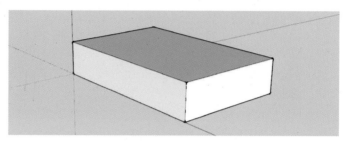

❶ 스케치업 프로 화면에 위의 그림과 같은 임의의 입체 사각형을 작성합니다.

◎ TIP
[시야, Field of view]의 기본 각도는 35.00°

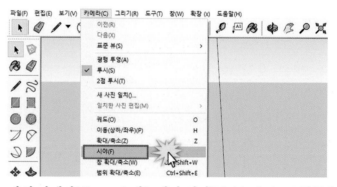

❷ 상단 메뉴 바의 카메라[Camera] 메뉴에서 시야[Field of View] 항목을 선택합니다. 화면에 돋보기[Zoom 🔍] 도구가 나타납니다.

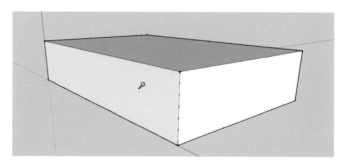

❸ 마우스 좌측 버튼을 누른 채 안쪽으로 마우스를 밀면 위의 그림과 동일하게 시야의 변경이 발생합니다. 사각형의 모서리가 더욱 극적으로 보입니다.

◎ **TIP**
[단위] 툴바에 각도 값을
입력하여 뷰를 왜곡할 수
있습니다. 각도 값이 클
수록 강하게 왜곡

① 투시 뷰[Perspective View]

② 시야[Field of View] 기능을 활용한 왜곡

MEMO

CHAPTER

03 스타일[Styles] 도구

스케치업 프로는 두 가지 종류의 스타일[Styles] 도구를 가지고 있습니다. 하나는 스타일 툴바이며, 다른 하나는 스타일 트레이입니다. 이 두 스타일을 활용하여 다양한 느낌의 이미지를 만들어낼 수 있습니다.

01 스타일 툴바 살펴보기

면 스타일은 [상단 메뉴바 ▶ 보기[View] ▶ 도구 모음[Toolbars] ▶ 스타일[Styles]]을 클릭하면 위의 스타일[Styles] 도구 창이 화면상에 나타납니다.

◉ TIP
[X선] 또는 [뒷변 가장자리] 스타일이 선택된 상태에서 숨은선, 음영, 텍스처에 적용, 모노 스타일을 중복하여 선택할 수 있음. 단, 와이어프레임과는 중복 선택이 불가능

❶ X선[X-Ray] : 모델 면이 반투명하게 보입니다. 세밀한 작업 시 유용합니다.

❷ 뒷면 가장자리[Back Edges] : 면 뒤에 숨겨진 선들이 점선으로 표시됩니다.

❸ 와이어프레임[Wireframe] : 면은 사라지고 테두리선만 나타납니다.

❹ 숨은선[Hidden Line] : 면 뒤에 숨겨진 선이 화면에 보이지 않으며, 색상은 단순해집니다.

❺ 음영[Shaded] : 재질이 부여 되어 있다면 재질의 색상만 표현됩니다.

❻ 택스처에 적용[Shaded with Texture] : 재질과 색상이 함께 표현됩니다.

❼ 모노[Monochrome] : 면 색이 모노톤 위주로 표현됩니다.

02 스타일 트레이 살펴보기

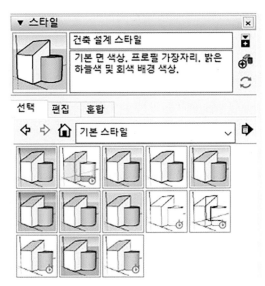

◎ TIP
스타일 트레이를 활용하
면 다양한 선과 배경 스
타일이 적용된 장면을 연
출할 수 있음

가장자리 스타일은 [상단 메뉴 바 ▸ 창[Window] ▸ 기본 트레이[Default Tray] ▸ 스
타일[Styles]]을 항목을 클릭하면 왼쪽에 스타일[Styles] 도구 창이 화면상에 나타
납니다.

03 스타일 툴바 따라하기

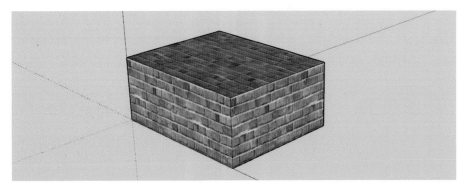

❶ 임의의 입체 사각형을 작성한 뒤 위의 그림과 동일한 재질을 부여합니다.

◎ **TIP**

X선, 뒷면 가장자리, 와이
어프레임 스타일을 적용
할 경우 앞면에 가려진
포인트를 정확하게 선택
하여 이동 및 복사, 회전
을 수행할 수 있음

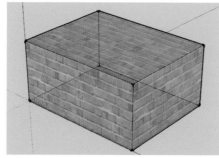

① X선 스타일(X-ray Style)

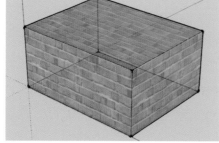

② 뒷면 가장자리 + 모노 스타일
   (Back Edge + Monochrome Style)

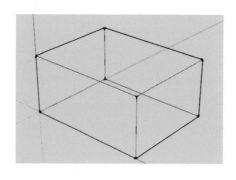

③ 와이어프레임 스타일
   (Wireframe Style)

❷ 위의 그림에서와 같이 스타일 툴바의 선택에 따른 객체의 변화를 확인해 봅니다.

MEMO

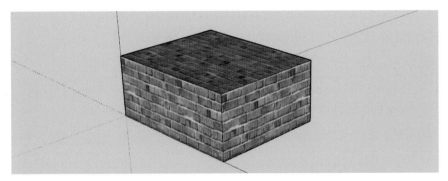

❶ 임의의 입체 사각형을 작성한 뒤 위의 그림과 동일한 재질을 부여합니다.

◎ TIP
스타일 트레이에서 원래
의 기본 스타일로 돌아가
려면 [기본 스타일 ▶ 건
축 설계 스타일]을 선택

❷ [상단 메뉴 바 ▶ 창[Window] ▶ 스타일[Styles]]을 항목을 클릭합니다.

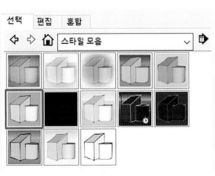

❸ 스타일 트레이 창이 화면상에 나타나면 선택[Select] 항목의 스타일[Style] 리스트를 클릭합니다. 펼쳐진 리스트에서 스타일 모음[Assorted Styles] 항목을 클릭합니다.

❹ 다양한 스타일의 샘플[Sample]이 리스트에 표시됩니다.

❺ 스타일 샘플 리스트에서 위의 그림에서 표시된 메이소나이트의 자유곡선[Scribble on masonite] 스타일을 선택합니다. 만약 이와 동일한 스타일 샘플이 없으면 사용자가 원하는 스타일 샘플을 선택합니다.

◎ TIP
[메이소나이트의 자유
곡선] 스타일은 아래의
이미지와 같음

❻ 스타일 변경과 동시에 스케치업의 화면이 위와 동일해집니다.

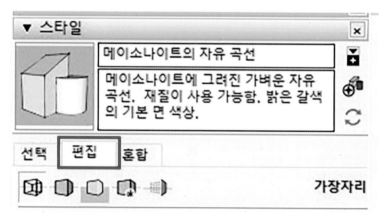

❼ 스타일 트레이의 편집[Edit] 항목을 선택합니다.

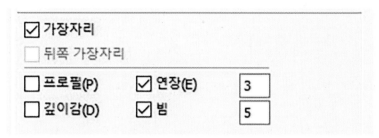

❽ 스타일 세부 조정 옵션들이 나타납니다.

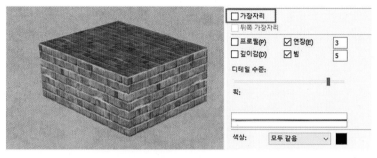

❾ 가장자리[Edge]항목의 체크를 해제하면 물체의 모든 경계선들이 사라집니다.

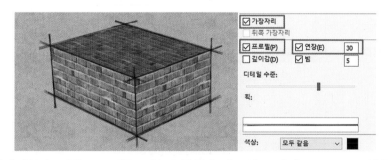

◎ TIP
[연장] 항목을 적용 후 캐
드파일(.dwg)로 내보내기
하면 아래의 그림과 같이
캐드 상에서 표현

❿ 가장자리[Edges]와 프로필[Profiles] 항목을 체크하고 연장[Extension] 항목의 수
치를 [30]으로 입력하면 위의 그림과 동일하게 각 경계선들이 외부로 연장되어 보
입니다. 마치 손으로 그린 듯한 이미지와 같은 느낌을 줍니다.

MEMO

⑪ 선택[Select] 항목의 스타일 리스트에서 드롭다운 버튼을 눌러 기본 스타일 [Default Styles]를 선택하고 샘플 중 기본 스타일[Default Style]이나 건축설계 스 타일[Architectural Design Style]을 선택합니다.

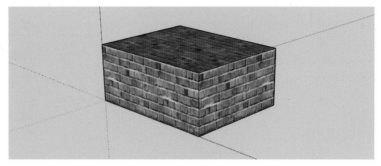

⑫ 화면이 기본 스타일의 화면으로 되돌아옵니다.

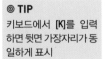

◎ TIP
키보드에서 [K]를 입력 하면 뒷면 가장자리가 동 일하게 표시

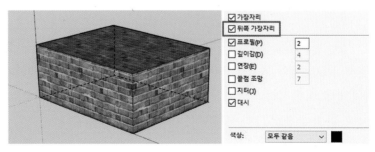

⑬ 뒷면 가장자리[Back Edges]를 체크하면 면에 의하여 가려져 있던 선이 점선으로 표시됩니다.

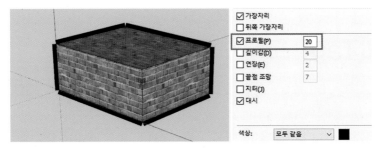

⓮ 프로필[Profiles] 항목의 수치입력창에 [20]을 입력하면 위와 동일하게 객체 외곽
선이 두꺼워집니다.

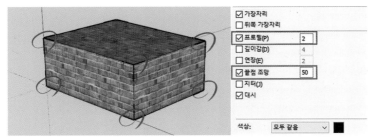

⓯ [프로필]의 수치를 [2]로 입력하고, 끝점[Endpoints] 조망의 수치를 [50]으로 입력
하면 각 모서리 끝점의 크기가 변화되는 것을 알 수 있습니다.

◎ TIP
[끝점 조망]은 모서리 뿐
만 아니라 선의 끝점에
모두 적용. 하나의 선으
로 보여지지만 실제 두
개의 선이 이어진 것이라
면 아래와 같이 표현됨

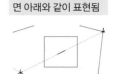

MEMO

CHAPTER

04 태그[Tag] 도구

스케치업 프로 프로그램은 태그[Tag]라는 기능을 가지고 있습니다. 태그[Tag]는 [층]을 의미하며 작업 과정 중 동일한 요소들은 동일한 태그 명칭을 부여하여 개별 관리할 수 있습니다. 요소별 태그 작업은 복잡한 모델링을 작업할 경우 더욱 유용합니다.

◎ TIP
스케치업 2020 이전 버전에서는 [태그, Tag]가 아닌 [레이어, Layer]로 등록

상단 메뉴 바 ▶ 보기[View] ▶ 도구 모음[Toolbars] ▶ 태그[Tag]를 클릭하면 위의 태그[Tag] 도구 창이 화면상에 나타납니다.

❶ ⊕ ⊖ : 태그[Tag]를 생성[+]하거나 기존 태그를 선택하여 제거[-]합니다.

❷ 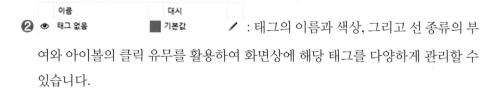 : 태그의 이름과 색상, 그리고 선 종류의 부여와 아이볼의 클릭 유무를 활용하여 화면상에 해당 태그를 다양하게 관리할 수 있습니다.

③ 세부정보[]를 좌측 클릭하면 태그를 모두 선택 또는 사용하지 않는 태그를 제거할 수 있습니다. 또한 [태그별 색]를 클릭하면 화면상에 객체가 부여된 태그의 색상으로 보입니다.

④ : 객체 선택 후 만들어진 태그를 선택하여 적용시킵니다.

01

새로운 태그(Tag)생성 따라하기

◎ TIP
[태그] 이름은 임의로 줌

❶ 태그 추가 버튼을 클릭하여 새로운 태그 2개를 생성합니다.

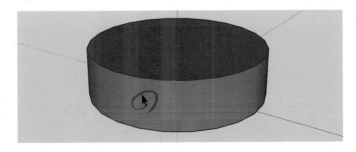

❷ 생성된 태그 이름을 더블클릭하여 [면1]과 [면2]로 변경합니다.

❸ 위 그림과 같이 원통을 생성하고 선택[Select ⬉] 도구를 선택하여 위의 그림과 같이 원기둥의 측면을 선택합니다.

◎ TIP
태그의 [이름]을 클릭하
면 오름차순과 내림차순
으로 태그를 정렬할 수
있음

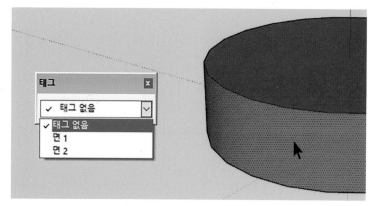

❹ 태그 리스트의 내림[☑] 버튼을 눌러 [옆면 1] 레이어를 선택합니다.

◎ TIP
[태그별 색]은 정확한 태
그의 적용 여부를 판단할
경우 유용

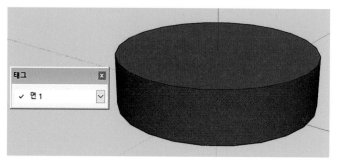

❺ 태그 변경 즉시 해당 면의 색상이 변경됩니다. 색상변경이 없을 경우 세부 정보

[Detail ➡]버튼을 눌러 ▶ 의 태그별 색[Color by tag]을 체크합

니다.

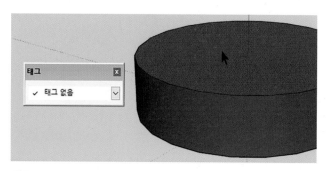

❽ 선택[Select ↖] 도구를 선택하여 위의 그림과 같이 원기둥의 윗면을 선택합니다.

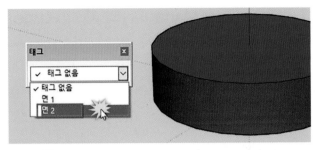

❼ 태그 리스트 내림[✓] 버튼을 눌러 [면 2]를 선택하면 동시에 위의 그림과 동일하
게 변경됩니다.

02 요소정보[Entity Info] 기능을 활용한 태그[Tag] 변경 따라 하기

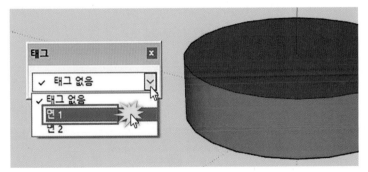

◉ TIP
선택된 객체에 따라 [요
소 정보]에서 파악하거
나 변경할 수 있는 내용
이 다양함

❶ 태그 리스트 내림[✓]버튼을 눌러 [면 1] 태그를 선택합니다.

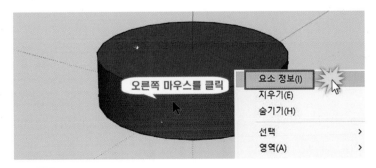

❷ 선택[Select ▸] 도구로 해당 면을 선택 후 마우스 우측 버튼을 클릭하여 요소정보
[Entity Info]를 선택합니다.

03 태그 관리자[[Tag Manager]의 제거[Purge] 기능 활용법 살펴보기

◎ TIP
스케치업을 활용한 모델
링 작업 시 태그 적용은
필수. 더불어, 수시로 태
그 제거를 수행하여 사용
하지 않는 태그를 삭제하
는 것이 향후 작업의 편
의성을 높이는 방법

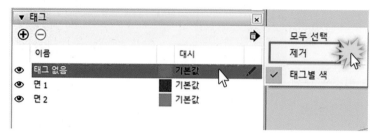

❶ 태그 관리자[Tag Manager] 내의 제거[Purge] 항목은 사용되지 않거나 해당 객체
가 삭제되어버린 불필요한 해당 태그[Tag]를 정리해 주는 기능입니다.

모두 선택[Select all] 항목은 모든 객체를 선택하여 줍니다.

04 선의 종류와 활용법 살펴보기

◎ TIP
AutoCAD는 도면 작성에
필요한 선의 종류를 다양
하게 변경 가능. SketchUp
으로 CAD 파일을 가져오
기하면 CAD에서 적용된
선 종류가 그대로 표현

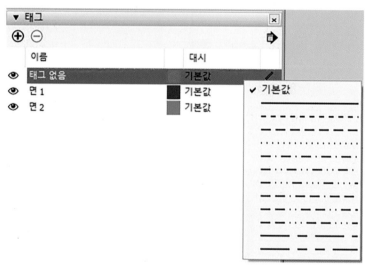

❶ 다른 도구 또는 루비를 사용하지 않고 태그별로 선 종류를 선택하여 설정할 수 있
습니다.

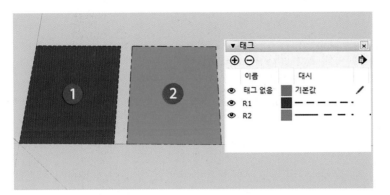

◎ **TIP**
태그별로 선의 종류를 변
경할 수 있어 중심선 및
숨은선 등 다양하게 적
용할 수 있어 3차원이 아
닌 2차원 드로잉 표현에
유용

❷ 태그를 추가하여 이름을 입력하고 선의 종류를 바꾼 후 각 태그에 지정합니다.

각 태그의 색상과 선 스타일이 지정되는 것을 볼 수 있습니다.

MEMO

CHAPTER

05 그림자[Shadow] 도구

스케치업 프로에서는 날짜와 시간을 설정하여 빛에 의하여 변화되는 그림자를 생성합니다. 사용자는 그림자 도구를 활용하여 일조 및 일영 시뮬레이션을 작성할 수 있습니다.

01 그림자[Shadow] 도구 살펴보기

[상단 메뉴 바 ▸ 보기[View] ▸ 도구 모음[Toolbars] ▸ 그림자[Shadow]]을 클릭하면 그림자[Shadow] 툴바가 화면상에 나타납니다.

◎ TIP
보다 세부적인 그림자 표현을 하기 위해서는 [그림자 트레이]의 사용을 권장

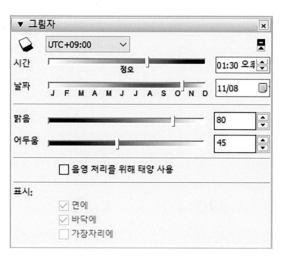

❶ 창[Window] ▸ 기본 트레이[Default Tray] ▸ 그림자[Shadows]를 클릭하면 아래 그림과 동일한 트레이가 나타납니다. 세부 옵션들을 조정하여 보다 세밀하고 정확한 그림자를 작성할 수 있습니다.

❷ 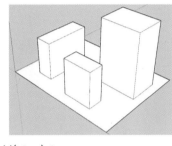 : 그림자 표시/숨기기[Show/Hide Shadows] 도구는 사용자가 설정 값의 그림
자를 화면에 보여줍니다. 모델이 복잡하거나 용량이 클 경우 그림자를 활성화하
면 작업의 속도가 현저히 저하됨으로 주의하세요.

❸ 시간 ├──────정오────┤ : 시간[Time] 도 : 시간을 정합니다.

❹ 날짜 ├JFMAMJJASOND┤ : 날짜[Date] : 월[月과] 일[日]을 정합니다.

◎ TIP
[그림자 도구]와 [애니메
이션 도구]를 활용하면
시간 변화에 따른 그림자
의 변화를 동영상으로 표
현할 수 있음

02 그림자 설정 따라하기

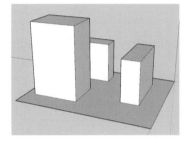

① 뷰(View) 1   ② 뷰(View) 2

❶ 그림자 설정, 창[Window] ▶ 기본 트레이[Default Tray] ▶ 그림자를 실습하기 위하
여 직사각형 그리기[Rectangle ▨] 도구와 밀기/끌기[Push/Pull ◆] 도구를 활용
하여 위의 뷰 1과 뷰 2를 참고하여 위와 유사한 모델을 작성합니다. [위의 뷰
(View) 1과 뷰(View) 2는 하나의 작성 모델을 서로 다른 시점에서 본 것입니다.]

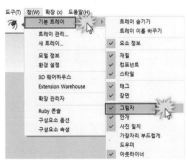

❷ 창[Window] ▶ 기본 트레이[Default Tray] ▶ 그림자[Shadows]를 클릭합니다.

❸ 그림자 [Shadow settings] 도구창이 화면상에 나타납니다.

❹ UTC를 세팅합니다. UTC란 [Universal Time Coordinated] 즉 협정 세계시간을 의
미하며, 영국 그리니치 천문대[경도가 0]의 시간을 세계의 표준시간으로 정의한
것입니다.

우리나라(한국)는 동경 135도 자오선을 사용합니다. 이에 135/15 = 9 즉 [UTC +
9]가 됩니다.

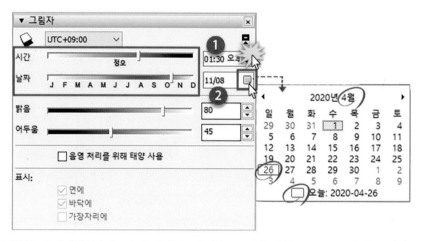

◎ TIP
조절바를 이동하여 그림
자를 조정하기보다는 정
확한 시간과 날짜를 지정
하는 것을 권장

❺ 월/일을 변경해 봅니다. 변경 방법은 시간[Time]과 날짜[Date] 조절바를 마우스로
클릭한 채 좌우로 움직여 변경할 수 있습니다. 다른 방법으로는 위 그림의 표시한
①번과 ②번 버튼을 클릭하여 정확한 월/일을 지정할 수 있습니다. 마지막 방법으
로 직접 월/일 수치를 마우스로 클릭 후 바로 해당 숫자를 입력할 수 있습니다.

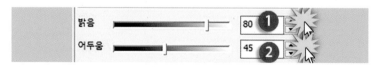

❻ 빛이 사물에 비치면 밝음[Light]과 어두움[Dark] 부분이 발생합니다. 위의 수치를
조정함으로 빛으로 인한 모델의 밝은 부분과 어두운 부분의 밝고 어둡기를 재조
정할 수 있습니다. 위의 그림과 동일한 수치값을 적용합니다.

❼ 그림자[Shadows] 창에서 그림자 표시/숨기기[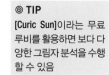] 도구를 선택하면 그림자 설정
창 하단의 Display 옵션들이 활성화됩니다.

① 면에[On faces]는 면에 그림자를 표시합니다.

② 바닥에[On ground]는 바닥면에 그림자를 표시합니다.

③ 가장자리에[From edges]는 경계선에 그림자를 표시합니다. 보통 경계선 그림
자는 체크를 하지 않습니다.

◎ TIP
용량이 큰 스케치업 모델
링 작업이 진행 중이라면
그림자를 표시하지 않는
것이 작업의 효율을 높임

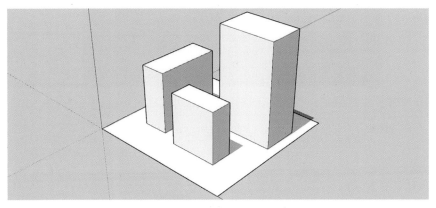

◎ TIP
[Curic Sun]이라는 무료
루비를 활용하면 보다 다
양한 그림자 분석을 수행
할 수 있음

Curic Sun
Make Solar chart

45,628 Views   Free

❽ 현재까지의 설정 값에 의해 화면에 보이는 모델은 위의 그림과 같습니다.

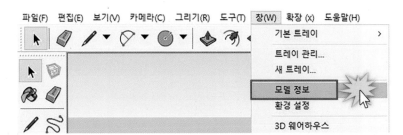

❾ [상단 메뉴바 ▸ 창[Window] ▸ 모델 정보[Model Info]]를 클릭합니다.

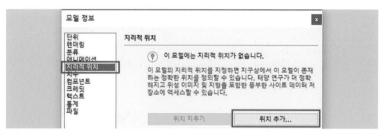

⑩ 좌측 메뉴 항목에서 지리적 위치 [Geo-Location]을 선택합니다. 이후 위의 그림과
동일하게 위치 추가 [Add Location] 버튼을 클릭합니다.

◎ TIP
지역명은 [한글] 보다는
[영문]으로 입력하는 것
이 정확한 위치를 검색하
는 데 유리

⑪ 지역명을 [Seoul]로 입력 후 검색[Search] 버튼을 클릭하면 해당 지역의 대표 건물
이 있는 위치로 위성지도가 검색됩니다.

⑫ 사용자가 원하는 영역 선택을 위하여 지역선택[Select Region] 버튼을 클릭합니다.

⓭ 고정 Pin과 위치 중심점[**+**]을 사용자가 원하는 지점과 크기로 조정 후 가져오기 [Grab] 버튼을 클릭합니다.

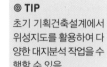

◎ **TIP**
초기 기획건축설계에서 위성지도를 활용하여 다양한 대지분석 작업을 수행할 수 있음

출처)https://www.djc.com /stories/images/200804 17/Conservation_Okano gan_big.jpg

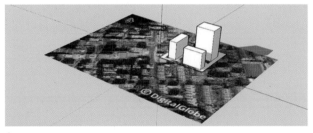

⓮ 가져온[Grab] 위성 지도 이미지가 작업 화면의 작성 모델 아래에 나타나며 사용자 가 앞서 그림자 설정대로 모델에 그림자가 보입니다.

⓯ 그림자[Shadows] 도구상자의 월/일/시간을 마우스로 조절바를 움직여 재조정할 수 있으며, 특히 시간(Time) 조절바를 움직여 봄으로서 사용자가 작성한 모델의 시간대별 일조변화 추이를 관찰해 봅니다.

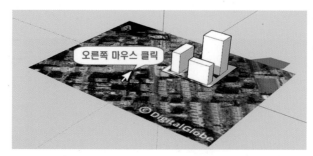

⓰ 화면상에 보여지는 위성지도가 불필요하다면 해당 위성지도를 마우스로 클릭합니다.

◎ TIP
위성지도는 기본적으로 [잠금]상태. 이동 등의 편집 작업을 위해서는 [잠금 해제]를 하여야 함

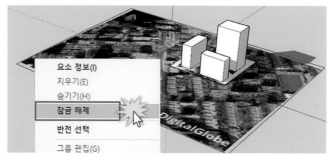

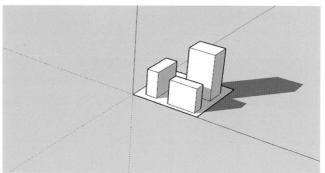

⓱ 마우스 우측 버튼을 누르면 확장 메뉴가 펼쳐집니다. 메뉴 중 잠금 해제[[Unlock] 항목을 선택 후 키보드의 [Delete] 버튼을 누르면 해당 위성 지도가 사라집니다. 그러나 사용자가 그림자 표현을 위하여 설정한 내용은 그대로 유지됩니다.

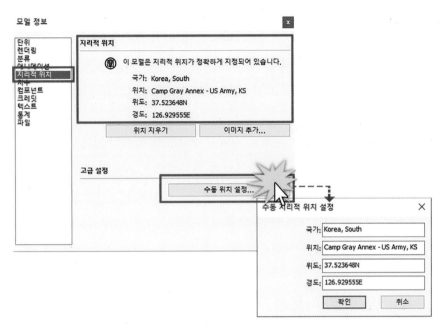

◎ TIP
반드시 모델링 작업을 할
경우 [지리적 위치]를 정
확하게 설정할 필요는 없
음. 대지 및 건축법적 규
제에 대한 분석 작업을
수행해야 할 경우 선택적
으로 사용할 수 있음

⑱ [상단 메뉴] ▶ 창[Window] ▶ 모델 정보[Model Info]를 클릭 후 지리적 위치 [Geo-Location]의 수동 위치 설정[Set Manual Location] 버튼을 클릭합니다. 사용 자가 지정한 도시의 국가명이 위성 지도가 사라진 이후에도 그대로 유지됨을 알 수 있습니다.

MEMO

CHAPTER

06 이미지[Image] 가져오기[Import]와 내보내기[Export]

외부의 이미지를 스케치업 프로로 가져와 재질 또는 이미지 개체 등으로 다양하게 활용할 수 있습니다. 특히 스케치업 프로에 기본적으로 포함된 재질 외에 사용자가 원하거나 재질을 가져오므로 모델에 대한 다양한 재질표현이 가능합니다. 또한 작성된 모델을 이미지로 변환하여 Photoshop 등의 소프트웨어로 확인할 수 있습니다.

01 그림으로 사용하기[Use as Image] 기능 따라하기

◎ TIP
세워진 직사각형을 작성하기 위하여 뷰를 돌리지 않고 [회전된 직사각형] 도구를 활용하면 보다 편리하게 작성할 수 있음

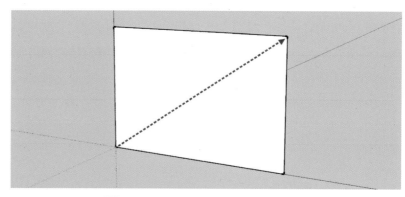

❶ 직사각형 [Rectangle 　] 도구를 활용하여 [가로 3000, 세로 2000]의 사각형을 빨간색과 파란색 축에 맞춰 작성합니다.

MEMO

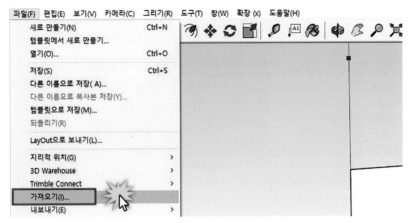

❷ [상단 메뉴] ▸ 파일[File] ▸ 가져오기[Import] 메뉴를 클릭합니다.

(고궁.jpg 파일은 카페에서 다운로드할 수 있습니다.)

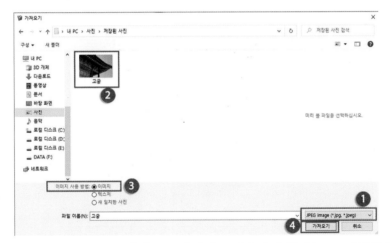

◎ TIP
[이미지]로 가져올 경우
면 위뿐만 아니라 빈 공
간에도 이미지를 배치할
수 있음

❸ 파일형식을 [JPEG Image] 타입으로 설정하고 사용자가 원하는 JPEG형식의 그림
파일을 선택합니다. 이미지[Use as Image] 항목을 체크한 뒤 가져오기[Import] 버
튼을 클릭합니다.

외부 재질을 이미지로 사용할 경우 해당 이미지는 개별 객체로 인식합니다.

MEMO

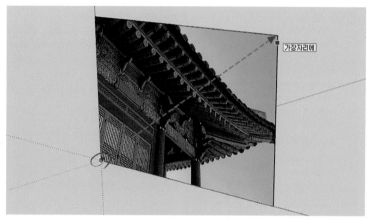

❹ 이미지[Image]의 시작점을 먼저 작성된 사각형의 좌측 하단 모서리점으로 지정하고 마우스를 드래그하여 위의 그림과 동일하게 사각형 윗변에 이미지[Image]의 크기를 맞춥니다.

◎ TIP
[배율, Scale]도구의 단축키는 [S]

❺ 사각형에 이미지가 맞지 않을 경우는 선택[Select ▶] 도구로 해당 그림을 클릭 후 배율[Scale 🖼] 도구를 활용하여 우측 경계선 중심의 크기조정 녹색 포인트를 클릭합니다. 이 포인트를 사각형의 우측 경계선으로 드래그하여 해당 이미지의 크기를 재조정합니다.

MEMO

❻ 이미지로 사용하기[Use as Image]로 부여한 재질은 독자적인 개체로 인식하기에 언제든지 삭제가 가능합니다. 단, 크기 조정은 반드시 배율[Scale █] 도구를 사용해야 합니다.

02 텍스처로 가져오기[Use as Texture] 기능 따라하기

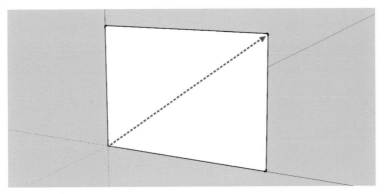

◎ TIP
[텍스처] 항목을 클릭하면 개별 객체로 인식하지 않음. 반드시 면에 재질로 적용하여야 함. 면 위가 아닌 빈 공간에 마우스 포인트를 위치하면 [금지] 표시가 나타남

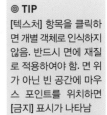
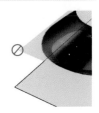

❶ 직사각형 [Rectangle █] 도구를 활용하여 [가로 3000, 세로 2000]의 사각형을 빨간색과 청색축에 맞춰 작성합니다.

MEMO

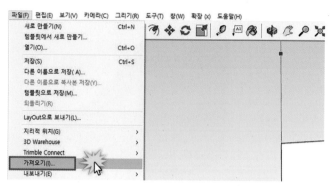

❷ [상단 메뉴] ▶ 파일[File] ▶ 가져오기[Import]를 클릭합니다.

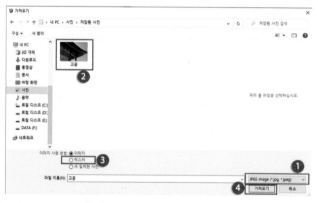

◎ **TIP**
배경이 투명한 **[PNG]** 타입의 이미지를 텍스처로 적용할 경우 울타리 등의 다양한 장면 표현을 수행할 수 있음

❸ 파일형식을 JPEG Image 타입으로 설정하고 사용자가 원하는 JPEG형식의 그림 파일을 선택합니다. 텍스처[Use as Texture]를 선택한 뒤 가져오기[Import]를 누릅니다.

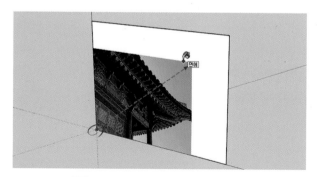

❹ 페인트 통[Paint Bucket 🖌] 도구가 화면에 나타납니다. 사각면의 좌측 하단 모서리점을 시작점으로 지정 후 드래그[Drag]하여 클릭합니다.

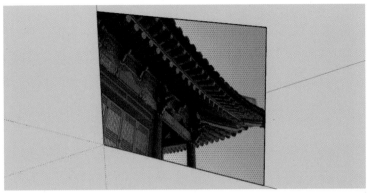

TIP
재질을 적용하고자 하는
면에 범위를 작게 하여
재질을 적용할 경우 타일
형태로 재질이 적용

⑤ 이미지로 가져오기[Use as Image] 방식과는 다르게 해당 이미지가 텍스처[Use as Texture]로 적용되었기에 사각면에 빈 공간이 남지 않습니다.

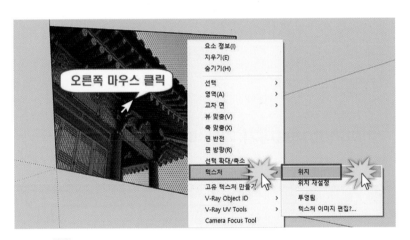

⑥ 선택[Select ↖] 도구로 재질을 선택한 뒤 마우스 우측 버튼을 클릭하여 확장 메뉴를 펼칩니다. 텍스처[Texture] ▶ 위치[Position]를 선택합니다.

MEMO

◎ **TIP**
적용된 재질의 크기를 정
의된 크기로 편집할 경우
해당 재질을 스포이트 툴
로 클릭한 다음 [재질 트
레이]의 [편집] 탭에서도
수정가능

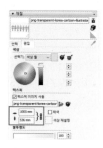

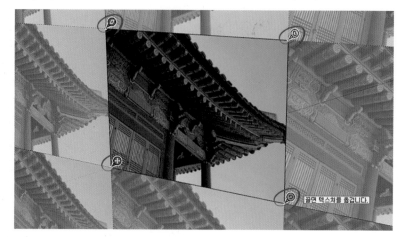

❼ 화면에 나타나는 네 개의 고정핀을 마우스로 클릭하여 사용자가 원하는 재질의 위
치와 크기를 재지정할 수 있습니다. 위치[Position]를 활용한 재질 크기 재지정은
선행 학습한 36Page의 [[2-3-2] 위치 기능을 활용한 크기 재조정] 내용을 다시 참
고하세요.

03 이미지로 내보내기 기능 따라하기

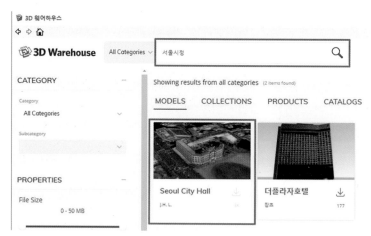

❶ 3D Warehouse에서 [서울시청]을 검색[Search]하여 [Seoul City Hall] 모델을 찾습
니다.

❷ [다운로드] 버튼을 클릭하여 스케치업 화면으로 불러들입니다.

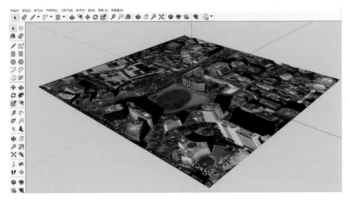

❸ 위성지도와 함께 [서울 시청] 모델이 스케치업 프로 화면에 나타납니다.

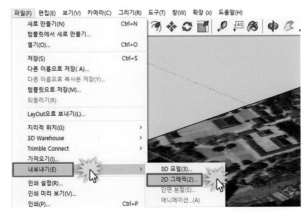

◎ TIP
[2D 그래픽]으로 내보내기할 경우 다양한 형식으로 내보내기가 가능. 특히, 캐드파일(.dwg)로도 내보내기할 수 있음

AutoCAD DWG 파일(*.dwg)
PDF 파일(*.pdf)
EPS 파일 (*.eps)
Windows 비트맵 (*.bmp)
JPEG 이미지 (*.jpg)
Tagged Image File(*.tif)
Portable Network Graphics(*.png)
AutoCAD DWG 파일(*.dwg)
AutoCAD DXF 파일(*.dxf)

❹ [상단 메뉴] ▶ 파일[File] ▶ 내보내기[Export] ▶ 2D 그래픽[2D Graphic]을 선택합니다.

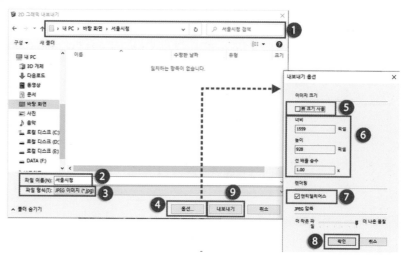

◎ TIP
[계단 현상]이란 이미지
경계에 나타나는 톱니 형
태의 불규칙한 형상을 의
미. 아래의 좌측 그림은
계단현상이며, 우측 그림
은 계단 현상 방지를 체
크하여 경계를 부드럽게
처리한 것

❺ 저장 폴더 위치와 파일 이름, 파일 형식을 지정합니다. 이어 우측 하단의 옵션
[Options] 버튼을 클릭합니다. 뷰 크기 사용[Use view Size]에 체크를 해제하고 사
용자가 원하는 이미지의 폭과 높이 값을 입력합니다. 반드시 안티 앨리어스
([Anti-alias]계단 현상 방지)란은 체크가 되어야 합니다. 확인[확인] 버튼을 누
르고 내보내기 버튼을 누릅니다.

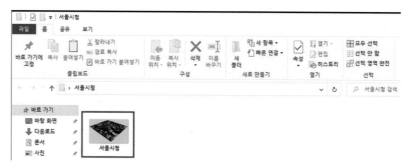

❻ 위의 그림처럼 사용자가 지정한 저장 폴더에 내보내기[Export]한 이미지가 저장
되어 있습니다.

MEMO

CHAPTER

07 CAD 도면 가져오기[Import]

가져오기[Import] 기능은 이미지 뿐만 아니라 AUTOCAD, 3DS-MAX 등의 다양한 형식의 파일을 가져올 수 있습니다. 이 중 CAD파일인 [dwg]파일은 건축 인테리어 디자인 과정 중 스케치업 프로에서 자주 활용됩니다.

01 CAD 도면 가져오기[Import] 기능 따라하기

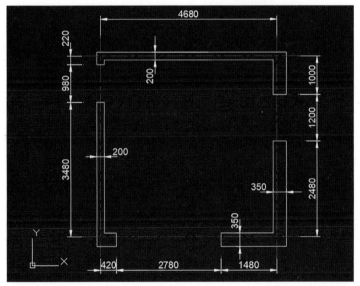

◎ **TIP**
캐드에서 도면을 작성 후 저장할 경우 사용 중인 스케치업 버전보다 낮은 버전으로 저장하여야 함

AutoCAD 2013/LT2013 도면(*.dwg)
AutoCAD 2018 도면 (*.dwg)
AutoCAD 2013/LT2010 도면(*.dwg)
AutoCAD 2010/LT2010 도면(*.dwg)
AutoCAD 2007/LT2007 도면(*.dwg)
AutoCAD 2004/LT2004 도면 (*.dwg)
AutoCAD 2000/LT2000 도면 (*.dwg)
AutoCAD R14/LT98/LT97 도면 (*.dwg)

❶ Autodesk사의 AutoCad를 활용하여 위의 그림에서 제시된 치수에 맞춰 해당 도면을 작성한 후 저장합니다.

◉ Autocad 소프트웨어가 없거나 다루지 못하는 학습자는 카페에서 [CAD 도면.jpg] 파일을 다운로드하세요.

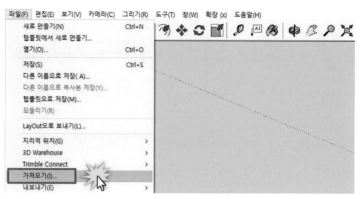

❷ [상단 메뉴] ▶ 파일[File] ▶ 가져오기[Export]를 클릭합니다.

◎ TIP

CAD에서 작업하였던 단위와 동일하게 스케치업에서도 단위를 지정하여야 함. 그렇지 않으면 향후 모델링 작업에서 높이 값 등을 부여할 경우 혼돈을 줄 수 있음

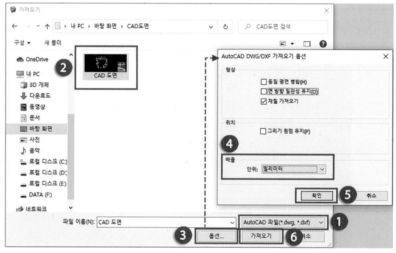

❸ 파일 형식을 AutoCAD파일[dwg]로 지정합니다. 사용자가 작성한 CAD 파일을 선택합니다. 중앙부 하단의 옵션[Options] 버튼을 클릭합니다. 단위[Units]를 밀리미터로 선택 후 [확인] 버튼을 누르고 다시 가져오기[Import] 버튼을 클릭합니다.

MEMO

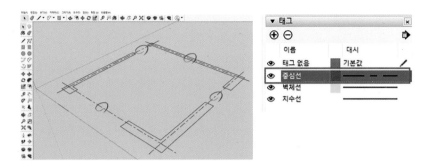

❹ 화면에 CAD에서 작성된 도면이 나타납니다. 중심선을 선택[Select ↖] 도구로 선택한 후 키보드의 [Delete] 버튼을 눌러 삭제합니다. 불러온 CAD 도면에는 태그[Tag]가 존재합니다. 스케치업 프로 태그[Tag] 창에서 각각의 태그[Tag] 제어가 가능합니다.

◎ TIP
중심선 태그를 삭제하지 않고 [이이볼]을 클릭하여 [숨김] 처리하여도 무방

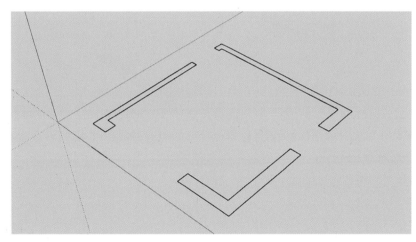

❺ 위의 그림과 동일하게 벽체선만 남겨져 있습니다. 그러나 면이 생성되어있지 않습니다. 면이 없으면 벽체의 높이 값을 줄 수 없습니다.

MEMO

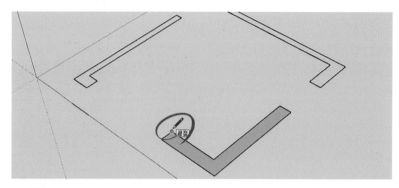

◎ TIP
추정(Inference)이란 모델링 작업시 이동 및 복사, 회전, 시작 및 끝점 등의 포인팅 위치점이나 방향 등을 미리 제시해주는 기능을 의미

❻ 선[Line ✎]과 추정 기능을 활용하여 위의 그림과 동일하게 끝점과 끝점을 따라 그려주면 자동으로 없었던 면이 새롭게 생성됩니다.

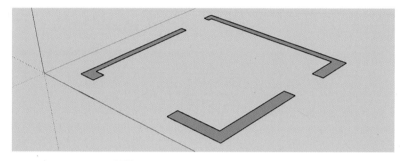

❼ 위의 방법대로 선[Line ✎]을 활용하여 나머지 벽체의 면을 위의 그림과 동일하게 생성시킵니다.

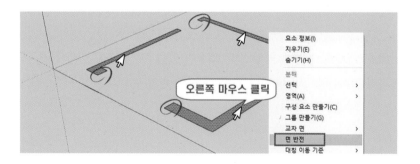

❽ 면은 앞/뒷면이 각기 다른 색상을 가집니다. 위의 그림과 같이 어두운 회색은 뒷면을 의미하기에 이를 앞면으로 만들기 위해서는 해당 뒷면을 선택[Select ➤] 도구로 선택 후 마우스 우측 버튼을 눌러 확장 메뉴를 펼친 후 면 반전[Reverse faces]을 선택하면 됩니다.

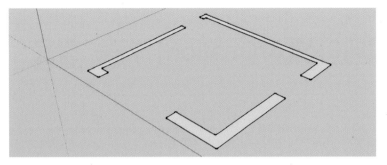

❾ 면 반전[Reverse faces]을 활용하여 위 그림과 같이 벽체 모두 면을 뒤집습니다.

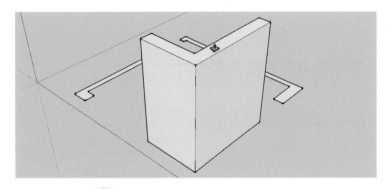

❿ 밀기/끌기[Push/Pull 🔶]로 벽체의 면을 선택 후 위쪽으로 마우스 방향을 지시합
니다. 이어 수치입력창에 [3000]의 높이 값을 입력하면 위의 그림과 동일해집니다.

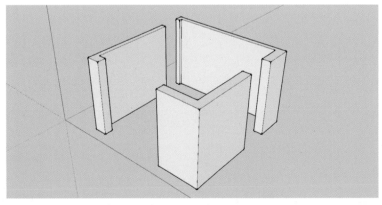

◎ TIP
나머지 면을 [더블 클릭]
하여 앞서 입력한 높이
값을 반복하여 적용시킬
수 있음

⓫ 밀기/끌기[Push/Pull 🔶]로 나머지 벽체의 면을 선택 후 위의 그림과 동일하게 작
성합니다.

CHAPTER

08 애니메이션[Animation] 기능 활용

스케치업 프로에서는 장면[Scene]과 장면[Scene]들을 각각 설정하고 저장하여 이를 조합한 애니메이션[Animation]을 제작할 수 있습니다. 동영상을 제작할 경우에는 앞서 학습한 태그[Tag] 기능과 아웃라이너[Outliner], 태그 기능을 활용할 수 있습니다.

01 애니메니션 기능 따라하기

◎ **TIP**
원활한 애니메이션 수행을 위해 반드시 모든 객체는 [그룹]이나 [구성요소]로 작성하는 것이 좋음

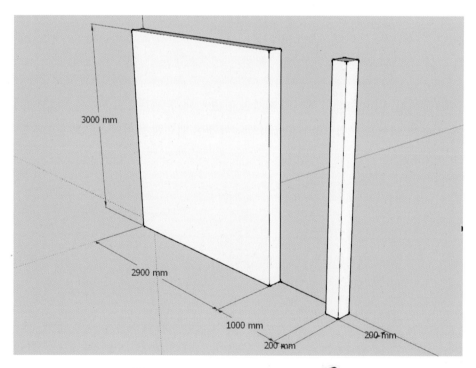

❶ 직사각형[Rectangle ▨] 도구, 줄자 도구[Tape measure 🔍], 밀기/끌기[Push/Pull ◈] 도구를 활용하여 위의 치수를 참고하여 모델을 작성 후 그룹 만들기[Make Group]로 지정합니다.

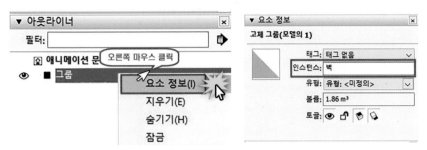

❷ 아웃라이너[Outliner]에서 생성된 해당 그룹을 선택합니다. 마우스 우측 버튼을
눌러 요소정보[Entity Info]의 명칭 인스턴스-[Instance]항목에서 해당 그룹의 명
칭을 [벽]으로 변경합니다.

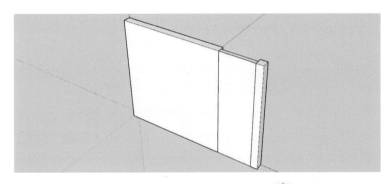

❸ 직사각형[Rectangle ▨] 도구와 밀기/끌기[Push/pull ◈] 도구를 활용하여 갈려
져 비워진 공간에 직사각형의 모델을 작성 후 그룹 만들기[Make Group]로 지정합
니다. 아웃라이너[Outliner]에서 그룹 명칭을 [닫힌 문]으로 변경합니다.

◎ TIP
[아웃라이너]에서 그룹
명칭을 두 번 순차적으로
클릭하거나 그룹 명칭을
선택한 뒤 마우스 우측
버튼을 누르고 펼침 메뉴
에서 [이름 바꾸기] 항목
을 선택하여 변경할 수
있음

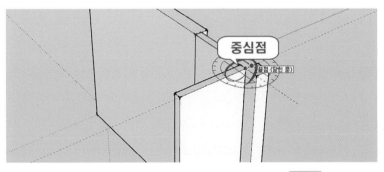

❹ 화면상에서 [닫힌 문]그룹을 선택합니다. 이어 회전 복사[⟳]도구를 활용하여
위의 그림과 동일한 위치의 중심점을 지정하고 기준 축을 지정한 다음 [90°]로 회

전 복사 시킵니다. 복사된 모델을 선택 후 아웃라이너[Outliner]에서 그룹 명칭을
[열린 문]으로 변경합니다.

◎ TIP
회전을 하기 위해서는
회전 중심점과 회전 기
준축의 시작과 끝점을
정확하게 지정할 필요
가 있음

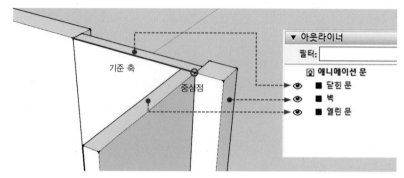

❺ 아웃라이너[Outliner]창에 보이는 각 모델별 그룹 명칭은 위와 같습니다.

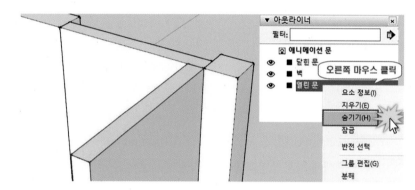

◎ TIP
[아이볼]을 클릭하여 [숨
김]처리할 수 있음

❻ [열린 문] 그룹을 아웃라이너[Outliner] 창에서 선택 후 마우스 우측버튼을 클릭한
뒤 숨기기[Hide]합니다.

MEMO

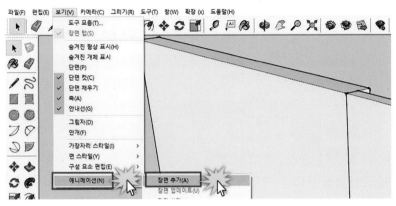

❼ [상단 메뉴] ▸ 보기[View] ▸ 애니메이션[Animation] ▸ 장면추가[Add Scene]를 클
릭합니다.

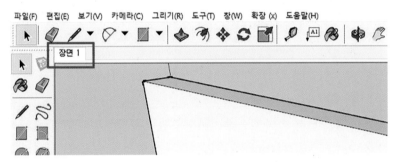

◎ TIP
[장면 트레이]에서 장면
이름 바꾸기 및 다양한 속
성 등을 제어할 수 있음

❽ 상단 메뉴 아래에 [장면 1(Scene1)] 탭이 생성됩니다.

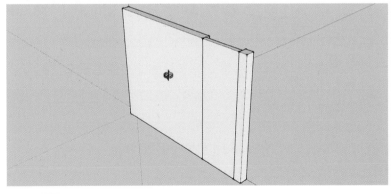

❾ 궤도[Orbit ✥] 도구를 활용하여 위와 유사한 뷰[View]로 변경합니다.

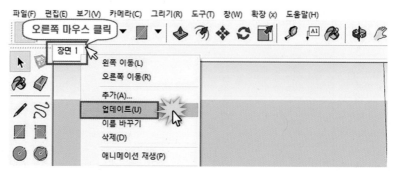

⓾ [장면 1] 탭을 선택 후 마우스 우측버튼을 클릭하여 확장메뉴를 펼칩니다. 메뉴 중 업데이트[Update]를 선택하여 현재의 모델의 현재 시점을 등록합니다.

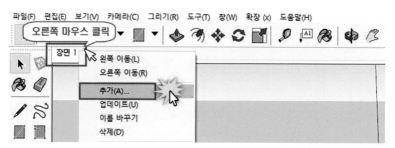

⓫ [장면 1] 탭을 선택 후 마우스 우측버튼을 눌러 확장메뉴를 펼칩니다. 메뉴 중 장면 추가[Add]를 클릭합니다.

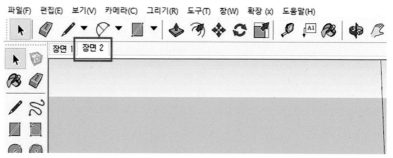

⓬ 상단 메뉴바에 [장면 2(Scene 2)] 탭이 추가됩니다.

⑬ 아웃라이너[Outliner] 창에서 [열린 문]를 숨기기 취소[Unhide]하고 [닫힌 문]를 숨기기[Hide]합니다.

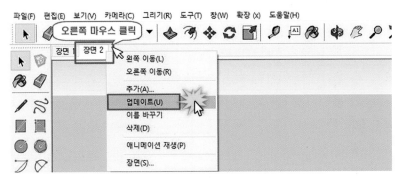

◎ TIP
[장면 트레이]의 업데이트 버튼을 클릭해도 됨

⑬ [장면 2] 탭을 선택 후 마우스 우측버튼을 눌러 확장메뉴를 펼칩니다. 메뉴 중 업데이트[Update]를 클릭하여 현재의 모델의 시점을 등록합니다.
장면 왼쪽 이동[Move Left]과 장면 오른쪽 이동[Move Right] 버튼을 눌러 장면의 순서를 변경 할 수 있으며, 장면 삭제[Delete] 메뉴들을 활용하여 해당 장면을 삭제[Delete]할 수 있습니다.

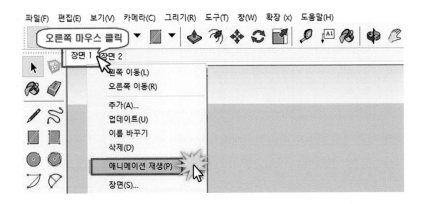

⑮ [장면 1] 탭을 선택 후 마우스 우측버튼을 눌러 확장메뉴를 펼칩니다. 메뉴 중 애니 메이션 재생[Play Animation] 메뉴를 클릭합니다.

◎ TIP
[일시 중지]는 재생이 가 능하지만 [중지]를 클릭 하면 장면 탭에서 우측버 튼을 클릭하여 펼쳐진 확 장메뉴에서 다시 [애니 메이션 재생] 버튼을 다 시 클릭

⑯ 일시중지[Pause]와 중지[Stop] 버튼으로 영상을 제어합니다.

02 애니메이션[Animation] 속도 제어 따라하기

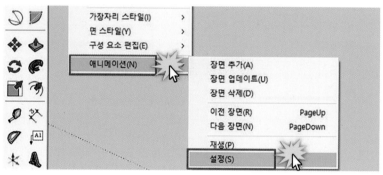

❶ [상단 메뉴] ▶ 보기[View] ▶ 애니메이션[Animation] ▶ 설정[Settings] 메뉴]를 클 릭합니다.

◎ TIP
[장면 전환] 시간은 장면 을 넘기는 속도로, [장면 지연]은 해당 장면에서 잠시 대기하는 시간. 즉, [장면 지연]에 시간이 입 력되면 그 만큼 순간 순 간 영상이 끊기게 됨

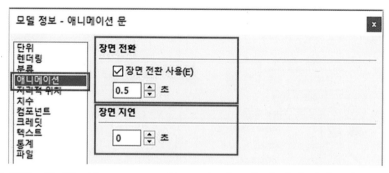

❷ 장면 전환 가능[Enable scene transitions]을 체크한 뒤 장면 전환 빠르기를 0.5초 [Seconds]로 변경합니다. 장면 지연을 0초[Seconds]로 변경합니다.

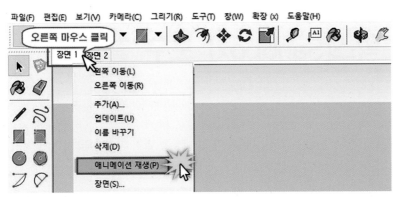

❸ [장면 1] 탭을 선택 후 마우스 우측버튼을 눌러 확장메뉴를 펼칩니다. 메뉴 중 애니
메이션 재생[Play Animation] 메뉴를 클릭합니다. 설정[Setting] 값에 의하여 애니
메이션[Animation]이 보다 빠르게 재생되는 것을 확인할 수 있습니다.

> **◎ TIP**
> 애니메이션은 [아웃라
> 이너], [태그], [그림자],
> [안개] 등의 기능과 연계
> 시켜 다양하게 제작할 수
> 있으며, 원리는 동일

MEMO

CHAPTER

09 샌드박스[Sandbox] 도구 활용

스케치업 프로에서는 격자 그리드의 그물망을 활용하여 높낮이의 변화가 있는 지형이나 수면 그리고 사람의 얼굴과 같은 부정형의 입체 표면을 생성할 수 있습니다. 또한 경사지의 평탄한 부지 조성 및 이형의 평면에 대한 부정형의 바닥면 생성 등의 다양한 기능을 가지고 있습니다.

◎ TIP
[샌드박스]를 활용하여 마구조와 유사한 다양한 비정형의 형상을 표현할 수 있음. 격자의 간격이 좁고 많을수록 상세한 비정형의 표면 생성에는 유리하지만 작업 속도에 영향을 줄 수 있음

❶ 윤곽에서 [From Contours 📷] 도구 : 높이의 차가 있는 Auto-CAD 등에서 작업된 등고선을 기준으로 3차원 지형 모델을 생성합니다.

❷ 스크래치에서 [From Scratch 📄] 도구 : 기본적인 삼각망을 생성하는 도구입니다. 격자망 생성 도구라고도 합니다.

❸ 고르지 않게 [Smoove 📄] 도구 : 고르지 않게 도구는[smooth]와 [move]의 합성어로 부드럽게 조작한다는 의미를 담고 있습니다. 조작 반경을 설정하면 조작 범위 내에 면과 선을 선택하여 형태를 변형시킵니다.

❹ 스탬프[Stamp 📄] 도구 : 경사 지형에 평탄한 건물 바닥면이나 도로와 같은 길의 평탄면을 지형에 복사시킵니다.

❺ 드레이프[Drape 📄] 도구 : 삼각망에 도로/하천/건축물의 바닥선 등을 투영시키거나 투영받을 수 있습니다. 이를 활용하여 다양한 형태의 부정형 삼각망을 작성할 수 있습니다.

❻ 디테일 추가[Add Detail 📄] 도구 : 기존의 삼각망의 면을 더 세분하여 분할합니다. 이를 활용하여 세밀한 면 조작을 할 수 있습니다. 과도한 면 분할은 작업 파일의 용량의 증가를 가지고 오며 컴퓨터의 속도 저하를 가져옵니다.

❼ 가장자리 대칭 이동[Flip Edge 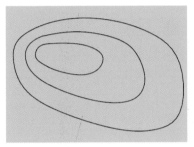] 도구 : 삼각형을 연결하는 경계[Edge]선의 방향을 뒤집을 수 있습니다. 경계선 반전으로 면의 방향을 제어하여 세밀한 면 조작을 이룰 수 있습니다.

01 등고선 생성[From Contours 🐌] 도구 따라하기

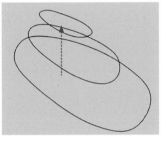

◎ **TIP**
AutoCAD에서 작성된 등고선을 작성할 경우 **Pline**으로 작성 후 **Pedit** 명령을 실행하여 [맞춤(F)] 옵션을 적용하면 지점을 잇는 곡선의 등고선을 작성할 수 있음

❶ AutoCAD를 활용하여 등고선을 작성합니다. 평면으로 보면 2차원으로 보이지만 각각의 등고선은 높이차가 있어야 합니다. 위의 우측 그림과 같이 3차원으로 보았을 때 각각의 등고선은 높이를 가지고 있습니다.

예제파일 및 동영상파일은 아래 웹하드에서 다운로드 가능하며, 무단 복제 및 전제를 금합니다.
웹하드 http://www.webhard.co.kr/webII/page/member/index.php
(ID : pnpbook, PW : 8282)
AutoCad + SketchUp [예제파일] 폴더(PW : 1234)

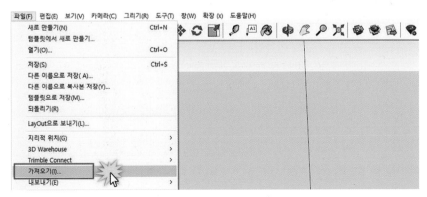

❷ [상단 메뉴 바 ▸ 파일[File] ▸ 가져오기[Import]를 클릭합니다.

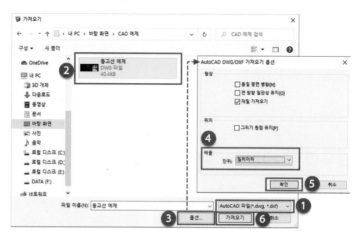

❸ 파일형식을 [dwg]로 지정 후 해당 등고선 파일을 선택합니다. 가져오기[Import]
을 클릭하기 전 옵션[Options] 버튼을 눌러 단위를 반드시 밀리미터[Millimeters]
로 변경합니다.

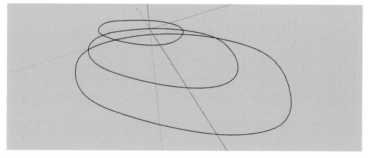

❹ 화면에 CAD에서 작업한 등고선이 가져오기[Import] 되었습니다.

◎ TIP
AutoCAD에서 작업된 [.dwg]
파일은 동일한 방법으로
가져오기 하면 됨

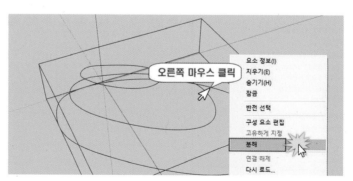

❺ 원활한 지형 생성을 위하여 해당 등고선 그룹을 선택 후 마우스 우측 버튼을 클릭
하여 확장 메뉴의 [분해]를 클릭합니다.

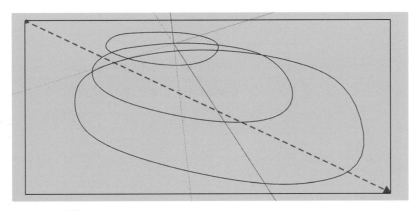

❻ 선택 [Select 🖱] 도구를 활용하여 가져온 등고선을 전체 선택합니다.

윤곽에서[From contours 🗿]를 클릭합니다.

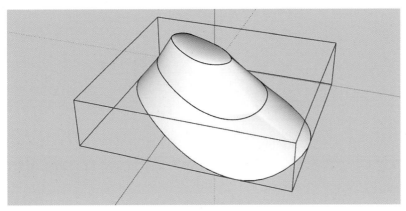

◎ **TIP**
높이차가 있는 닫혀진 도
형만이 아니라 닫혀있지
않는 열린 선분들을 이용
하여 표면을 생성할 수
있음

❼ 자동 그룹화되어 등고선을 잇는 부드러운 지형이 생성되었습니다.

MEMO

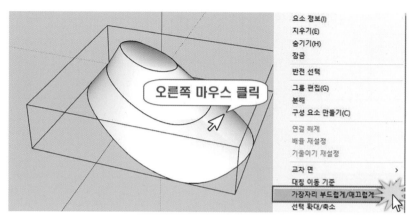

❽ 생성된 지형을 선택 후 마우스 우측 버튼을 눌러 확장 메뉴를 펼칩니다. 가장자리 부드럽게/매끄럽게[Soften/Smooth Edges] 메뉴를 클릭합니다.

◎ TIP
법선 간 각도가 최대각 (180°)으로 적용하면 쪼개진 면의 부분 수정이 어려워짐

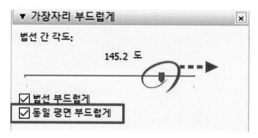

❾ 동일 평면 부드럽게[Soften coplanar]를 체크 후 법선 간 각도[Angle between]바를 마우스로 클릭하여 우측으로 이동시키면 해당 모델의 면을 더욱 부드럽게 만들 수 있습니다.

MEMO

02 스크래치에서[From Scratch 📐] 및 고르지 않게[Smoove 📐] 도구 따라하기

❶ 스크래치에서[From Scratch 📐]를 선택합니다.

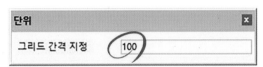

❷ 그리드 간격을 수치입력[VCB] 창에 [100]으로 입력합니다. [가로 및 세로 간격 100]의 그리드가 생성됩니다.

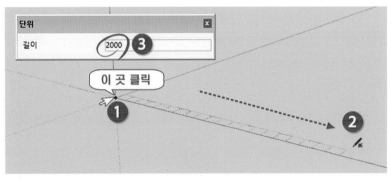

◎ TIP
시작점 지정 후 키보드에서 [SHIFT] 키를 누른 채 마우스를 이동하면 빨간색의 그리드 눈금이 표현

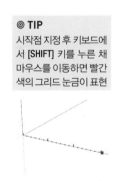

❸ 그리드생성[✏️] 도구가 화면에 나타나면 세 축의 교차점에 그리드의 시작점을 지정합니다. 빨간 축(X축) 방향으로 그리드의 첫 번째 방향을 지시 후 수치입력창에 [2000]을 입력합니다.

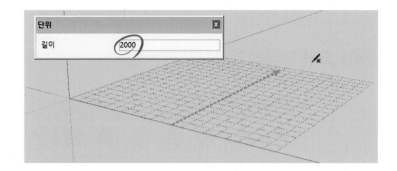

◎ TIP
시스템 사양에 따라 격자가 많을수록 그리드 플랜 [Grid Plan] 생성 시간이 지연될 수 있거나 간혹 컴퓨터가 정지(Down) 될 수 있음

❹ 그리드 생성[✏🔲] 도구를 녹색 축(Y축) 방향으로 그리드의 두 번째 방향을 지시 후 수치입력창에 [2000]을 입력 후 키보드의 [ENTER]키를 입력합니다.

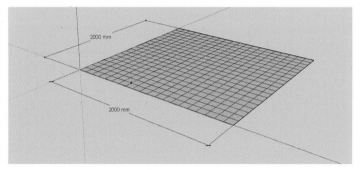

❺ 간격이 [100]인 [전체 가로 2000 세로 2000]의 그리드 플랜[Plan]이 작성되었습니다. 현재 그리드 플랜[Grid Plan]은 그룹[Group] 상태입니다.

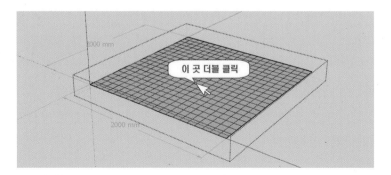

❻ 선택[Select ➤] 도구를 활용하여 생성된 삼각망 즉 그리드 플랜을 더블 클릭합니다. 그룹 편집[Edit Group] 상태로 전환됩니다.

◎ TIP
[Smoove]는 Smooth와 Move
의 합성어. 선택된 범위
의 표면을 부드럽게 올리
거나 내릴 수 있음

❼ 샌드박스에서 고르지 않게[Smoove ] 도구를 선택합니다.

❽ 수치입력창의 면 조작을 하기 위한 적용 반지름(반경, Radius)값을 [300]으로 입력합니다.

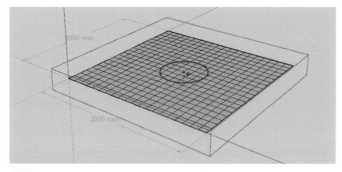

❾ 곡면조작[ ] 도구 표시와 함께 화면상에 빨간색 반경 표시가 보여집니다.

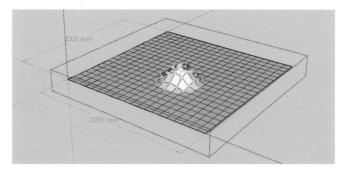

❿ 사용자가 원하는 지점을 선택 후 마우스를 파란 축(Z축) 방향으로 올리면 반경 내의 면과 선이 함께 올라가게 됩니다. 올라가는 높이 값은 수치입력창에서 사용자가 정확히 입력하여도 됩니다.

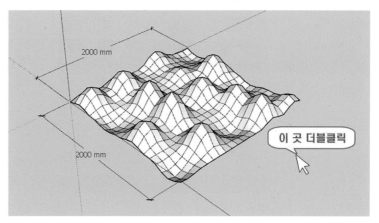

이 곳 더블클릭

⑪ 면의 높낮이 변화를 준 후 화면 빈 공간에 마우스 좌측 버튼으로 더블 클릭하면 그
룹 수정 상태에서 벗어나게 됩니다.

◎ TIP

[고르지 않게] 도구를 활
용하면 단순히 지형뿐만
아니라 수면, 바람에 날
리는 커튼 등 다양한 표
면의 표현이 가능

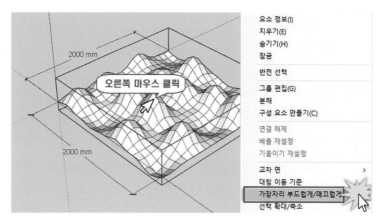

오른쪽 마우스 클릭

요소 정보(I)
지우기(E)
숨기기(H)
잠금

반전 선택

그룹 편집(G)
분해
구성 요소 만들기(C)

연결 해제
배율 재설정
기울이기 재설정

교차 면
대칭 이동 기준
가장자리 부드럽게/매끄럽게
선택 확대/축소

⑫ 생성된 지형을 선택 후 마우스 우측 버튼을 클릭하여 확장 메뉴를 펼칩니다. 가장
자리 부드럽게/매끄럽게[Soften/Smooth Edges] 메뉴를 선택합니다.

◎ TIP

[법선 부드럽게] 옵션을
체크하지 않으면 삼각
형 면의 형상으로 표현

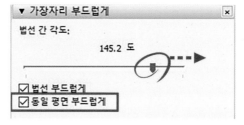

▼ 가장자리 부드럽게   ✕

법선 간 각도:

145.2 도

☑ 법선 부드럽게
☑ 동일 평면 부드럽게

⑬ 동일 평면 부드럽게 하기[Soften coplanar]를 체크 후 법선 간 각도[Angle between]
바를 클릭하여 우측으로 이동시키면 면을 더욱 부드러운 면을 생성할 수 있습니다.

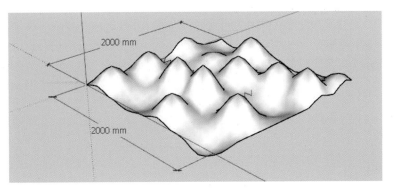

❹ 가장자리 부드럽게/매끄럽게[Soften/Smooth Edges]를 적용한 결과입니다.

03 스탬프[Stamp ] 도구 따라하기

❶ 샌드박스의 스크래치에서[From Scratch ]를 클릭합니다.

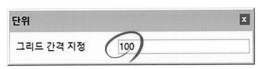

❷ 그리드 간격을 수치입력[VCB]창에 [100]으로 입력합니다. [가로 및 세로 100]의
그리드가 생성됩니다.

MEMO

◎ TIP
[샌드박스]에서 그리드 생성은 다양한 곡선의 형 상을 만드는 기초가 됨

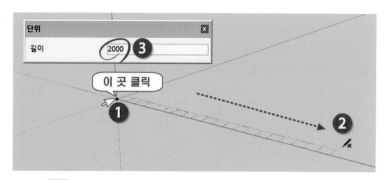

❸ 그리드 생성[✐▦] 도구가 화면에 나타나면 세 축의 교차점에 그리드의 시작점을 지정합니다. 빨간 축(X축_ 방향으로 그리드의 첫 번째 방향을 지시 후 수치입력창에 [2000]을 입력합니다.

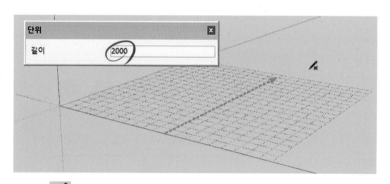

❹ 그리드 생성[✐▦] 도구를 녹색 축(Y축) 방향으로 그리드의 두 번째 방향을 지시 후 수치입력창에 [2000]을 입력합니다.

◎ TIP
그룹을 더블 클릭하는 것을 보통 [그룹 열기] 또 는 [그룹 편집]이라고 함

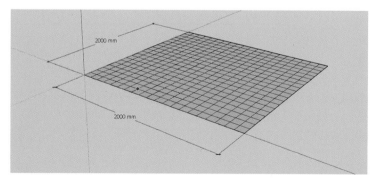

❺ 그리드 간격이 [100]인 [전체 가로 2000 세로 2000]의 그리드 플랜[Plan]이 작성되었습니다. 현재 그리드 플랜[Grid Plan]은 그룹[Group] 상태입니다.

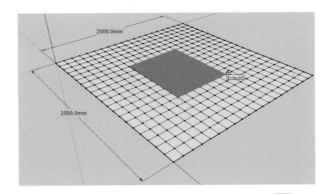

❻ 생성된 삼각망 그리드 플랜[Plane] 위에 사각형[Rectangle ▨] 도구를 활용하여 건물이 놓여질 토대가 될 사각면을 작성합니다. 작성된 사각면은 그룹[Make Group]으로 만들어줍니다.

◎ TIP
건물의 토대가 될 면은 반드시 사각형일 필요가 없음. 다양한 형상의 토대면이 가능

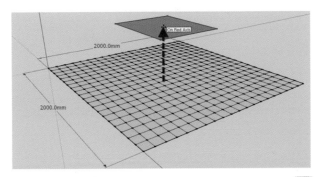

❼ 사각형 면을 선택하여 Z축 방향으로 들어 올립니다. 키보드의 [⬆] 방향 버튼을 누른 후 Z축 방향으로 움직이면 고정된 축 상태에서 편리하게 들어올릴 수 있습니다. 즉 앞서 학습하였던 추정 기능을 활용하는 것입니다.

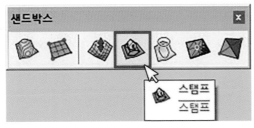

◎ TIP
[스탬프]는 마치 도장을 찍어 격자 표면을 들어올리거나 내리는 작업을 수행함

❽ 샌드박스[Sandbox]에서 스탬프[Stamp ▨]를 클릭합니다.

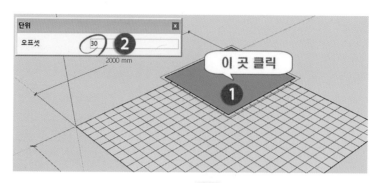

❾ 사각형 형태를 클릭한 후 스탬프[Stamp] 도구 선택하고 수치입력창에 [30]을 입력합니다. 값 30은 선택한 사각면의 외곽선으로부터 외부로 [30]간격인 확장 범위를 지정한 것입니다. 확장 범위 값이 삼각망 그리드 플랜보다 클 경우 바닥면 생성이 이루어지지 않거나 원하는 결과를 얻지 못할 수 있습니다.

◎ TIP
[스탬프]에서 입력되는 값은 건물 토대면을 들어 올리거나 내릴 경우 격자 표면과의 간격을 의미하는데 완만한 경사면을 원할 경우 그 값을 높일 수 있음. 값이 작으면 절벽 같은 수직면으로 작성됨

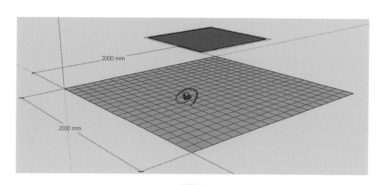

❿ 삼각망 그리드 플랜을 스탬프[Stamp] 도구로 선택합니다.

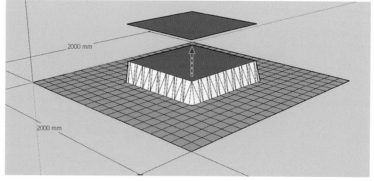

⓫ 사각면이 삼각망 그리드 플랜에 투영됩니다. 이어 마우스를 움직여 아래와 위로 투영된 면을 끌어내리거나 올릴 수 있습니다.

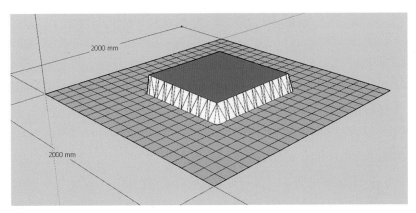

⑫ 스탬프[Stamp 🔲] 도구로 완성된 결과입니다.

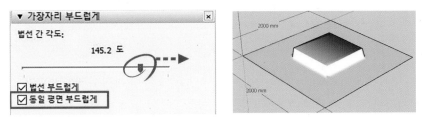

⑬ 결과물을 선택합니다. 가장자리 부드럽게[Soften coplanar]를 체크 후 법선 간 각
도[Angle between] 바를 클릭하여 우측으로 이동시키면 면을 더욱 부드럽게 만들
수 있습니다.

04 드레이프[Drape 🔲] 도구 따라하기

◎ TIP
[드레이프, Drape]란 [씌
우다]라는 의미로 격자
표면에 대상 그룹의 형상
을 투영시킬 경우 활용

❶ 샌드박스[Sandbox]에서 스크래치에서[From Scratch 🔲]를 클릭합니다.

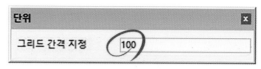

❷ 그리드 간격을 수치입력창에 [100]으로 입력합니다. [가로 및 세로 100]의 그리드
가 생성됩니다.

◎ TIP
[샌드박스]에서 그리드
생성은 다양한 곡선의 형
상을 만드는 기초

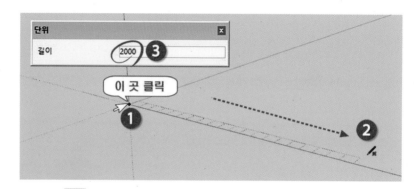

❸ 그리드 생성[✏️🏚️] 도구가 화면에 나타나면 세 축의 교차점에 그리드의 시작점을
지정합니다. 빨간 축(X축) 방향으로 그리드의 첫 번째 방향을 지시 후 수치입력창
에 [2000]을 입력합니다.

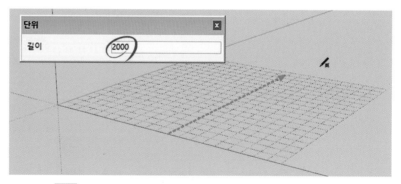

❹ 그리드 생성[✏️🏚️] 도구를 녹색 축(Y축) 방향으로 그리드의 두 번째 방향을 지시
후 수치입력창에 [2000]을 입력합니다.

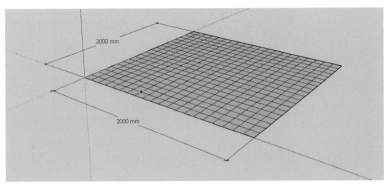

❺ 그리드 간격이 [100]인 [전체 가로 2000 세로 2000]의 그리드 플랜[Plan]이 작성되었습니다. 현재 그리드 플랜[Grid Plan]은 그룹[Group] 상태입니다.

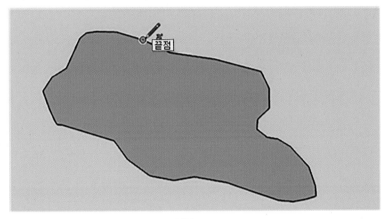

◎ TIP
[프리핸드]로 다양한 형상을 작성할 경우 반드시 면이 생성되어야 함

❻ 그리기 도구 중 자유 그림[Freehand ∿] 도구를 선택 후 시작점의 지정과 함께 마우스 좌측 버튼을 누른 채 움직이면 다양한 형태의 바닥면을 작성할 수 있습니다. [프리핸드]로 작성된 면을 선택하여 파란 축(Z축) 방향으로 들어 올립니다. 키보드의 [↑] 방향 버튼을 누른 후 Z축 방향으로 움직이면 편리합니다. 즉 선행 학습하였던 추정기능을 활용하는 것입니다.

MEMO

❼ 샌드박스[Sandbox]에서 드레이프[Drape 🛍] 도구를 클릭합니다.

◎ TIP
그리드 플랜을 먼저 선택
한 후 프리핸드로 작성된
면을 선택하면 프리핸드
로 작성된 격자가 투영

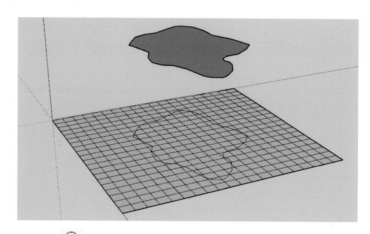

❽ 드레이프[Drape 🛍] 도구로 먼저 자유 그림 도구로 작성한 도형을 선택 후 그리
드 플랜에 클릭한 결과입니다. 그리드 플랜에 해당 도형이 투영된 것을 확인할 수
있습니다.

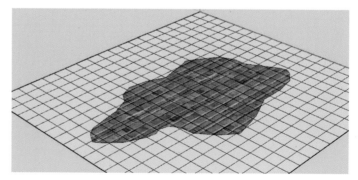

❾ 삼각망 그리드 플랜을 더블 클릭하여 그룹 편집 상태로 전환시킨 뒤 그룹 열기에
서 투영된 면만 선택하여 재질[황갈색 거친 벽돌, Brick_Rough_Tan]을 적용하면
위의 그림과 유사해집니다.

05 디테일 추가[Add Detail ] 및 가장자리 대칭 이동[Flip Edge ] 도구 따라하기

◎ TIP
[디테일 추가]는 격자표
면을 보다 상세하게 편집
할 경우 활용

❶ 샌드박스[Sandbox]의 스크레치에서[From Scratch ]를 선택합니다.

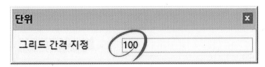

❷ 그리드 간격을 수치입력창에 [100]을 입력합니다. [가로 및 세로 100]의 그리드가
생성됩니다.

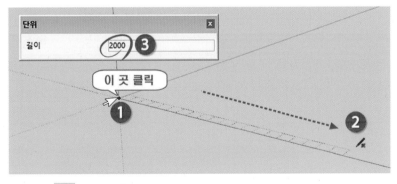

◎ TIP
[가장자리 대칭 이동]은
가장자리(선)의 방향을
뒤집어 의도한 방향으로
의 면의 흐름을 작성하고
자 활용

❸ 그리드 생성[] 도구가 화면에 나타나면 세 축의 교차점에 그리드의 시작점을
지정합니다. 빨간 축(X축) 방향으로 그리드의 첫 번째 방향을 지시 후 수치입력창
에 [2000]을 입력합니다.

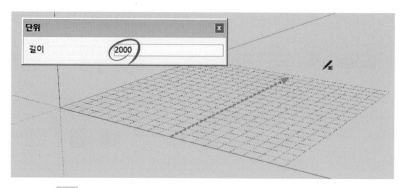

❹ 그리드 생성[] 도구를 녹색 축(Y축) 방향으로 두 번째 방향을 지시 후 수치입력창에 [2000]을 입력합니다.

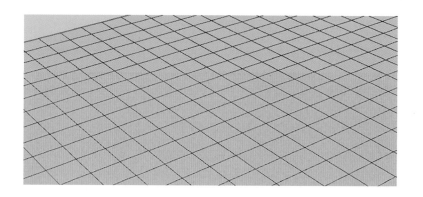

❺ 해당 삼각망 그리드 플랜을 더블 클릭하여 그룹 편집[Edit Group] 상태로 전환시킨 뒤 위 그림과 같이 그리드 한 부분을 마우스 휠을 돌려 확대[Zoom in]해 봅니다.

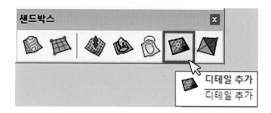

❻ 디테일 추가 [Add Detail] 도구를 샌드박스[Sandbox]에서 선택합니다.

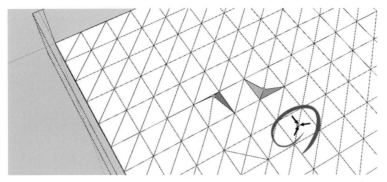

◎ TIP
[디테일 추가]는 세밀한
작업에서 요구되는 도구
임으로 화면을 확대한 후
작업할 필요가 있음

❼ 디테일 추가 [🕇] 도구를 분할하고자 하는 면에 두고 마우스 좌측 버튼을 누르면 위의 그림과 동일하게 면이 세분화되고 아래 위로 움직이면 형태의 변화를 줄 수 있다.

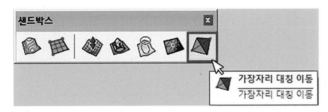

❽ 가장자리 대칭 이동[Flip Edge ◢] 도구를 샌드박스[Sandbox]에서 선택합니다.

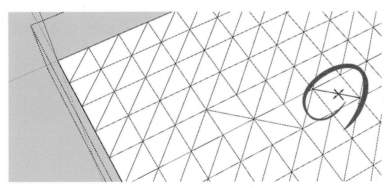

◎ TIP
[가장자리] 방향에 따라
삼각면의 방향도 달라지
게 됨으로 형상이 변화됨

❾ 뒤집고자 하는 경계선에 경계선 반전[✕] 도구를 활용하여 클릭합니다.
❿ 위의 그림과 동일하게 선택된 경계선의 위치가 반전됨이 화면상에서 확인됩니다.

06 샌드박스[Sandbox]를 활용한 실례

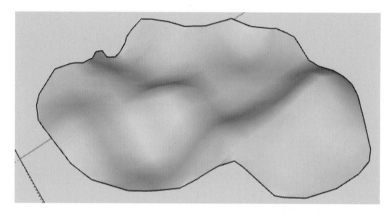

❶ 자유선 그림 [Freehand ✎] 도구, 드레이프[Drape ✍] 도구, 고르지 않게 [Smoove ◈] 도구를 활용한 예입니다.

◎ TIP
[3D Warehouse]의 모델들을 가져오려면 반드시 [로그인]을 해야 함

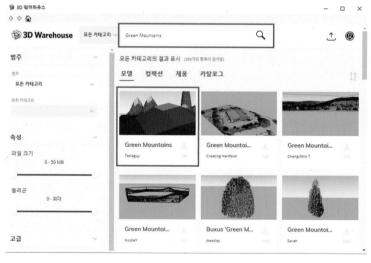

MEMO

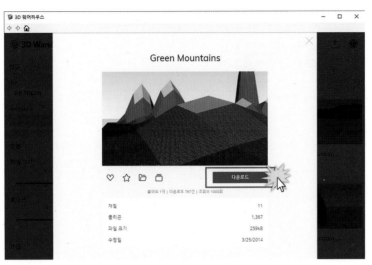

◎ TIP

[샌드박스]를 활용하여
지형뿐만 아니라 다양한
막구조 등의 곡면 모델을
작성하거나 관련한 공유
모델들을 가져오기할 수
있음

❷ 샌드박스[Sandbox]를 활용한 3D Warehouse에서 공유된 실례 모델입니다.

MEMO

CHAPTER

10 안개[Fog] 도구

스케치업 프로에서는 그림자[Shadows] 도구와 더불어 안개[Fog] 효과 기능을 지원하고 있습니다. 사용자는 안개[Fog]효과를 활용하여 다양한 장면 연출이 가능하며, 앞서 학습한 애니메이션[Animation] 기능을 활용하여 분위기 있는 동영상을 작성할 수 있습니다.

01 안개[Fog] 도구 따라하기

◎ TIP
[안개] 도구의 연습을 위해 3D Warehouse에서 [City]와 관련한 모델링 다운로드 받아 활용하면 더욱 유용

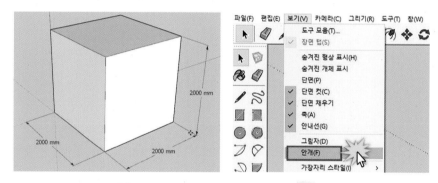

❶ 직사각형[Rectangle ▱] 도구와 밀기/끌기[Push/Pull ◆] 도구를 활용하여 위의 그림과 동일한 치수의 입체 사각형 모델을 작성합니다. 이 후 [상단 메뉴] ▶ 보기 [View] ▶ 안개[Fog]를 클릭하면 기본적으로 흰색의 안개가 표현됩니다.

MEMO

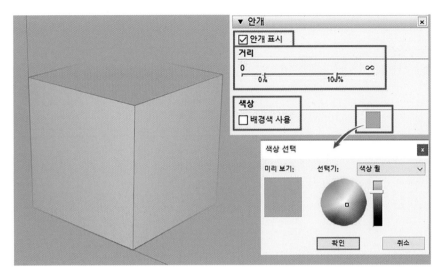

◎ **TIP**
[안개 트레이]의 슬라이
더(조절바)에는   0%와
100%로가 있음. 0% 바를
움직여 카메라의 시작 범
위를 지정한 후 100%바
를 움직여 안개가 100%
로 채워지는 범위를 지
정. 0%와 100%로 사이
범위는 안개가 점점 짙어
져가는 변화 구간. 0%와
100% 바가 같은 위치에
있으면 명확한 안개 경계
선이 만들어짐

❷ [상단 메뉴] ▸ [창] ▸ [기본 트레이] ▸ [안개]를 클릭합니다. [안개 트레이]에서거
리[Distance]의 스크롤을 움직여 위의 그림과 동일하게 조정합니다. 배경색 사용
[Use Background Color]에 체크를 해제하고 우측의 색상[Color] 버튼을 누르면
색상 선택[Color Wheel]이 나타나며 이어 사용자가 원하는 색상을 찾습니다. 선
택한 색상에 따라 안개효과가 화면상에 나타납니다.

❸ 사용자는 애니메이션 기능을 활용하여 도시 경관 또는 건물에 대한 안개 효과 애
니메이션을 제작할 수 있습니다. 즉, 앞서 학습한 [애니메이션]에서와 같이 안개
의 범위를 조정하여 변화된 뷰를 장면마다 [업데이트]하여 애니메이션을 제작합
니다.

MEMO

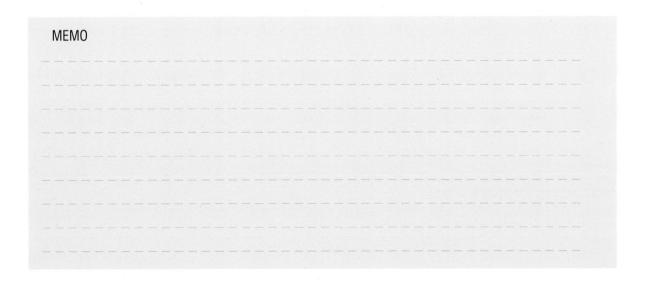

MEMO

필수 활용 도구

SketchUp Pro

CHAPTER

01 교차면[Intersect Faces] 기능

스케치업 프로에서는 선행 학습하였던 고체[Solid Tools]도구 중 빼기[Subtract]와 분할[Split] 도구와 유사한 기능을 가진 면 교차[Intersect Faces] 기능을 담고 있습니다. 고체도구와는 달리 각각의 겹쳐진 각각의 모델이 그룹[Group]이 될 필요가 SketchUp Pro의 소개없습니다. 스케치업 초기 버전에서는 고체도구가 없으며 오직 교차면[Intersect Faces] 기능만을 활용하여야 했습니다.

01 교차면[Intersect Faces] 기능 따라하기

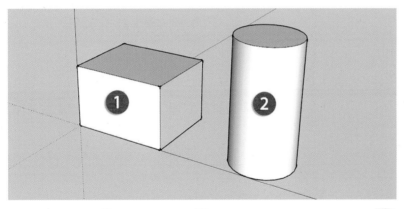

> ◎ TIP
> 교차된 면을 편집하고자
> 할경우 오히려 고체도구
> 보다도 훨씬 편리할 경우
> 가 있음

❶ 직사각형[Rectangle ▨], 원형[Circle ◉] 도구와 밀기/끌기[Push/Pull ◈] 도구를 활용하여 위의 그림과 유사한 두 개의 모델을 작성합니다.

MEMO

◎ TIP
박스와 원통 형태를 모델
링할 때 처음부터 겹쳐진
상태로 모델링하지 않도
록 주의해야 함

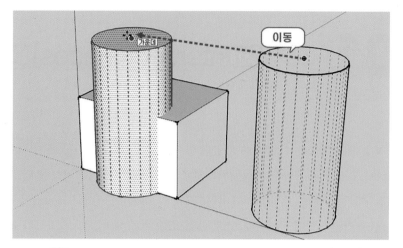

❷ 이동[Move ✛] 도구를 활용하여 입체 원형 모델을 입체 사각형 모델 겹치도록
배치합니다.

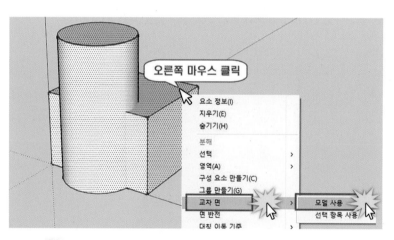

❸ 선택[Select ➤] 도구를 활용하여 전체 모델을 선택한 후 마우스 우측 버튼을 클
릭하여 확장 메뉴를 펼칩니다. 교차 면[Intersect Faces] 메뉴 내 모델 사용[With
Model]을 선택합니다.

MEMO

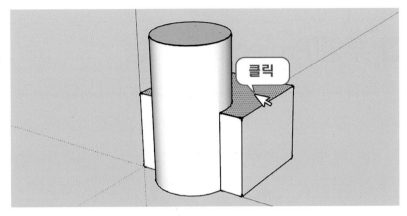

© TIP
사각형 면을 지우면 아
래와 같은 형상을 작성
할 수 있음

❹ 선택[Select ▶] 도구를 활용하여 면을 선택해 보면 각각의 가장자리[Edge] 선을
기준으로 모델의 면들이 각기 분리되어 있음을 알 수 있습니다. 원형 또는 사각형
의 면들을 삭제하여 원하는 형상을 남깁니다.

02   경계박스의 신규 그립 기능

뒤쪽 모서리, 중심점과 같이 오브젝트에 가려진 포인트를 잡고 이동시키기 시작하면
자동으로 오브젝트가 투명하게 변화합니다. 이동하는 요소가 무언가에 의해 겹쳐졌
을 때 나타납니다. '회전'과 '이동' Tool을 사용할 때 작동합니다.

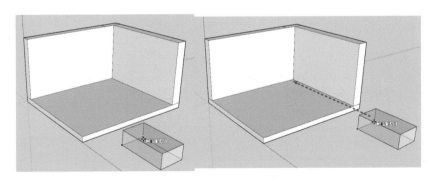

사각형 박스를 작성하고 이동(Move) Tool을 사용하려 커서를 박스로 가져가면 안쪽
모서리 부분이 보이도록 반투명형태로 전환되며 다른 객체의 모서리에 정확하게
이동되는 것을 확인할 수 있습니다.

CHAPTER

02 재질 투영[Projected] 기능

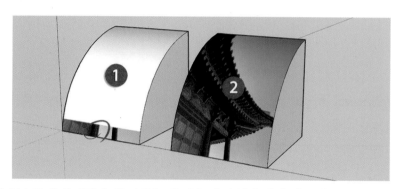

기본적으로 모델에 재질을 부여하는 방법은 앞선 학습에서 다루었습니다. 그러나 곡면에 특정 재질을 외부에서 가져와 적용시키고자 할 경우 종종 사용자는 원하지 않는 결과를 맞이하게 됩니다. [①번 그림 참고] 이번 학습에서는 재질 투영 기능을 활용한 자연스러운 곡면 재질 부여 기법에 대하여 알아보도록 하겠습니다. [② 그림 참고] 위의 그림에서 보듯이 동일한 입체 모델에 대한 동일한 외부 재질을 부여한 결과 재질 투영 기능을 활용한 ②번 그림이 보다 자연스러운 재질 부여 결과를 보입니다.

아래부터의 내용을 참고하여 재질 투영 기능을 학습하도록 합니다.

◎ TIP
정형화된 모델만 존재하진 않음. 곡면을 가진 모델에 재질을 부여하기 위해서는 반드시 투영[Project-ed] 기능을 학습해야 함

01 재질 투영[Projected] 기능 따라하기

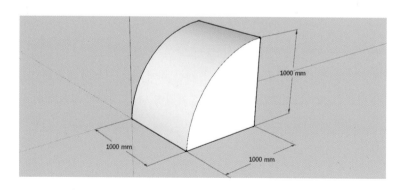

❶ 선[Line ✏️]과 호[Arc ✏️] 그리고 밀기/끌기[Push/Pull 🔶]도구를 활용하여 위
 의 그림과 동일한 치수의 입체 모델을 작성합니다.

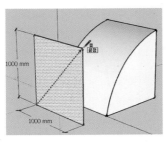 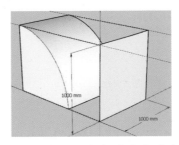

❷ 앞서 작성된 입체 모델 전면에 위의 그림과 동일한 크기의 세워진 사각면을 작성
 합니다. 생성되는 사각면은 재질을 부여하고자 하는 곡면의 폭과 높이와 반드시
 동일하거나 보다 넓게 작성되어야 하며, 또한 재질 투영 대상 전면부에 정확히 배
 치되어야 합니다.

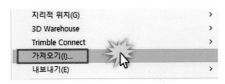

❸ [상단 메뉴] ▶ 파일[File] ▶ 가져오기[Import] 메뉴]를 선택합니다.

◎ TIP
이미지를 [가져오기] 방
법으로 가져올 수 있지만
[재질 트레이]의 [재질 만
들기]로 재질을 만들어
객체에 재질을 적용할 수
있음. 그러나, [가져오기]
방법이 가장 단순한 절차
로 편리

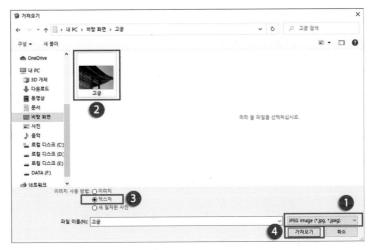

❹ 예제 파일인 [고궁.jpg]를 다운받아 해당 파일을 선택합니다. 텍스처[Use as
 Texture] 항목을 체크 후 가져오기[Import] 버튼을 선택합니다.

◎ TIP
반드시 [고궁.jpg] 이미
지가 아니여도 무방

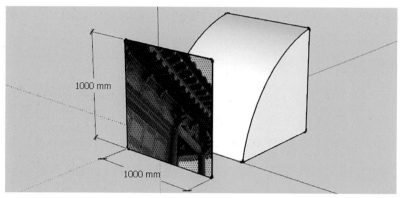

❺ 전면에 작성한 사각면에 가져온 이미지[Import]를 재질로 부여합니다. 재질에 대
한 크기의 재조정을 원할 경우 이미지를 선택 후 마우스 우측 버튼을 눌러 텍스처
[Texture] ▶ 위치[Position] 메뉴를 활용하여 재조정합니다.

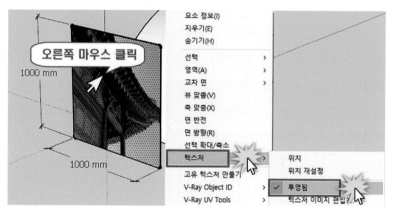

❻ 사각면에 부여된 재질을 선택 후 마우스 우측 버튼을 눌러 확장메뉴를 펼칩니다.
텍스처[Texture] ▶ 투영됨[Projected]을 클릭합니다.

MEMO

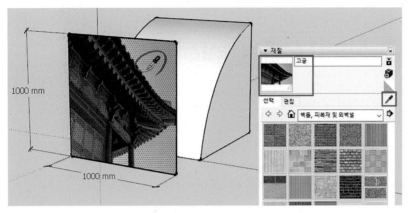

◎ TIP
[페인트 통] 단축키는 [B]

❼ 페인트 통[Paint Bucket 🖌]도구를 선택 후 키보드의 [alt] 버튼을 눌러 샘플 페인

트[Sample Paint 🖍] 도구로 전환시킨 뒤 재질을 흡수합니다.

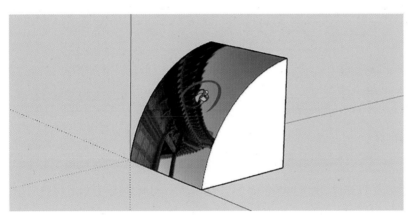

❽ 페인트 통[Paint Bucket 🖌]도구로 곡면을 클릭합니다. 곡면을 감싸는 자연스러

운 재질 부여가 완성이 됩니다.

MEMO

CHAPTER

03 모델 정보[Model Info] 설정

모델 정보[Model Info]에서는 작업 모델의 다양한 정보 즉, 치수, 문자, 단위, 재질의 질 등의 설정을 할 수 있습니다.

01 모델 정보[Model Info] 설정 기능 살펴보기

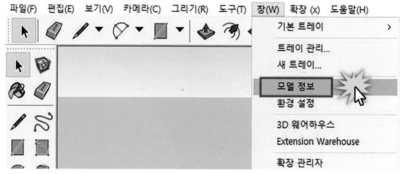

❶ [상단 메뉴] ▶ 창[Window] ▶ 모델 정보[Model Info]를 클릭합니다.

◎ TIP
[장면 전환] 시간은 장면을 넘기는 속도로, [장면 지연]은 해당 장면에서 잠시 대기하는 시간임. 즉, [장면 지연]에 시간이 입력되면 그 만큼 순간 순간 영상이 끊기게 됨

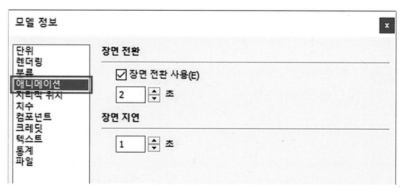

❷ 애니메이션[Animation] 항목은 이미 학습한 바 있으며, 애니메이션 재생에 관련된 장면 전환과 지연 속도를 제어합니다.

① 장면 전환 사용[Enable scene transitions] : 체크를 해제하면 장면이 전환 효과
가 사라집니다.

② 장면 전환 설정[Scene Transitions seconds] : 장면 전환 시간을 초 단위로 설정
합니다.

③ 장면 지연 설정[Scene Delay seconds] : 장면 전환 사이의 지연 시간을 설정합니
다.

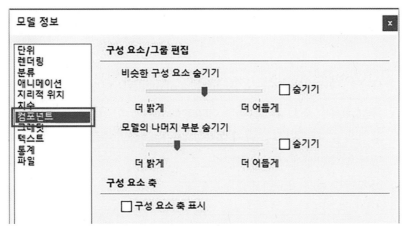

◎ TIP
[구성요소]는 동일한 형
상의 반복적인 패턴의 모
델링 작업에 유용하게
활용

❸ 컴퍼넌트[Component]란 구성요소로 완성된 모델을 의미하며, 구성요소를 복사
하여 사용할 경우 원본 구성요소의 수정이 생기면 복사된 구성요소도 함께 수정
이 됩니다. 그룹[Group]과 유사한 것 같으나 성격이 엄연히 다릅니다.

① 비슷한 구성요소 숨기기[Fade similar components] : 더 밝게[Lighter]에 가까울
수록 원본 구성요소를 편집[Edit Components]할 경우 복사된 구성요소의 화면
표시색이 흐려집니다. 숨기기[Hide]를 체크하면 복제 구성요소가 화면상에서
사라집니다. [원본의 구성요소 객체를 더블 클릭하면 수정 상태로 전환됩니
다. 수정 후 화면 빈 곳을 클릭하면 수정 상태에서 벗어납니다]
다음의 그림을 참고하세요.

MEMO

◎ TIP
선택된 [구성요소]나 [그
룹]과 나머지 모델들의
표현이 유사하면 편집 작
업 시 모델 구분의 불편
함이 많아지게 됨

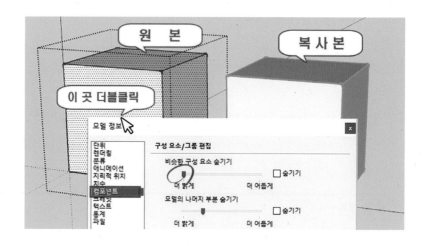

② 모델의 나머지 부분 숨기기[Fade rest of model] : 더 밝게[Lighter]에 가까울수
록 구성요소 편집 상태[Edit Components]외 구성 요소나 그룹 등의 모델 화면
표시색이 흐려집니다. 숨기기[Hide]를 체크하면 수정 상태의 구성요소 외 모
델들은 화면상에서 사라집니다.
아래의 그림을 참고하세요.

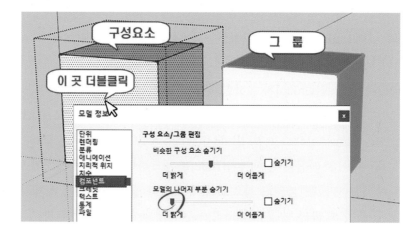

MEMO

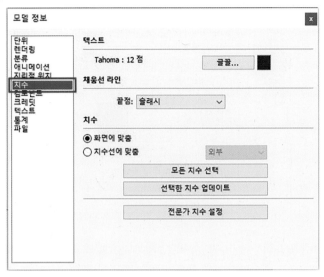

❹ 치수[Dimensions] 항목에서는 치수와 치수선의 크기, 모양 등을 수정합니다.

  ① 텍스트[Text] : 치수 문자의 크기와 글꼴, 색상을 선택합니다. 스케치업 프로에
    서 문자의 크기를 변경하는 방법에는 점[Points] / 높이[Height]가 있습니다. 높
    이[Height]를 선택하면 화면의 축소 및 확대에 따라 치수 문자의 크기도 축소
    및 확대되어 보입니다.

    점[Points]은 화면 축소 및 확대에 영향을 받지 않고 동일한 크기로 화면에 보입
    니다.

    아래의 그림을 참고하세요.

◎ TIP
스케치업은 3차원 모델
에 대한 치수 표현이 자
유롭고 편리합니다. 그
러나, 각도 치수는 기본
적으로 표현할 수 없음.
루비 중 [Dimension Tools]
는 다양한 치수 표현을
지원

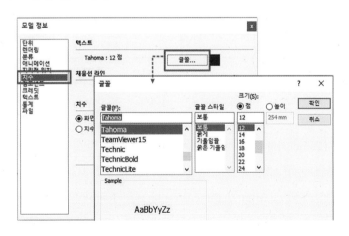

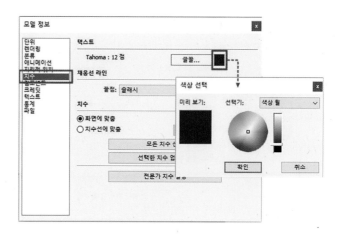

② 채움선 라인[Leader Lines] : 치수선 끝점 형식을 설정합니다.
아래의 그림을 참고하세요.

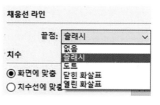

◎ TIP
분야마다 [끝점]에 형식
이 다를 수 있지만 건축
분야에서는 보통 [닫힌
화살표]를 사용

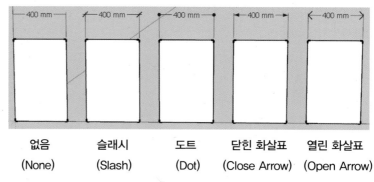

없음	슬래시	도트	닫힌 화살표	열린 화살표
(None)	(Slash)	(Dot)	(Close Arrow)	(Open Arrow)

③ 치수[Dimension] : 치수선 위 치수문자의 정렬방식을 설정합니다.
화면에 맞춤[Align to screen]을 체크하면 치수 문자는 항상 수평으로 보입니다.
치수선에 맞춤[Align to dimension line]을 선택하면 위[above]/가운데[center]/
외부[outside] 세 가지의 형식에 따라 치수선의 방향에 일치되어 보입니다.
현재 작성된 치수 전체에 설정 변경 사항을 적용시키려면 모든 치수 선택
[Select all dimensions] 버튼을 클릭 후 선택한 치수 업데이트[Update selected

dimensions] 버튼을 누릅니다. 아래의 그림을 참고하세요.

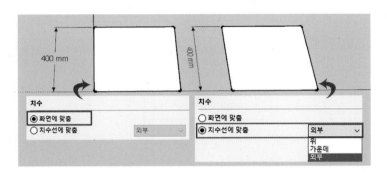

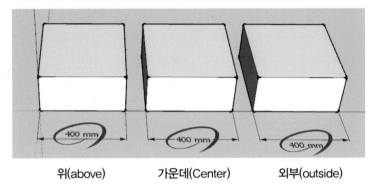

위(above)　　　　가운데(Center)　　　　외부(outside)

◎ **TIP**
건축분야에서는 보통 [위]
로 설정

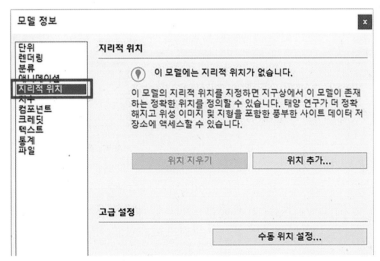

❺ 지리적 위치[Geo-Location]는 현재 작업 모델에 실제의 위치를 지정해줌으로써
실제에 가까운 일조와 일영을 적용시켜 줍니다.
지리적 위치[Geo-Location]는 [117Page]에서 학습하였으므로 다시 참고하기 바
랍니다.

◎ TIP
[계단 현상]이란 이미지
경계에 나타나는 톱니 형
태의 불규칙한 형상을 의
미함

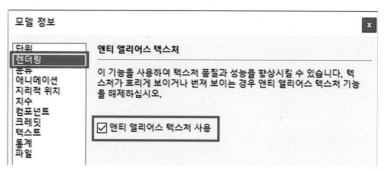

❻ 렌더링[Rendering] 항목에서는 모델에 부여된 재질의 품질을 제어합니다. 재질의
계단현상 방지 사용[앤티 리어스 텍스처 사용[Use Anti-Aliased Textures]]을 체크
하면 재질의 품질이 향상됩니다. 그러나 조금은 흐릿하게 보이는 경향이 보입니
다. 사용자의 선택에 의하여 체크 유무를 판단하기 바랍니다.

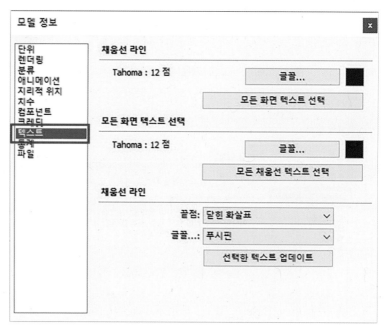

❼ 텍스트[Text] 항목에서는 문자의 크기와 글꼴을 설정합니다.

① 채움선 라인[Screen Text] : 문자[Text 🅰️]도구로 작성되어지는 문자의 크기
및 글꼴을 조정합니다.

아래의 그림을 참고하세요.

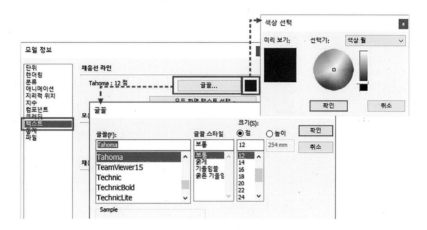

② 모든 화면 텍스트 선택[Leader Text] : 문자[Text ⌘] 도구로 작성되어지는 지시 문자의 크기 및 글꼴을 조정합니다. 설정 방법은 채운선 라인[Screen Text] 과 동일합니다.

③ 채움선 라인[Leader LInes] : 문자[Text ⌘] 도구로 작성되어지는 지시선의 끝점의 형식과 화면 표현 형식을 설정합니다. 아래의 그림을 참고하세요.

◎ TIP
[건축분야]에서는 보통
[닫힌 화살표]를 활용

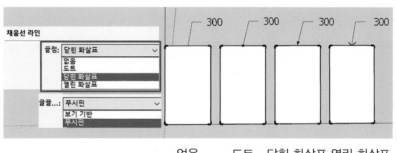

없음   도트   닫힌 화살표 열린 화살표

• 보기 기반[View Based] : 화면의 시점의 궤도[Orbit ✥] 도구에 따라 지시선이 함께 움직여 사용자의 문자 내용 파악에 도움을 줍니다.
• 푸시핀[Pushpin] : 화면의 시점과 관계없이 지시선이 고정 됩니다.

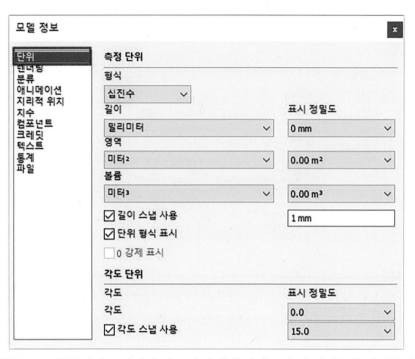

❽ 단위[Units] 항목에서는 길이와 각도의 단위 설정과 소수점 자릿수를 제어합니다.

   ① 측정 단위[Length Units] : 길이의 단위를 설정합니다.

      • 형식[Format] : 기본적으로 십진수를 선택 후 밀리미터 단위를 선택합니다.

      • 표시 정밀도[Precision] : 내림[☑] 버튼을 눌러 소수점의 자릿수를 조정합니다.

      • 길이 스냅 사용[Enable length snapping] : 지정한 값에 의하여 길이마다 스냅
      이 잡히도록 합니다.

◎ TIP
[길이 스냅]은 [선], [이동] 등의 방향성이 있는 작업에 영향을 줌

      • 단위 형식 표시[Display units format] : 치수 문자 뒤에 단위가 보이도록 합니다.
아래의 그림을 참고하세요.

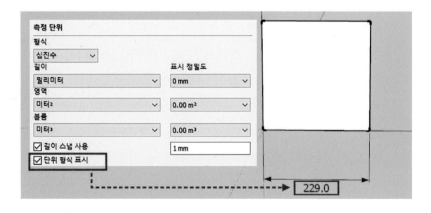

② 각도 단위[Angle Units] : 각도의 단위를 설정합니다.

- 표시 정밀도[Precision] : 내림[∨] 버튼을 눌러 소수점의 자릿수를 조정합니다.
- 각도 스냅 사용[Enable length snapping] : 지정한 값에 의하여 길이마다 스냅

  이 잡히도록 합니다.

  아래의 그림을 참고하세요.

◎ TIP
[각도 스냅]은 [회전]에
영향을 줌

각도 단위	
각도	표시 정밀도
각도	0.0 ∨
☑ 각도 스냅 사용	15.0 ∨

MEMO

CHAPTER

04 환경 설정[Preference] 따라하기

환경 설정이란 단어의 의미 그대로 스케치업 프로 사용자가 선호하는 확장기능, 연계 응용프로그램 설정, 각종 파일의 경로, 단축키 설정, 템플릿 설정 등을 할 수 있습니다.

01 환경 설정[Preference] 기능 살펴보기

◎ TIP
[환경 설정]과 [모델 정보] 내의 세부 설정 사항 등은 모델링 작업 전에 변경 해두는 것이 좋음

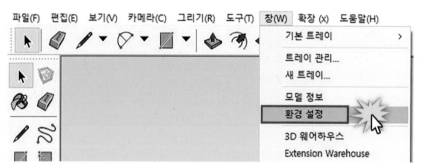

❶ [상단 메뉴] ▶ 창[Window] ▶ 환경 설정[Preferences]을 선택합니다.

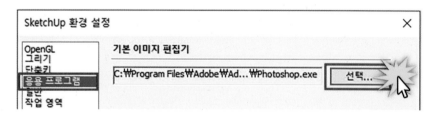

❷ 응용프로그램[Applications] 항목은 스케치업 프로의 재질을 편집을 해주는 외부 프로그램을 등록시킬 수 있습니다. 보편적으로 재질 편집을 위하여 자주 활용되어지는 프로그램은 Adobe Photoshop 프로그램입니다. 선택[Choose] 버튼을 클릭합니다.

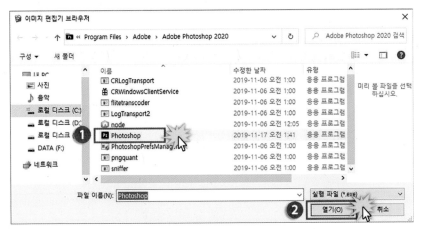

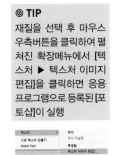

◎ TIP
재질을 선택 후 마우스
우측버튼을 클릭하여 펼
쳐진 확장메뉴에서 [텍
스처 ▶ 텍스처 이미지
편집]을 클릭하면 응용
프로그램으로 등록된 [포
토샵]이 실행

포토샵이 설치된 폴더로 찾아 들어가 [Photoshop.exe] 실행 파일을 선택 후 열기
[Open]을 누르면 재질 편집을 위한 응용프로그램의 등록이 완료가 됩니다.

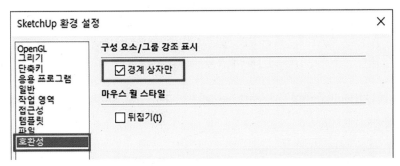

❸ 호환성[Compatibility] 항목에서는 구성요소/그룹 모델을 선택할 경우 나타나는
화면상 표현 방식과 화면의 축소 및 확대를 위하여 사용하는 마우스 휠의 돌림 방
향을 설정합니다.

구성 요소/그룹 강조 표시	경계 상자 체크	경계 상자 미체크

• 경계 상자만[Bounding box only]에 체크 후 컴포넌트 또는 그룹을 선택할 경우에
는 모델의 경계선들은 선택 표시가 되지 않고 오로지 전체 범위만 표시됩니다.

◎ TIP

특별하지 않은 경우를 제
외하고 [뒤집기]를 체크
할 필요는 없음

마우스 휠 스타일

☐ 뒤집기(I)

• 마우스 휠의 방향을 제어합니다. 기본적으로 마우스 휠을 손 바깥쪽으로 돌려
야 화면이 확대되지만 뒤집기[Invert]를 체크하면 손 안쪽으로 돌려야 화면이
확대됩니다.

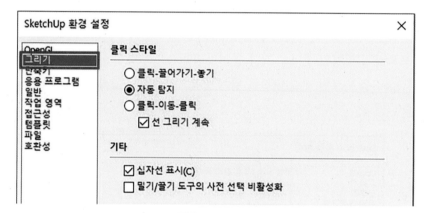

❹ 그리기[Drawing]항목은 선[Line ✏] 도구를 활용할 경우 클릭에 관한 형식을 설
정합니다.

① 클릭 스타일[Click Style]

• 클릭-끌어가기-놓기[Click-drag-release] : 시작점을 마우스 좌측 버튼으로
지정 후 계속 누른 채 마우스를 드래그[Drag]하여 다음 점 위치에 두고 좌측
버튼을 놓으면 선이 그려집니다. 상당히 불편한 형식입니다.

• 클릭-이동-클릭[Click-move-click] : 시작점과 다음 점을 마우스로 이동하면
각각 지정하여 선을 작성합니다. 가장 일반적인 형식입니다.

• 자동탐지[Auto detect] : 클릭-끌어가기-놓기[Click-drag-release]와 클릭-이
동-클릭[Click-move-click] 두 가지 형식을 모두 사용합니다.

• 선 그리기 계속[Continue line drawing] : 연속성을 가진 선을 작성합니다. 체
크를 해제하면 선을 작성할 때마다 연속된 선의 작성일 경우라도 시작점을
각각 다시 지정해줘야 하는 번거로움이 있습니다.

② 기타[Miscellaneous] : 그리기의 부수적인 편리성을 도모합니다.

- 십자선 표시[Display crosshairs] : 그리기[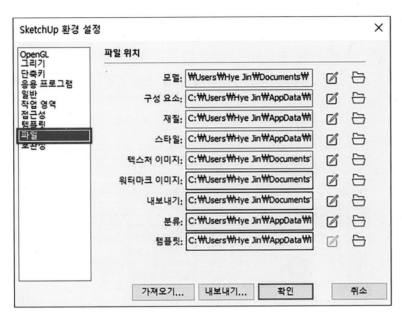] 도구 등을
  활용하여 모델 작성 시 십자축선이 도구와 함께 보입니다.

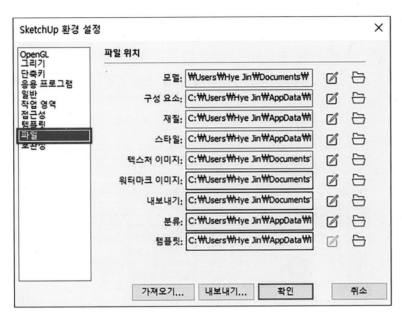

◎ TIP
파일의 위치는 사용자가
쉽게 접근할 수 있는 곳
으로 변경해 두거나 기본
위치를 파악해 두는 것이
좋음

❺ 파일[File] 항목은 모델, 컴포넌트, 재질, 스타일, 재질 이미지 등의 경로를 설정합니다.

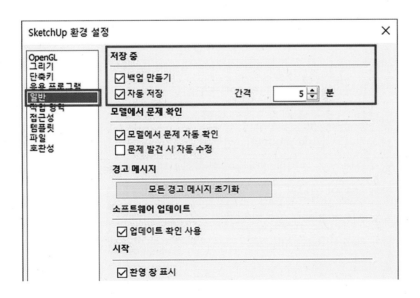

◎ TIP
[자동 저장]의 [간격]을 너무 좁히면 향후 모델링 작업 시 방해를 줄 수 있음. 보통 5분 또는 10분으로 설정합니다. 자동 저장되면서 [.skb] 파일을 생성하게 됨

❻ 일반[General] 항목은 작업 과정 중에 발생하는 문제점들에 대하여 경고하고 예방하는 기능을 담고 있습니다.

- 저장 중[Saving] : 백업 파일을 작성할 수 있으며, 분 단위의 자동저장시간을 설정합니다.
- 모델 문제점 확인[Check models of problems] : 모델의 문제점을 자동 체크 합니다.
- 경고 메시지[Scenes and Styles] : 장면과 스타일 변경 시 경고합니다. 경고 메시지 초기화도 가능합니다.
- 소프트웨어 업데이트[Software Updates] : 자동으로 소프트웨어를 체크하고 업데이트 합니다.

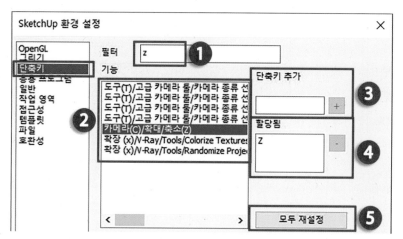

❼ 단축키[shortcuts] 항목에서는 사용자가 자주 활용하는 도구마다 임의의 단축키를 재설정할 수 있습니다.

- 필터[Filter] : 사용자가 찾고자 하는 도구의 명칭[예, zoom의 z]을 입력합니다.
- 기능[Function] : 필터[Filter]에서 입력한 명칭과 관련된 도구들이 리스트로 보입니다. 단축키를 재설정하고자 하는 도구 명칭을 선택합니다.
- 단축키 추가[Add shortcut] : 선택된 도구에 단축키를 재부여합니다. 단축키를 입력하면 우측 추가[+] 버튼이 활성화되며 + 버튼을 누르면 할당됨[Assigned] 창에 등록이 됩니다.
- 할당됨[Assigned] : 등록된 단축키는 우측 [-] 버튼을 눌러 제거할 수 있습니다.
- 모두 재설정[Reset All] : 모든 도구의 단축키를 변경전의 원래 값으로 되돌립니다.

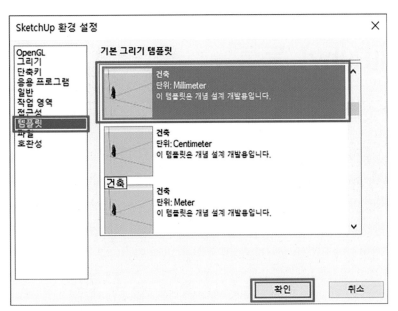

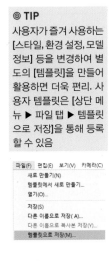

◎ TIP
사용자가 즐겨 사용하는
[스타일, 환경 설정, 모델
정보] 등을 변경하여 별
도의 [템플릿]을 만들어
활용하면 더욱 편리. 사
용자 템플릿은 [상단 메
뉴 ▶ 파일 탭 ▶ 템플릿
으로 저장]을 통해 등록
할 수 있음

❽ 템플릿[Template]이란 전반적인 사용자 작업 환경을 의미합니다. 스케치업에는 미리
만들어진 기본 템플릿이 있으며 보편적으로 건축 : 단위(Millimeter) [Architectural
Design - Millimeters]를 사용합니다.

MEMO

CHAPTER

05 루비[Ruby] 등록

스케치업에서 루비 스크립트[Ruby script]는 단어 해석 그대로 보석과도 같습니다. 즉 스케치업의 기본 기능에 날개를 달아 주는 것이며, 보다 난해한 모델 작성 과정을 편리하게 도와주는 유용한 외부 도구들입니다.

스케치업 사용자는 누구나 언제든지 작업 중 필요한 플러그인이나 루비 등을 수많은 공유 사이트에서 다운 받아 편리하게 활용할 수 있습니다.

01 루비[Ruby] 등록 따라하기

스케치업에서 기본으로 제공되는 기능 외에 다양한 모델링을 구현하기 위한 옵션 즉 플러그인을 루비라고 부르며 이를 등록하여 사용할 수 있습니다.

[1] Extension Warehouse를 통해 설치해보기

◎ TIP
보다 더 다양한 루비는
'https://sketchucation.c
om' 사이트에서 검색하
고 다운로드 가능. 회원
가입과 로그인이 필요하
며 유료와 무료를 구분하
여 다운로드하여야 함

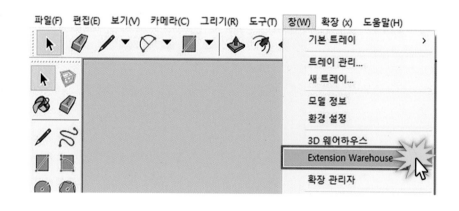

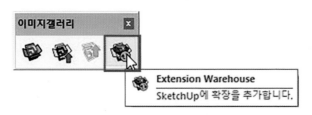

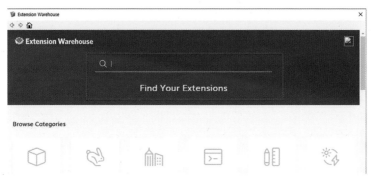

❶ 상단 메뉴 바 ▸ 창[Window] ▸ Extension Warehouse를 선택합니다.

또는 보기[View] ▸ 도구모음[Toolbars] ▸ 이미지갤러리 ▸ Extension Warehouse를
실행해도 됩니다.

스케치업에서 제공하는 Extension Warehouse를 이용하면 다양한 루비를 설치할
수 있습니다.

◎ TIP
다양한 루비를 설치하게
되면 모델링 작업 화면
범위가 협소해 질 수 있
음. 자주 사용하는 루비
들로 화면상에 플로팅하
는 것이 좋음

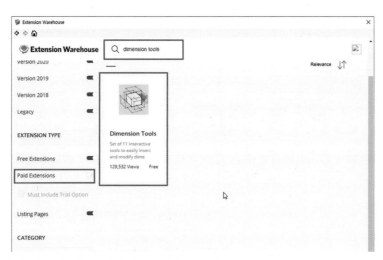

❷ 검색란에 찾고자 하는 검색어를 입력합니다.

Paid Extensions는 유료 다운로드를 받는다는 것으로 비활성화시키면 무료 다운
로드 루비만 선택하여 다운로드할 수 있습니다.

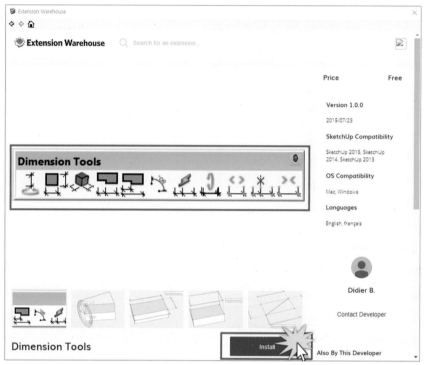

❸ 찾은 검색어 중 다운받고자 하는 검색어를 다운로드 합니다.

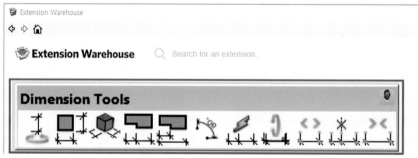

❹ Extension Warehouse에서 다운 받고자 하는 도구의 특성을 살펴볼 수 있습니다.

MEMO

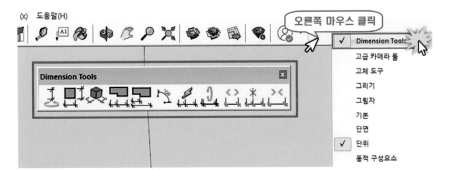

◎ TIP
다운 받은 [루비]에 대한 사용법은 [유튜브] 검색을 통해 학습 가능

❺ 위의 그림에서와 같이 다운로드 된 'Dimension Tools'가 도구 모음에 추가된 것을 볼 수 있습니다.

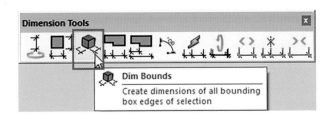

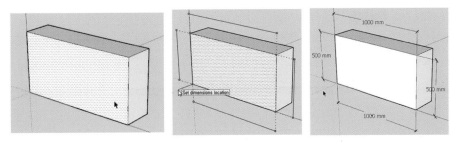

❻ 'Dimension Tools'은 치수를 기입하는 여러 가지 도구를 살펴볼 수 있습니다.
'Dim Bounds' 도구는 한 면(Face)이나 전체의 치수를 한꺼번에 기입할 수 있습니다.

MEMO

◎ TIP
스케치업 기본 기능을 충실히 익히고 해결되지 못하는 특정 상황에 맞는 [루비]들만 선택적으로 설치 사용하기를 권장하며 사소한 기능의 [루비]를 무분별하게 설치하는 것은 스케치업 성능을 저하시키는 이유가 됨

❼ 다운받은 루비를 삭제하려면 상단의 도구막대의 확장관리자를 실행하고 해당 루비의 [제거] 버튼을 클릭하면 삭제됩니다.

MEMO

■ SketchUp 예제 1

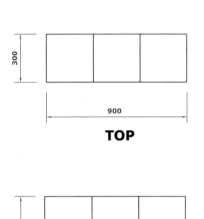

TOP

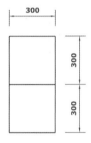

FRONT

RIGHT

TOP

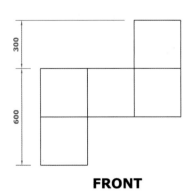

FRONT

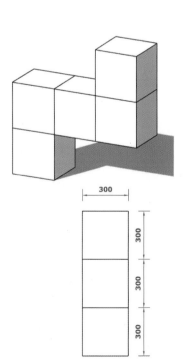

RIGHT

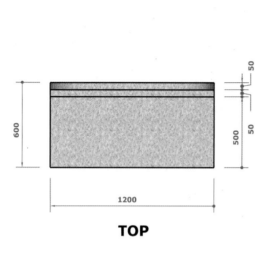

TOP

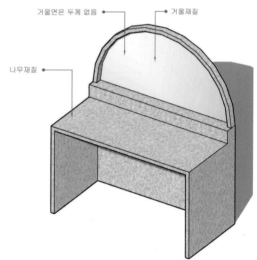

거울면은 두께 없음   거울재질

나무재질

PERSPECTIVE

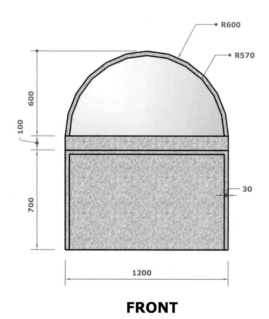

R600

R570

600

100

700

30

1200

FRONT

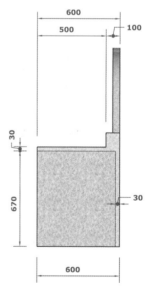

600

500

100

30

670

30

600

RIGHT(X-RAY)

■ SketchUp 예제 3

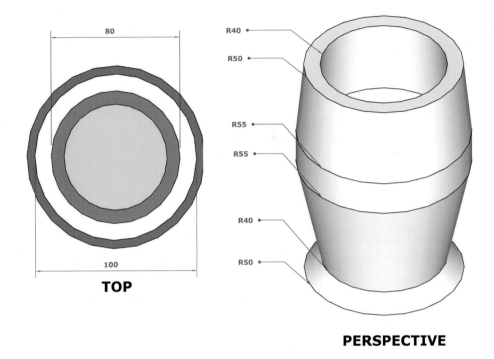

TOP

PERSPECTIVE

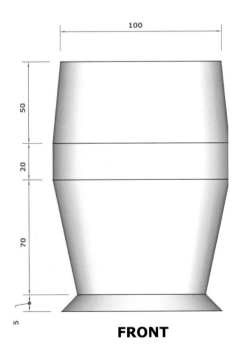

FRONT

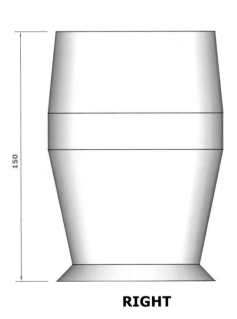

RIGHT

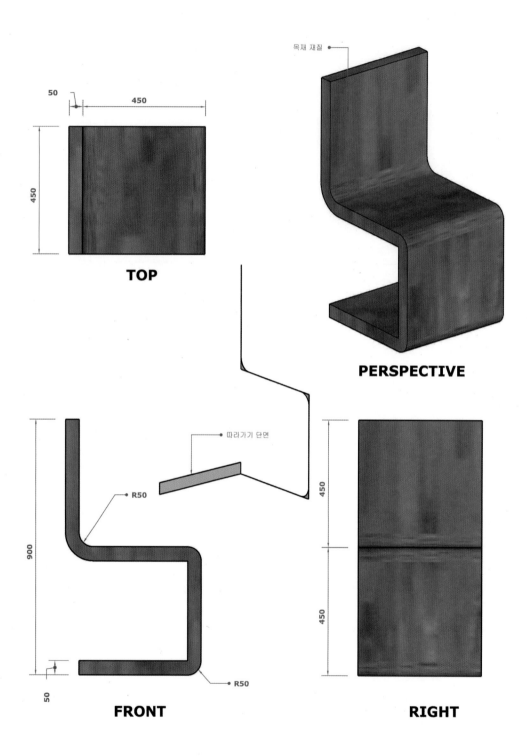

50
450
450

TOP

목재 재질

PERSPECTIVE

따라가기 단면

R50

900

R50

50

FRONT

450

450

RIGHT

■ SketchUp 예제 5

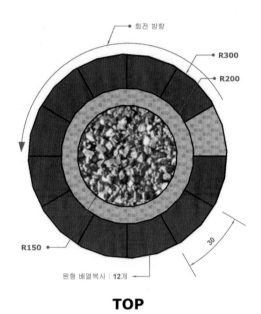

TOP

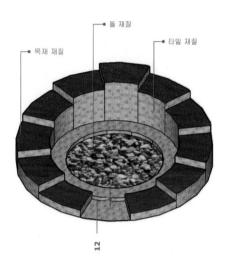

PERSPECTIVE

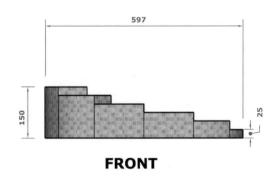

FRONT

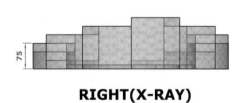

RIGHT(X-RAY)

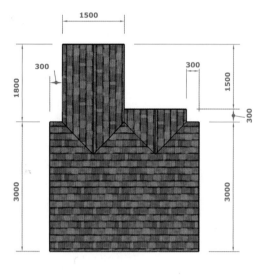

TOP

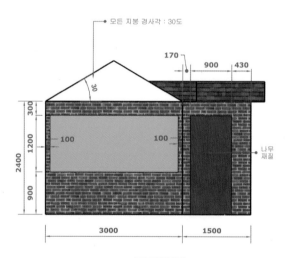

지붕 재질

벽돌 재질   유리재질

PERSPECTIVE

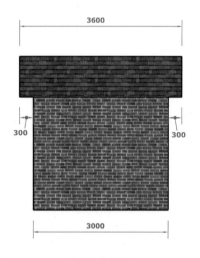

FRONT

모든 지붕 경사각 : 30도

30

170   900   430

300
1200   100   100
2400
900

3000   1500

나무
재질

RIGHT

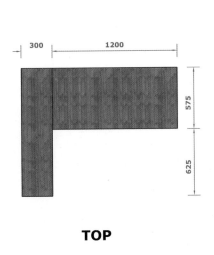

TOP

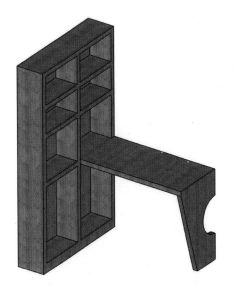

PERSPECTIVE

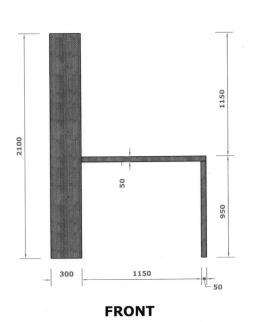

FRONT

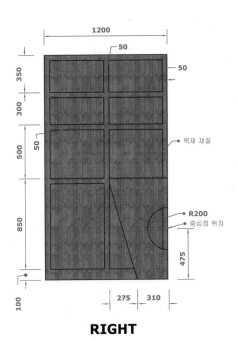

RIGHT

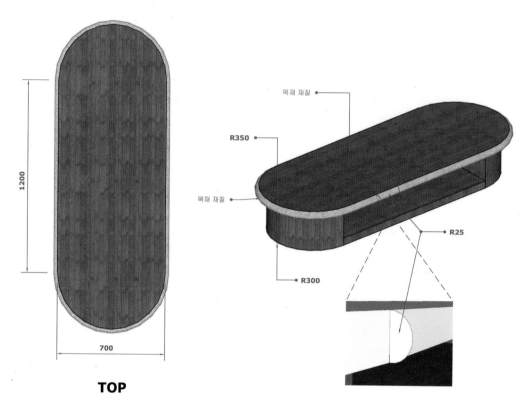

1200

700

TOP

목재 재질

R350

목재 재질

R300

R25

PERSPECTIVE

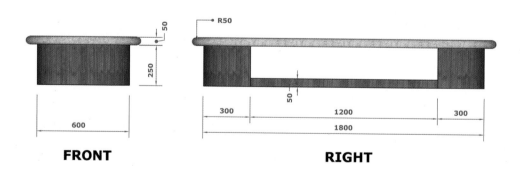

50

250

R50

600

FRONT

300

50

1200

300

1800

RIGHT

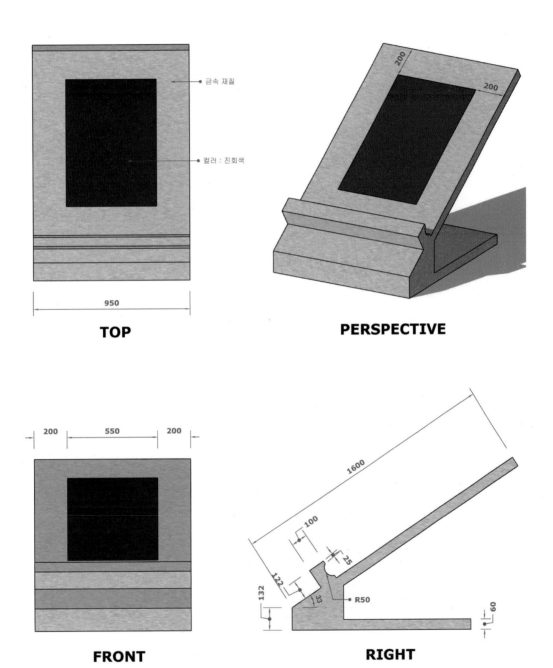

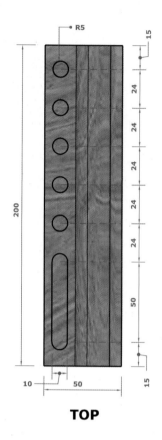

TOP

목재 재질

PERSPECTIVE

FRONT(X-RAY)

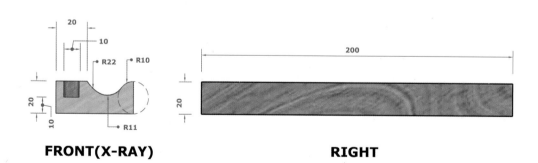

RIGHT

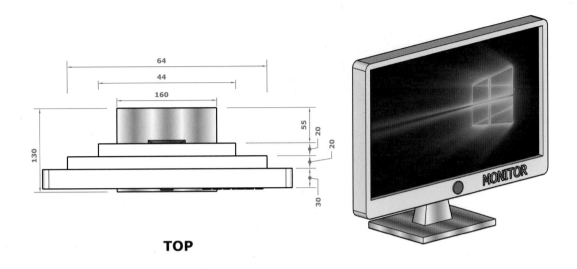

TOP

PERSPECTIVE

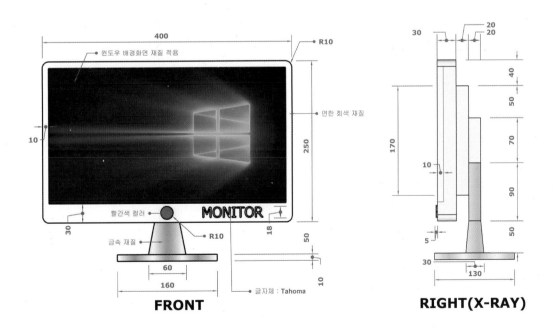

FRONT

RIGHT(X-RAY)

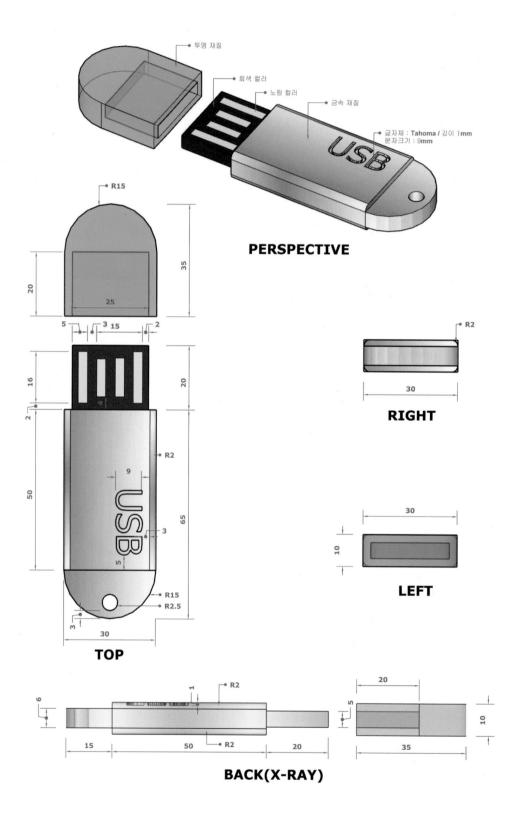

투명 재질

회색 컬러

노랑 컬러

금속 재질

글자체 : **Tahoma** / 깊이 1mm
문자크기 : **9mm**

PERSPECTIVE

R15

35

20

25

5   3 15   2

16

2

20

50

R2

9

65

3

5

R15

R2.5

3

30

TOP

R2

30

RIGHT

30

10

LEFT

6

1   R2

15   50   R2   20

20

5

10

35

BACK(X-RAY)

목재 재질

색상 재질

50

PERSPECTIVE

50

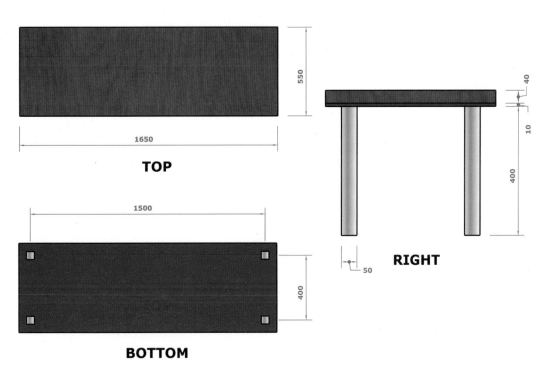

550

1650

TOP

1500

400

BOTTOM

40

10

400

50

RIGHT

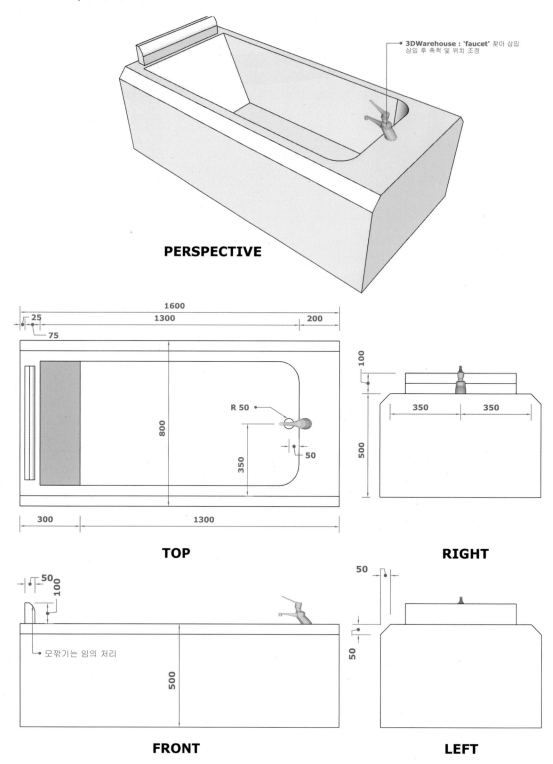

PERSPECTIVE

3DWarehouse : 'faucet' 찾아 삽입
삽입 후 축척 및 위치 조정

TOP

1600
25
75
1300
200
800
R 50
350
50
300
1300

RIGHT

100
350
350
500

FRONT

50
100
모깎기는 임의 처리
500

LEFT

50
50

■ SketchUp 예제 15

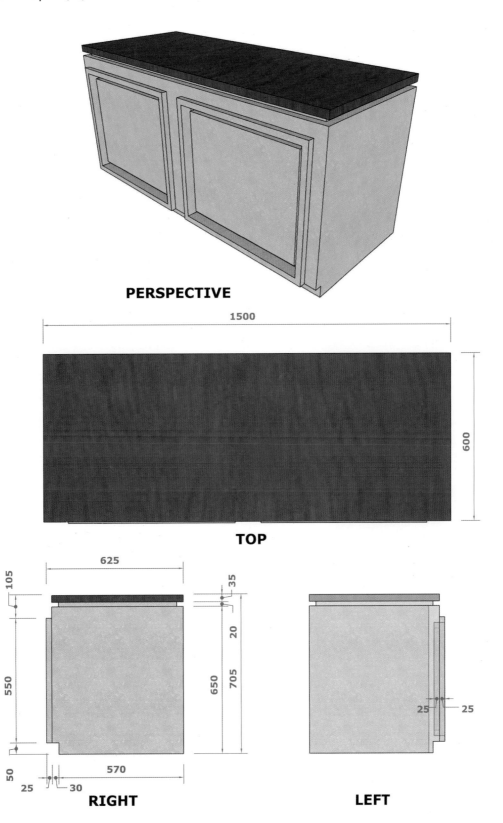

PERSPECTIVE

TOP

RIGHT

LEFT

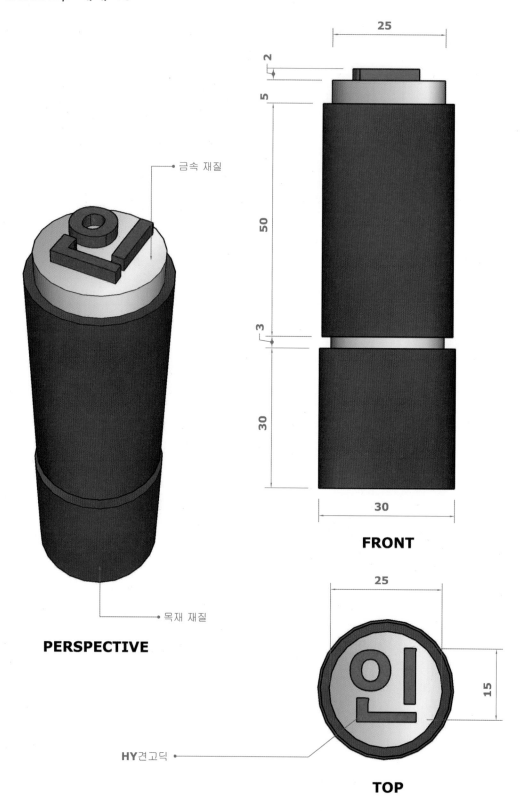

금속 재질

25

2

5

50

3

30

목재 재질

PERSPECTIVE

30

FRONT

25

15

HY견고딕

TOP

■ SketchUp 예제 17

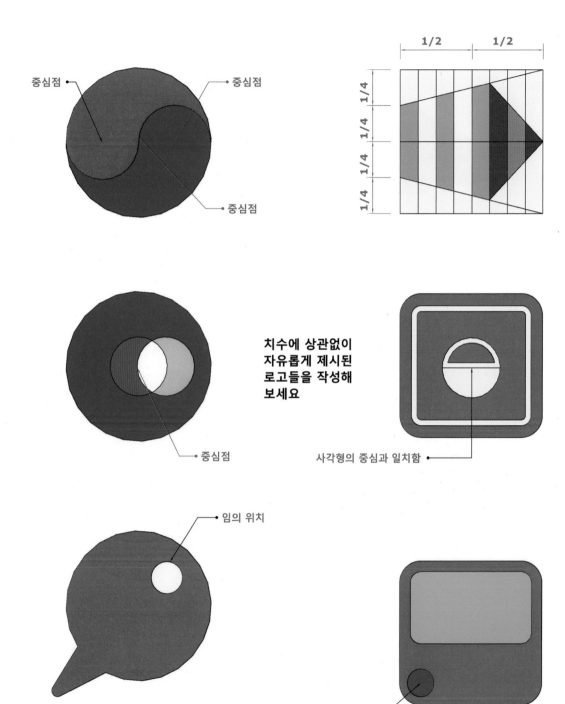

중심점

중심점

중심점

1/2 1/2

1/4 1/4

1/4 1/4

1/4 1/4

중심점

치수에 상관없이
자유롭게 제시된
로고들을 작성해
보세요

사각형의 중심과 일치함

임의 위치

모서리 호와 내부 원의 중심점은 동일함

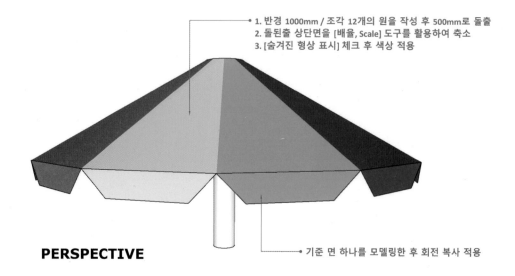

1. 반경 1000mm / 조각 12개의 원을 작성 후 500mm로 돌출
2. 돌된출 상단면을 [배율, Scale] 도구를 활용하여 축소
3. [숨겨진 형상 표시] 체크 후 색상 적용

PERSPECTIVE

기준 면 하나를 모델링한 후 회전 복사 적용

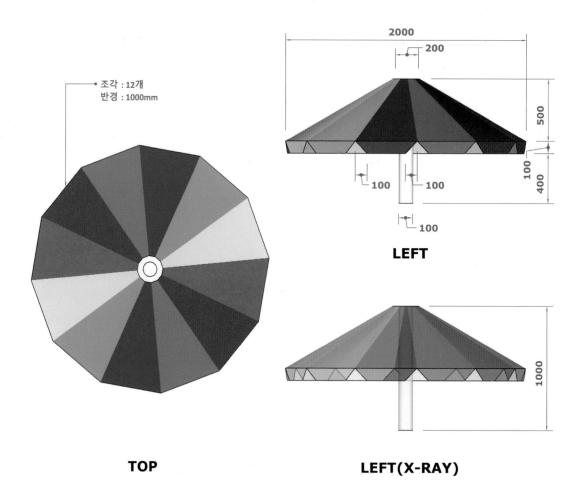

조각 : 12개
반경 : 1000mm

2000

200

500

100

400

100   100

100

LEFT

TOP

1000

LEFT(X-RAY)

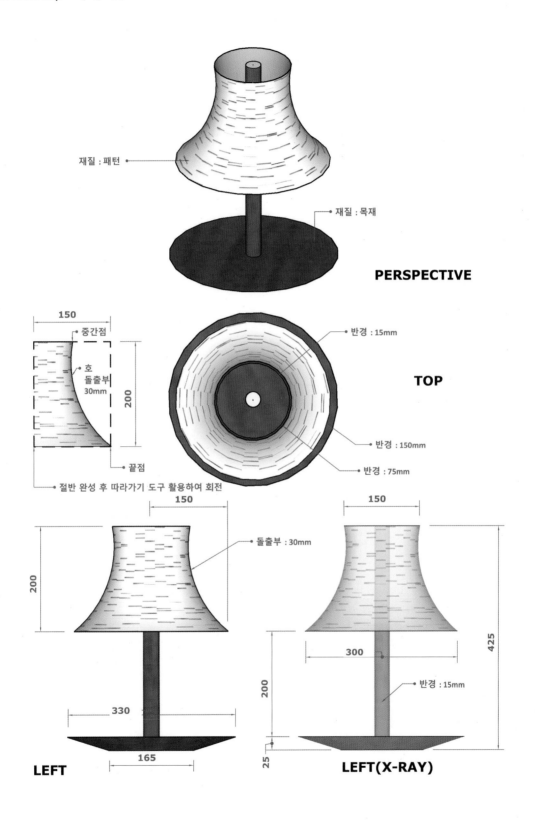

재질 : 패턴

재질 : 목재

PERSPECTIVE

150
중간점
호
돌출부
30mm
200
끝점
절반 완성 후 따라가기 도구 활용하여 회전

반경 : 15mm

TOP

반경 : 150mm
반경 : 75mm

150
돌출부 : 30mm
200
330
165
LEFT

150
300
425
반경 : 15mm
200
25
LEFT(X-RAY)

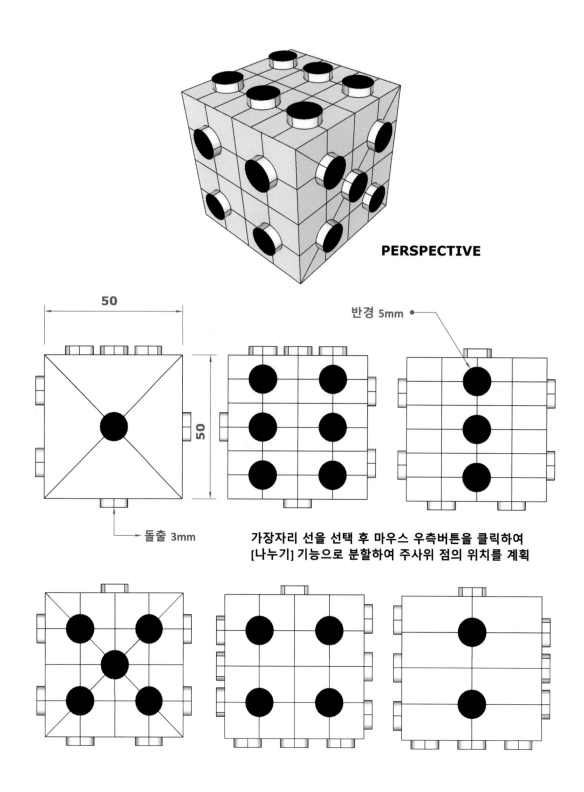

PERSPECTIVE

50

50

반경 5mm

돌출 3mm

가장자리 선을 선택 후 마우스 우측버튼을 클릭하여
[나누기] 기능으로 분할하여 주사위 점의 위치를 계획

3D Modeling

Dimension 1

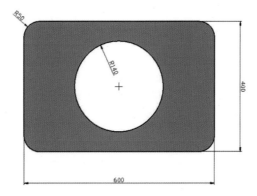

Dimension 2

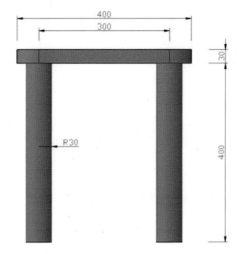

■ SketchUp 예제 22

Dimension

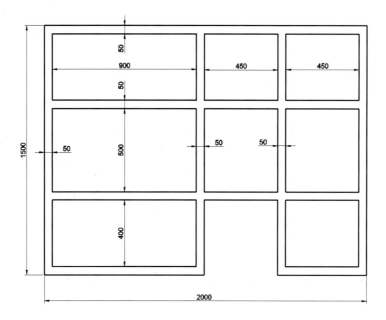

3D Modeling

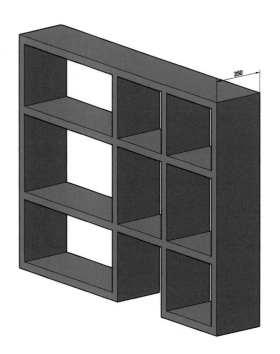

■ SketchUp 예제 23

Dimension

3D Modeling

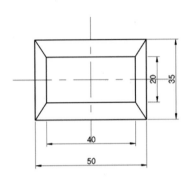

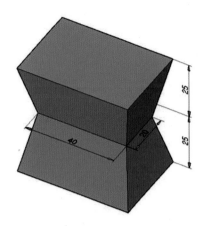

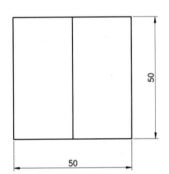

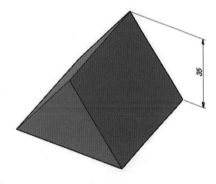

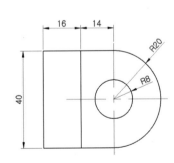

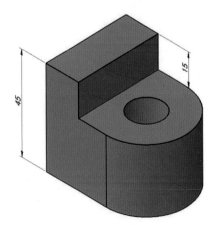

■ SketchUp 예제 24

Dimension & 3D Modeling

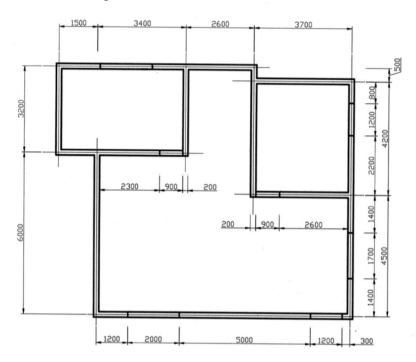

Dimension & 3D Modeling

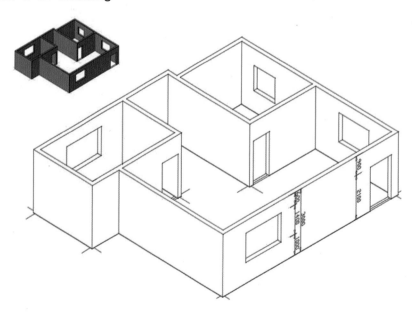

■ SketchUp 예제 25

Dimension & 3D Modeling

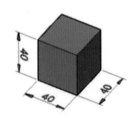

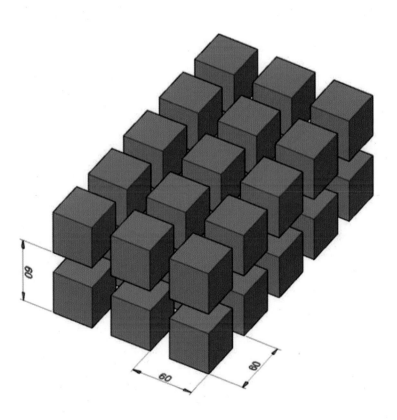

■ SketchUp 예제 26

Dimension & 3D Modeling

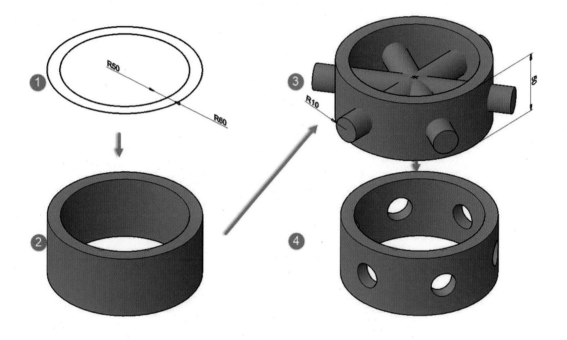

■ SketchUp 예제 27

Dimension

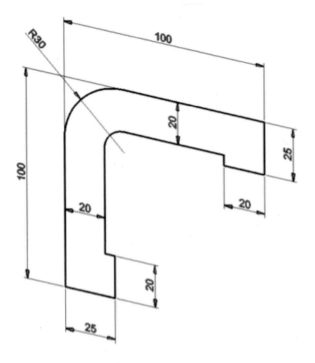

3D Modeling

■ SketchUp 예제 28

Dimension

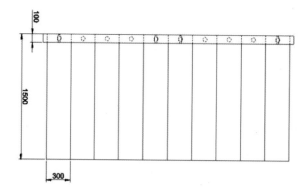

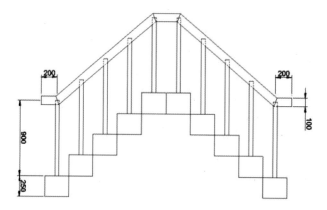

3D Modeling

■ SketchUp 예제 29

Dimension

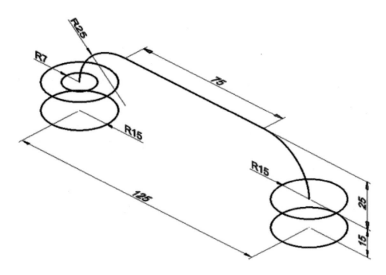

3D Modeling

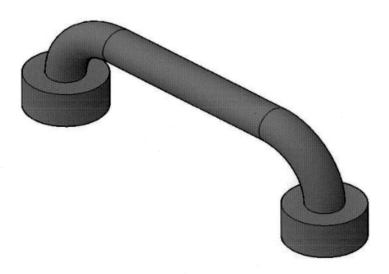

■ SketchUp 예제 30

평면도

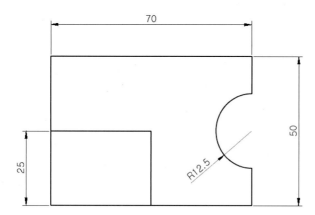

등각투상도

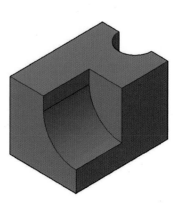

정면도

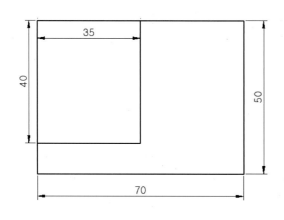

우측면도

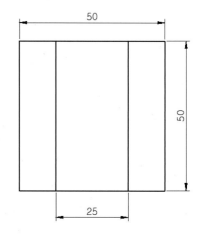

■ SketchUp 예제 31

평면도

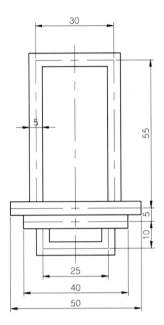

등각투상도

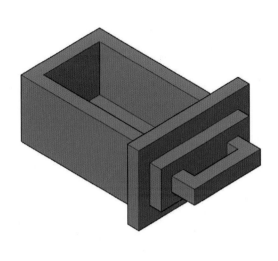

정면도

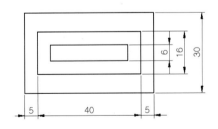

우측면도

■ SketchUp 예제 32

Dimension   등각투상도

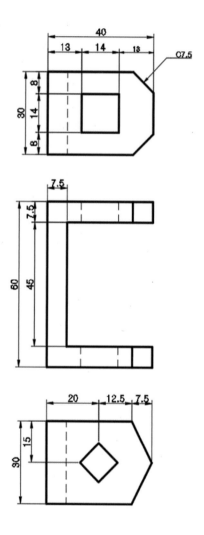

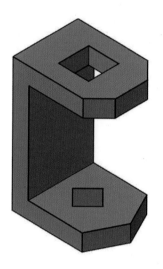

■ SketchUp 예제 33

평면도

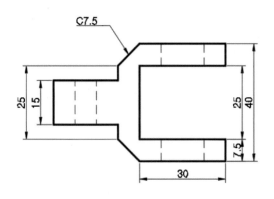

등각투상도

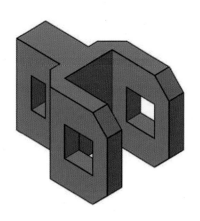

정면도

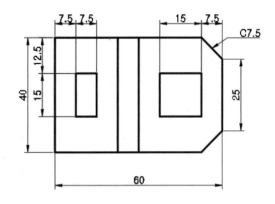

우측면도

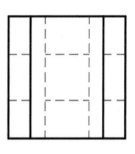

평면도

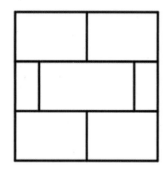

등각투상도

정면도

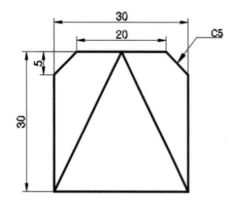

우측면도

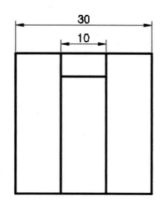

평면도

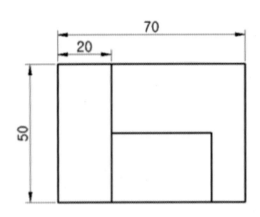

등각투상도

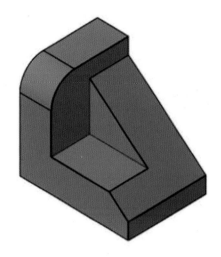

정면도

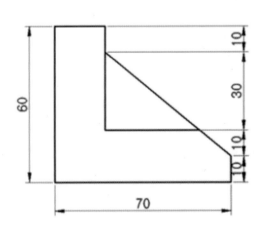

우측면도

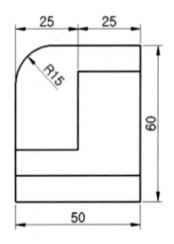

Dimension & 3D Modeling

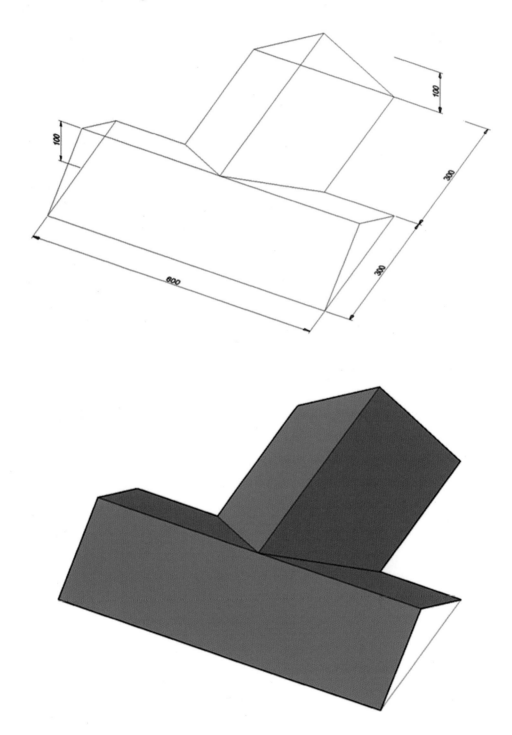

■ SketchUp 예제 37

3D Modeling

Dimension 1

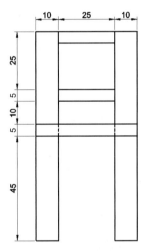

Dimension 2

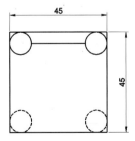

Dimension

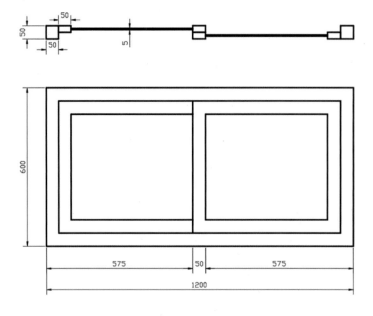

3D Modeling

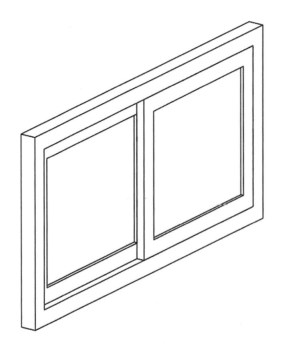

■ SketchUp 예제 39

3D Modeling

Dimension 1

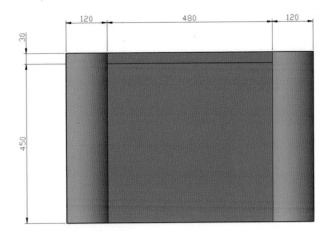

Dimension 2

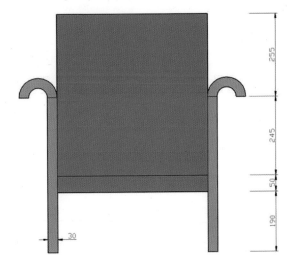

Dimension & 3D Modeling

Dimension & 3D Modeling

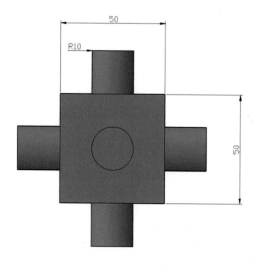

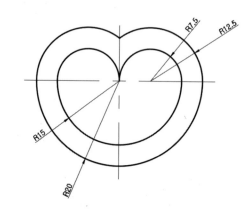

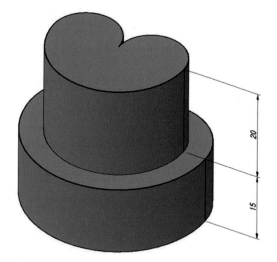

저자
약력

[박남용]

건축공학박사
현) 전문건설공제조합 기술교육원 디지털실내디자인과 전임교수
현) 한국기술교육대학교 능력개발원 건축분야 강사
현) 한국기술교육대학교 온라인평생교육원 건축분야 강사
현) ITGO 건축분야 온라인 콘텐츠 운영강사
현) Autodesk 국제 공인 강사
현) SketchUp 국제 공인 강사
현) 직업능력개발훈련교사(건축설계감리 · 건축시공 · 건축설비설계)

[안혜진]

미술학석사
현) 서울사이버대학교 건축공간디자인과 겸임교수
현) 서울전문학교 디자인학부 외래교수
현) 그린컴퓨터아카데미 BIM 강사
현) 이엔에스코리아 디자인팀 실장
현) 강서폴리텍대학교 외래교수
현) 직업능력개발훈련교사(건축설계감리 · 디자인 · 문화 컨텐츠 · 영상제작)

예제가 풍부한
AutoCAD & SketchUp

발　　행 | 2021년 1월 8일　초판1쇄
　　　　 | 2023년 3월 10일 초판2쇄

저　　자 | 박남용 · 안혜진
발 행 인 | 최영민
발 행 처 | 🔵 피앤피북
주　　소 | 경기도 파주시 신촌2로 24
전　　화 | 031-8071-0088
팩　　스 | 031-942-8688
전자우편 | pnpbook@naver.com
출판등록 | 2015년 3월 27일
등록번호 | 제406-2015-31호

정가 : 28,000원

• 이 책의 어느 부분도 저작권자나 발행인의 승인 없이 무단 복제하여 이용할 수 없습니다.
• 파본 및 낙장은 구입하신 서점에서 교환하여 드립니다.

ISBN　979-11-87244-99-8　(93560)